嵌入式系统设计

基于 STM32F103+Proteus 仿真

Embedded System Design
Based on STM32F103+Proteus

主　编◎周　越　杨大为　王　红

北京理工大学出版社
BEIJING INSTITUTE OF TECHNOLOGY PRESS

内 容 简 介

本书以 STM32F103 系列微控制器为主要平台，全面讲解了嵌入式系统设计原理及其应用。本书共 9 章，包括嵌入式系统概述、嵌入式系统硬件设计基础、嵌入式系统软件设计基础、嵌入式系统开发设计流程、STM32 的基础内部资源、人机交互接口技术、通信接口技术、嵌入式测控系统接口技术、嵌入式应用——物联网节点设计。本书基础案例全部采用 Proteus 系统仿真方式，方便读者实际操作体会理解，同时提供案例全部工程项目源代码、仿真原理图。本书也提供了适量习题，涵盖基本概念及相关应用，能够起到巩固重要知识点的作用。通过对本书的学习，读者能够全面理解和掌握当前流行的嵌入式系统设计的软硬件技术。

本书适用于高等院校计算机类、电子信息类、电气类等专业的在校学生和从事嵌入式系统设计的工程技术人员。

图书在版编目 (CIP) 数据

嵌入式系统设计：基于 STM32F103+Proteus 仿真/
周越，杨大为，王红主编. --北京：北京理工大学出版
社，2022.8
　　ISBN 978-7-5763-1643-8

　　Ⅰ. ①嵌… Ⅱ. ①周… ②杨… ③王… Ⅲ. ①微处理
器-系统设计 Ⅳ. ①TP332.021

中国版本图书馆 CIP 数据核字 (2022) 第 156818 号

出版发行 / 北京理工大学出版社有限责任公司
社　　址 / 北京市海淀区中关村南大街 5 号
邮　　编 / 100081
电　　话 / (010)68914775(总编室)
　　　　　　(010)82562903(教材售后服务热线)
　　　　　　(010)68944723(其他图书服务热线)
网　　址 / http：//www.bitpress.com.cn
经　　销 / 全国各地新华书店
印　　刷 / 唐山富达印务有限公司
开　　本 / 787 毫米×1092 毫米　1/16
印　　张 / 18　　　　　　　　　　　　　　　责任编辑 / 吴　博
字　　数 / 423 千字　　　　　　　　　　　　文案编辑 / 李　硕
版　　次 / 2022 年 8 月第 1 版　2022 年 8 月第 1 次印刷　责任校对 / 刘亚男
定　　价 / 89.00 元　　　　　　　　　　　　责任印制 / 李志强

前　言

本书的目的是帮助初学者学习嵌入式技术，要求读者有电子技术基础和 C 语言程序设计基础。通过对本书的学习，读者能够掌握嵌入式技术的学习方法，具备设计一个完整嵌入式系统的技术能力。

1. 嵌入式教材编写和教学的思考

高校从事嵌入式教学的教育工作者，在编写嵌入式类教材方面，一直面临以下 3 个选择：

(1)学习嵌入式，是从 8 位的 51 单片机开始还是从 32 位单片机 STM32 系列开始？

(2)如果讲解 STM32，是主讲相对低端的 M3 核 103 系列还是 M4 核的 4XX 系列？

(3)学习过程中的实践环节如何解决？是多开实验课，让学生多去实验室使用实验箱，还是给学生每人配备一个开发板？系统仿真在实践环节中起什么作用？

本书作为一本为初学者服务的教材，选择了 STM32F103 系列芯片作为主要芯片进行教学，而没有采用 F4 以上的高端系列。

对于广大学习嵌入式技术的初学者来讲，还面临着学习方式的选择，有学校按教学计划安排的课程，有 B 站等网络平台，有以开发板为核心的嵌入式技术教育公司。各种方式都有自己的特点，初学者一时难以选择。

本书试图结合各种学习方式的优点，从初学者的认知角度，逐步讲解嵌入式技术的基本理论和应用。8 位单片机和 32 位单片机的编程方式区别很大，前者强调嵌入式设备的小巧快速，是基于寄存器编程；后者强调嵌入式设备功能的强大全面，更适合基于函数库编程。本书的教学理念是，对 STM32 内部寄存器的介绍尽量做到精炼，读者了解即可，而把更多的笔墨用于介绍 STM32 的函数库(标准库和 HAL 库)；使用的案例在功能上也不复杂，能够说明关键知识点即可，有利于初学者理解和把握，但是在讲解上，力求全面细致，讲全讲透。

尽管 32 位单片机的市场占有率越来越高，但 8 位单片机仍然具有较强生命力，对于寄存器方式编程能力的培养，51 单片机依然是最理想的入门型号。如果在专业教学计划上同时安排"单片机原理"和"嵌入式设计"两门课，那么前者还是使用 51 单片机更合适；如果只有"嵌入式设计"一门课，那么 32 位单片机更合适。

2. 本书的特色

（1）本书的基础案例采用 Proteus 系统仿真方式，非常适合初学者在没有开发板的情况下进行实际操作与修改。鉴于 CubeMX 在国内的应用还不成熟和标准库在常用型号应用的普遍性，本书设置了 3 类案例：基于标准库的案例、基于 CubeMX＋HAL 的案例、脱离 CubeMX 的纯 HAL 移植案例。

（2）嵌入式软件设计越来越复杂，不是一个文件、几个函数能完成的。在案例介绍中，本书强调项目文件夹的整体架构，解释清楚每个文件及每个文件中关键函数的功能，让读者对关键函数在项目架构的位置有整体概念。

（3）丰富的图表。鉴于嵌入式系统的复杂性，文字描述在很多情况下可能使初学者在理解上产生偏差，本书使用了大量的图和表来表述设计的理念和细节，有利于初学者学习。

（4）对嵌入式技术在物联网节点设计的应用进行了详细的介绍。在物联网日趋普及的今天，所有嵌入式设备都正在或将要作为物联网的一个节点存在，物联网是嵌入式技术最重要的应用领域。

3. 本书的编写人员

本书主编为周越、杨大为、王红，李爱华、崔宁海等人参与了教材编写。其中，王红编写第 1~3 章；李爱华编写第 4~5 章；杨大为编写第 6 章；杨大为、崔宁海编写第 7 章；崔宁海编写第 8 章；周越编写第 9 章。研究生刘炳琪、黄思铭等参与了实验项目的调试，研究生张倩、蒋柯、杨明、朱洪磊、李佃琛、张冉、张鑫、马兴宇、高子涵、杜雨、吕西亚、王晗等参与了文档整理与校对工作。

4. 致谢

本书的仿真案例原型来源于野火开发板、正点原子开发板、51hei 电子论坛，书中物联网节点教学采用的是中智讯(武汉)科技有限公司的 xLab 物联网实验箱，在此一并表示感谢。

尽管全体参编人员竭尽全力，但受限于自身水平，书中难免有不足和遗漏之处，恳请广大读者提供宝贵建议，非常感谢。

编　者
2022 年 5 月

目　录

第1章
嵌入式系统概述

学习目标 ▶▶ ▶

1. 了解嵌入式系统的定义与特点。
2. 了解嵌入式系统与通用计算机系统的区别。
3. 了解嵌入式系统的组成结构。
4. 了解嵌入式技术的发展历史和未来趋势。

1.1 嵌入式系统的基本概念

▶▶▶ 1.1.1 嵌入式系统的定义 ▶▶ ▶

近年来，计算机技术、半导体技术、通信技术、大规模集成电路制造技术不断发展，嵌入式技术也在不断进步。嵌入式系统以其结构简单、功耗低、可定制化程度高等特点成为日常生活、工业生产、交通控制、电力运输等重要基础行业信息化建设的核心组成部分，极大地促进了生产生活的发展。如今，嵌入式产品和人类日常生活息息相关，在各个领域，都能找到嵌入式产品的身影，小到一份简单的早餐，大到登陆火星的装备，可以说，嵌入式产品包罗万象、应有尽有。嵌入式系统属于具有专用功能的计算机系统，多用于实时计算领域，它可以被嵌入其他完整的硬件或机械设备。

目前，关于嵌入式系统尚无清晰明确的定义。从技术角度而言，嵌入式系统是一个以应用为中心、以计算机技术为基础，并融合微电子技术、通信技术和自动控制技术，而且软硬件可裁剪，对功能、可靠性、成本、体积、功耗和应用环境有特殊要求的专用计算机系统；从应用角度而言，嵌入式系统是控制、监视或辅助设备、机器和车间运行的装置；从系统角度而言，嵌入式系统是设计完成复杂功能的硬件和软件，并使其紧密耦合在一起的计算机系统，是大系统中的一个完整子系统。

▶▶▶| 1.1.2　嵌入式系统的特点 ▶▶ ▶

1) 面向特定应用(专用性)

嵌入式系统一般针对特定的应用，其硬件和软件都必须高效率地设计、量体裁衣、去除冗余。其通常具有低功耗、体积小、集成度高等特点，能够把通用微处理器中许多由板卡完成的任务集成在芯片内部。每种嵌入式微处理器大多专用于某个或几个特定的应用，工作在为特定用户群设计的系统中。例如，全世界超过95%的智能手机和平板电脑都采用ARM架构；MIPS系统在机顶盒应用中引领智能互联网电视技术；PowerPC系统是第一个做出多核心的微控制器产品，主打服务器应用方向，主要用于网络设备；SH系列用于工业控制方向；MSP430则满足超低功耗要求，是低功耗的代表。嵌入式系统的软件也是针对应用设计的嵌入式操作系统和应用程序两种软件一体化的程序。

2) 量体裁衣(可裁剪性)

嵌入式系统硬件的可裁剪性是指其结构可以按照功能的需要对通用开发板进行裁剪，其软件的可裁剪性是指按照功能的需要对通用操作系统进行裁剪。大多数商用嵌入式操作系统可同时支持不同类型的嵌入式微处理器，而且用户可根据应用的具体情况进行裁剪和配置。

3) 实时性

实时性是指系统能够及时(限定时间内)处理外部事件。大多数实时系统都是嵌入式系统，而嵌入式系统多数也有实时性的要求，如微波炉加热过程中炉门一旦被打开，必须在数十毫秒内停止加热。嵌入式系统的软件一般是直接在内存中运行或将程序从外存加载到内存中运行，而且一般都要求快速启动。

4) 可靠性

很多嵌入式系统必须持续工作甚至在极端环境下正常运行。因此，大多数嵌入式系统都具有可靠性机制，如硬件的看门狗定时器、软件的内存保护和重启机制等，以保证嵌入式系统在出现问题时能够重新启动。

5) 较长的生命周期

嵌入式系统产品具有较长的生命周期，原因是嵌入式系统一般和具体应用结合在一起，它的升级换代也和具体产品同步进行。

6) 不易垄断

嵌入式系统是将计算机技术、电子技术与各行业的具体应用相结合的产物。它是资金密集、技术密集、高度分散、不断创新的知识集成系统。从某种意义上来说，通用计算机系统行业的技术是垄断的。嵌入式系统则不同，它是一个分散的工业，充满了竞争、机遇与创新，没有哪一个系列的处理器和操作系统能够垄断全部市场。

▶▶▶| 1.1.3　嵌入式计算机系统与通用计算机系统的对比 ▶▶ ▶

概括而言，嵌入式系统(也可称为嵌入式计算机系统)和通用计算机系统都是计算机系统，二者的核心组件都是微处理器，组成结构也大同小异，但是在具体性能指标上则区别明显，二者性能指标的对比如表1.1所示。

表1.1　嵌入式系统和通用计算机系统性能指标的对比

性能指标	嵌入式系统	通用计算机系统
形态	"嵌入"于不同设备形成一个整体，如智能门禁、家用电器	以基本雷同的标准形态独立存在，如台式计算机、笔记本电脑
价值	取决于"嵌入"的不同设备	取决于计算能力、存储能力等指标
功耗	几毫瓦特到几瓦特	几百瓦特
功能	满足特定应用：专用、单一	通用、复杂
系统资源	满足专用功能即可	大而全，功能越多越好
实时性	系统必须在规定时刻或时间段内完成功能	无特定响应时间要求
可靠性	应满足恶劣环境、无人值守、长时间工作的要求	一般环境要求
开发形式	交叉开发、在线仿真、固化存储	单机开发、二次编程
生命周期	与产品共存，8~10年	技术更新快，18个月左右
竞争力	百家争鸣、百花齐放	巨头垄断
指令集	精简指令集	复杂指令集

1.2　嵌入式系统的组成

▶▶▎1.2.1　嵌入式系统硬件 ▶▶ ▶

不同厂家、不同系列的嵌入式系统存在着很多的差别，但其基本组成结构则大同小异。嵌入式系统的组成框图如图1.1所示，包括微控制器、存储器、I/O（Input/Output，输入/输出）接口和外围设备等结构单元。

图1.1　嵌入式系统的组成框图

1）微控制器

微控制器（Micro Control Unit，MCU）是嵌入式系统的核心单元，包括内部集成中央处理单元、只读存储器（Read Only Memory，ROM）、随机存取存储器（Random Access Memory，RAM）、总线接口和多种外设。一片MCU相当于一个最小的计算机系统，具有体积小、功耗低、成本低、可靠性强等优点。

典型的MCU结构一般采用哈佛总线结构，如ATMEL（爱特梅尔）公司的AT89系列、AVR90系列，Microchip（微芯科技）公司的PIC系列，TI（德州仪器）公司的MSP430系列等。

MCU按其使用的中央处理单元内核的位数分类有4位、8位、16位、32位和64位MCU，目前大量应用的是8位和16位MCU，32位MCU正在高速发展，如ARM7系列、ARM9系列，64位的RENESAS SH5也在技术成熟阶段。

2）存储器

存储器用于存储指令和数据。嵌入式系统的存储器从存取速度而言，其层次结构可以排序为片内存储器、片外存储器和外部存储器，如图 1.2 所示。片内存储器为芯片内部的高速缓存，如寄存器、Cache 等，其特点是存取速度快，用于高速存取指令和数据，但存储容量小；高速的片外存储器有静态随机存取存储器(Static Random Access Memory，SRAM)、动态随机存取存储器(Dynamic Random Access Memory，DRAM)、显示数据随机存取存储器(Display Data Random Access Memory，DDRAM)等，速度慢一些的片外存储器有 Flash 存储器、可编程只读存储器(Programmable Read-Only Memory，PROM)、可擦除可编程只读存储器(Erasable Programmable Read-Only Memory，EPROM)、带电可擦除可编程只读存储器(Electrically Erasable Programmable Read-Only Memory，EEPROM)等，片外存储器主要用于存放计算机运行期间的大量程序和数据，其存取速度较快，存储容量比较大；外部存储器包括磁盘、光盘、SD(Secure Digital)卡等，用于存放系统程序和大型数据文件及数据库等，存储容量大，成本相对较低。

图 1.2　嵌入式存储器

3)I/O 接口

当嵌入式系统的内核处理器与各种外部设备交换数据的时候，会存在某些不匹配问题，如电平不匹配、数据格式不匹配、速度不匹配等，I/O 接口的功能就是解决这些不匹配问题。嵌入式系统中比较常见的接口如下。

(1)UART-RS232 接口。UART(Universal Asynchronous Receiver-Transmitter)是一种采用异步串行通信方式的通用异步收发传输器。一般来说，UART 总是和 RS-232 成对出现，RS-232 是计算机上的串口(串行接口)，这种接口已经很少使用，取而代之的是"USB 转串口"，功能和原先一样，但更高效。

(2)SPI。SPI(Serial Peripheral Interface，串行外设接口)是一种同步串行总线接口，多用于 Flash 存储器、模-数转换器(Analog-to-Digital Converter，ADC)、液晶显示器(Liquid Crystal Display，LCD)等外围器件的通信接口，可大大增强处理器的外设扩展能力。

(3)I^2C 接口。I^2C 是两线式串行总线，用于连接 MCU 及其外围设备。

(4)USB 接口。USB 是应用在 PC(Personal Computer，个人计算机)上的一种接口技术，真正的即插即用，英文全称是 Universal Serial Bus，中文是通用串行总线。

(5)CAN 接口。CAN 是一种工业现场总线的名称，普通计算机上一般没有 CAN 接口。汽车一般提供 CAN-OBD 接口，用于故障维护。

(6)I^2S 接口。I^2S(Inter-IC Sound，集成电路内置音频总线)主要用于音频接口，是一种串行数字接口。

（7）红外线接口。此接口用于实现红外线通信，近距离无线传输数据。

（8）通用 I/O 口。此接口以 I/O 端口组成，可以以单独端口的形式与外围设备进行数据交互，也可以组成并行数据总线与外围设备进行数据交互。

4）外围设备

嵌入式系统中的外围设备（元器件）是指 MCU 之外的设备（元器件），简称外设，通过总线与 MCU 直接相连或通过外设接口与 MCU 相连。常见的外设有用于人机交互的设备和用于机机交互的设备，用于人机交互的设备有蜂鸣器、按键、拨盘、摇杆、触摸屏等；用于机机交互的外设有温度传感器、压力传感器等各种传感器和继电器、电动机等各种伺服执行机构，以及其他用途的外设。

▶▶ 1.2.2 嵌入式系统软件 ▶▶ ▶

嵌入式系统中必须有设备驱动软件，任何一种计算机系统运行都是系统中软硬件协作的结果。某些简单的驱动软件如冰箱、微波炉等的驱动软件工作于比较简单的单任务环境中，这类软件不需要在嵌入式系统中有操作系统的存在，而一些复杂的驱动任务则需要在嵌入式系统中进行操作系统的移植。

移植了操作系统的嵌入式系统软件在结构层次上划分为 3 层，如图 1.3 所示。最上面一层是应用软件层，中间是操作系统层，存在于操作系统层和硬件之间的是设备驱动层。

应用软件层	应用程序			
操作系统层	操作系统内核	网络协议	文件系统	图形用户接口
设备驱动层	引导加载程序		设备驱动程序	

图 1.3 嵌入式系统软件层次结构

目前市场上流行的嵌入式操作系统有 Linux、Windows CE、Windows XP Embedded、Vxworks、Android、iOS 等，嵌入式系统都是专用的操作系统，不可能出现一种嵌入式系统垄断市场的局面，每种嵌入式系统都有自己的优势和应用领域。

1.3 嵌入式技术的应用领域及发展历史

▶▶ 1.3.1 应用领域 ▶▶ ▶

嵌入式技术具有非常广阔的应用前景，涵盖工业控制、军事国防、消费电子和网络等众多领域。基于嵌入式系统的小型化、低功耗、接口丰富等特点，嵌入式技术已被应用到社会生活的各个领域，如图 1.4 所示。

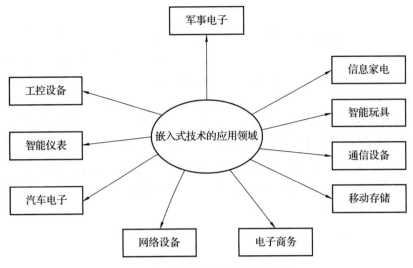

图 1.4　嵌入式技术的应用领域

▶▶▶ 1.3.2　发展历史与趋势 ▶▶▶

嵌入式系统的硬件和软件的进步与发展共同造就了嵌入式技术的历史与未来。

1) 嵌入式系统硬件的发展

(1) 嵌入式系统的出现最初是基于 MCU。Intel(英特尔)公司于 1971 年开发出第一片具有 4 位总线结构的微处理器 4004，开启了嵌入式系统的萌芽阶段。

(2) 20 世纪 80 年代初的 8051 是 MCU 史册上值得纪念的一页，8051 是一种 8 位单芯片 MCU，由 Intel 公司于 1981 年制造。8051 一直是众多嵌入式技术爱好者和专家的理想选择，是 MCU 的经典。

(3) 20 世纪 90 年代，第一片数字信号处理器 TMS320C10，以其高速、高性能等优点独步当时。

(4) 步入 21 世纪以来，嵌入式技术得到了极大的发展，在硬件上，MCU 的性能得到了极大的提升，ARM 技术在互联网、人工智能等领域广泛使用，并带动多种专用 MCU 的出现与发展，使 MCU 呈现出百花齐放、百家争鸣之势。

2) 嵌入式系统软件的发展

嵌入式系统软件的发展大致经历了 3 个阶段，分别如下。

(1) 无操作系统时代：20 世纪 70 年代，受硬件条件限制追求时空效率，采用汇编语言直接控制系统。后来，逐步采用高级语言和汇编语言相结合的方式开发嵌入式应用软件。

(2) 简单嵌入式操作系统时代：20 世纪 80 年代，出现了控制系统负载和监视应用程序运行的简单嵌入式操作系统。简单而经典的嵌入式操作系统 uCos 内核大小只有几千字节。

(3) 嵌入式实时操作系统时代：20 世纪 90 年代，实时内核发展为实时多任务操作系统 (Real Time multi-tasking Operation System，RTOS)。系统软件由 RTOS、文件系统、图形用户接口(Graphic User Interface，GUI)、网络协议栈及通用组件模块组成。嵌入式操作系统的实时性得到很大提高。嵌入式操作系统的功能日益完善，使嵌入式应用软件开发更加简单。

3) 嵌入式技术的发展趋势

(1) 嵌入式产品更倾向于自动化控制和人机交互。想要做到人机交互，首先必须提供精巧的多媒体人机界面。想要人们乐于接受嵌入式产品，就必须提供友好的人机界面，增加人与机器之间的亲和力。

（2）嵌入式应用软件的开发需要强大的开发工具和操作系统。随着嵌入式产品功能的丰富，其电气结构也日渐复杂。为了满足应用功能的升级，设计师一方面采用更强大的嵌入式处理器如 32 位、64 位精简指令集计算机（Reduced Instruction Set Computer，RISC）芯片或数字信号处理器（Digital Signal Processor，DSP）增强处理能力，同时还采用实时多任务编程技术和交叉开发工具技术来控制功能复杂性，简化应用程序设计，保障软件质量和缩短开发周期。

（3）随着互联网络的不断发展，嵌入式产品要连上互联网，就必须要提供网络通信接口，所以嵌入式产品不仅要支持 TCP/IP（Transmission Control Protocol/Internet Protocol，传输控制协议/互联协议），还需要支持 IEEE 1394、USB、蓝牙等，同时还要提供相应的通信组网协议软件和物理层驱动软件。

 本章小结

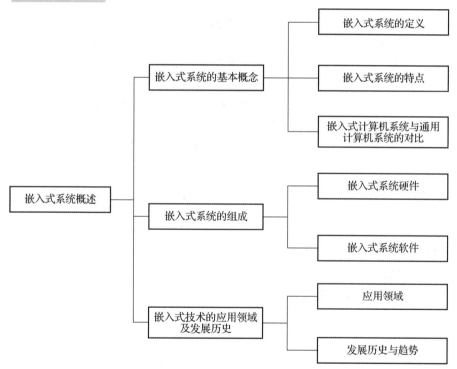

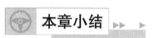 **习 题**

一、选择题。

1. 嵌入式系统中用于满足超低功耗要求，是低功耗的代表的是（　　）。

A. ARM　　　　　　B. MIPS　　　　　　C. PowerPC　　　　　　D. MSP430

2. （　　）是指系统能够及时（限定时间内）处理外部事件。

A. 实时性　　　　　B. 量体裁衣　　　　C. 可靠性　　　　　D. 不易垄断

3. (　　)是第一片数字信号处理器。

A. ARM　　　　　　B. TMS320C10　　　　C. MCU　　　　　　D. 8051

4. 典型的MCU结构一般采用(　　)总线结构。

A. 哈佛　　　　　　B. ARM7　　　　　　C. ARM9　　　　　　D. AVR90

5. UART是一种采用(　　)通信方式的通用异步收发传输器。

A. 异步串行　　　　B. 同步串行　　　　C. 单工　　　　　　D. 半双工

二、填空题。

1. 嵌入式系统的硬件系统包括：_____、_____、_____、_____。

2. 嵌入式系统硬件的可裁剪性是指其_____可以按照功能的需要对通用开发板进行_____。

3. 嵌入式系统(也可称为嵌入式计算机系统)和通用计算机系统都是计算机系统，二者的核心组件都是_____。

4. 一片MCU具有_____、_____、_____、可靠性强等优点。

5. 嵌入式系统的存储器从存取速度而言，其层次结构可以排序为_____、_____、_____。

6. 片外存储器主要用于存放计算机运行期间的大量_____和_____。

7. 外部存储器包括_____、_____、_____、_____等，用于存放系统程序和大型数据文件及数据库等，存储容量大，成本相对较低。

8. 当嵌入式系统的内核处理器与各种外部设备交换数据的时候，会存在某些不匹配问题，如_____、_____、_____等，I/O接口的功能就是解决这些不匹配问题。

9. 红外线接口用于实现红外线通信，可用于_____无线传输数据。

10. I²C接口是_____总线，用于连接MCU及其外围设备。

三、简答题。

1. 简述嵌入式系统的定义及特点。

2. 简述嵌入式计算机系统与通用计算机系统的主要区别。

3. 简述MCU有几种位数，并分别进行举例。

4. 简述嵌入式系统软件在结构层次上的划分情况，列举几种常见的嵌入式操作系统。

5. 简述嵌入式技术的应用领域。

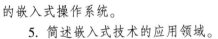

第1章习题答案

第2章
嵌入式系统硬件设计基础

 学习目标 ▶▶ ▶

1. 掌握嵌入式最小系统的组成结构。
2. 了解微控制器的种类及特点。
3. 掌握 STM32 的总线结构。
4. 了解存储器的结构和特点。
5. 掌握时钟的工作原理。
6. 了解 STM32 电源管理功能。

 ## 2.1 嵌入式最小系统

  嵌入式最小系统如图 2.1 所示，包括微控制器、外部复位电路、外部晶振电路、电源电路等。嵌入式最小系统与各种模块(人机接口、通信接口、信号处理模块等)相结合实现整个嵌入式产品的全部功能。

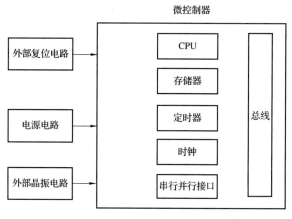

图 2.1 嵌入式最小系统

2.2 微控制器

微控制器简称 MCU，是把适当缩减频率与规格的中央处理器（Central Processing Unit，CPU）及内存（Memory）、计数器（Timer）、USB、A/D 转换、UART、PLC（Programmable Logic Controller，可编程逻辑控制器）、DMA（Direct Memory Access，直接存储器访问）等，甚至 LCD 驱动电路都整合在单一芯片上而形成的芯片级计算机。MCU 具有性能强、功耗低、可编程、灵活度高等优点，是嵌入式系统的硬件核心。

MCU 根据处理的数据位数分类：4 位、8 位、16 位、32 位和 64 位。

MCU 根据指令结构分类：CISC（Complex Instruction Set Computer，复杂指令集计算机）MCU 和 RISC MCU。

MCU 根据存储器架构分类：哈佛架构和冯·诺依曼架构。

MCU 根据用途分类：通用型 MCU 和专用型 MCU。

2019 年，全球 MCU 下游应用主要分布在汽车电子（33%）、工业控制（25%）、计算机网络（23%）和消费电子（11%）四大领域。具体到中国，2019 年中国 MCU 市场销售额集中在消费电子（26%）、计算机网络（19%）领域，而汽车电子（16%）及工业控制（11%）领域的 MCU 占比则显著低于全球水平，中国 MCU 应用仍主要集中在家电等领域。

2021 年的数据显示，市场上的 MCU，32 位占比 54%、8 位占比 43%；RISC MCU 占比 76%，CISC MCU 占比 24%；通用型 MCU 为主，占比 73%；市场上 MCU 内核类型以 ARM Cortex、8051 和 RISC-V 为主，分别占比 52%、22% 和 2%。目前市场上以 8 位和 32 位 MCU 为主，未来随着产品性能要求的不断提高，32 位 MCU 的市场规模将进一步扩大。

下面介绍几种市场上的主流 MCU。

2.2.1 MCS-51 系列

MCS-51 MCU 是 Intel 公司于 1980 年推出的产品，被公认为是 MCU 的先驱，MCS-51 也被称为是所有 MCU 工程师的"母语"。MCS-51 因其典型的结构、完善的总线、专用寄存器的集中管理、众多的逻辑位操作功能及面向控制的丰富的指令系统，被称为一代"名机"，为以后其他各类 MCU 的发展奠定了基础。MCS-51 典型的体系结构及极好的兼容性，对于 MCU 不断扩展的外围来说，形成了一个良好的嵌入式处理器内核的结构模式。之后，Intel 公司将 MCS-51 的核心技术授权给了很多其他公司，如 ATMEL、PHILIPS（飞利浦）、深联华等公司，相继诞生了功能更多、更强大的 8051 兼容产品。PHILIPS 公司作为全球著名的电器商，以其在电子应用系统领域的优势，着力发展 80C51 的控制功能及外围单元，将 MCS-51 的单片微型计算机迅速地推进到 80C51 的 MCU 时代，形成了可满足大量嵌入式应用的 MCU 系列产品，实现了嵌入式行业的第一次飞跃。

PHILIPS 公司的 C51，在原来的基础上发展了高速 I/O 口、ADC、PWM（Pulse Width Modulation，脉宽调制）、看门狗定时器（Watch Dog Timer，WDT）等增强功能，并在低电压、微功耗、I²C 和 CAN 等方面加以完善。

ATMEL 公司的 C51，完美地将 Flash EEPROM 与 80C51 内核结合起来，仍采用 C51 的总体结构和指令系统，Flash 的可擦写程序存储器能有效地降低开发费用，并能使 MCU 多次重复使用。

SIEMENS(西门子)公司的 C51,在保持了指令兼容的前提下,性能得到了进一步的提升,特别是在抗干扰性能,电磁兼容和通信控制总线功能上独树一帜,其产品常用于工作环境恶劣的场合,亦适用于通信和家用电器控制领域。

▶▶|2.2.2　AVR 系列 ▶▶ ▶

AVR MCU 是 ATMEL 公司于 1997 年推出的 RISC MCU。1997 年,加入 ATMEL 公司挪威设计中心的 A 先生和 V 先生,利用 ATMEL 公司的 Flash 新技术,共同研发出 RISC 高速 8 位 MCU,简称 AVR。2016 年,ATMEL 公司被 Microchip 公司收购,AVR 随即成为 Microchip 公司的 8 位 MCU 产品主力之一。其主要特点如下。

(1)采用哈佛架构,具备 1 Mips/MHz 的高速运行处理能力。

(2)具有 32 个通用工作寄存器,克服了如 8051 MCU 采用单一 ACC 进行处理造成的瓶颈现象。

(3)单周期指令系统可以快速存取寄存器组,因此大大优化了目标代码的大小,并提高了执行效率;部分型号 Flash 非常大,特别适用于使用高级语言进行开发。

(4)作输出时与 PIC 的 HI/LOW(高/低)相同,可输出 40 mA(单一输出)电流;作输入时可设置为三态高阻抗输入或带上拉电阻输入,具备 10~20 mA 灌电流的能力。

(5)片内集成多种频率的 RC 振荡器,具有上电自动复位、看门狗、启动延时等功能,外围电路更加简单,系统更加稳定可靠。

(6)大部分 AVR 片上资源丰富,包含片上 EEPROM、PWM、RTC、SPI、USART(Universal Synchronous/Asynchronous Receiver/Transmitter,通用同步/异步串行收发模块)、TWI(Two-Wire Serial Interface,两线串行接口)、ISP(In System Programming,系统内编程)、AD、Analog Comparator、WDT 等。

(7)大部分 AVR 除了有 ISP 功能外,还有 IAP(In Application Programming,应用内编程)功能,方便升级或销毁应用程序。

AVR MCU 系列齐全,可适用于各种不同场合。AVR MCU 有 3 个档次:低档 Tiny 系列 AVR MCU,主要有 Tiny11/12/13/15/26/28 等;中档 AT90S 系列 AVR MCU,主要有 AT90S1200/2313/8515/8535 等;高档 ATmega 系列 AVR MCU,主要有 ATmega8/16/32/64/128(存储容量分别为 8/16/32/64/128 KB)及 ATmega8515/8535 等。

▶▶|2.2.3　PIC 系列 ▶▶ ▶

Microchip 公司推出的 PIC MCU 产品,是世界上首先采用 RISC 指令结构的嵌入式 MCU,其高速度、低电压、低功耗、大电流 LCD 驱动能力和低价位 OTP(One Time Programmable,是单片机的一种存储器类型,意思是一次性可编程:程序录入单片机后,将不可再次更改和清除)技术等都体现出 MCU 产业的新趋势。如今,PIC MCU 在世界 MCU 市场的份额排名中已逐年提升,尤其在 8 位 MCU 市场。PIC MCU 从覆盖市场出发,已有三种(又称三层次)系列多种型号的产品问世,所以在全球都可以看到 PIC MCU 从计算机的外设、家电控制、通信、智能仪器、汽车电子到金融电子各个领域的广泛应用。如今的 PIC MCU 已经是世界上最有影响力的嵌入式 MCU 之一。

PIC MCU 的特点如下。

（1）PIC MCU 最大的特点是不搞单纯的功能堆积，而是从实际出发，重视产品性能与价格比，靠发展多种型号来满足不同层次的应用要求。

（2）精简指令使其执行效率大为提高。PIC 系列 8 位 MCU 具有独特的 RISC 结构，数据总线和指令总线分离的哈佛总线结构，使指令具有单字长的特性，且允许指令码的位数可多于 8 位的数据位数，其与传统的采用 CISC 结构的 8 位 MCU 相比，可以达到 2∶1 的代码压缩，速度提高 4 倍。

（3）PIC MCU 有优越的开发环境。PIC MCU 在推出一款新型号的同时推出相应仿真芯片，所有开发系统由专用仿真芯片支持，实时性非常好。

（4）引脚具有防瞬态能力，通过限流电阻可以接至 220 V 交流电源，可直接与继电器控制电路相连，无须光电耦合器隔离，给应用带来极大方便。

（5）彻底的保密性。PIC MCU 以保密熔丝来保护代码，用户在烧入代码后熔断熔丝，再也无法读出，除非恢复熔丝，但恢复熔丝的可能性极小。

▶▶▶ **2.2.4 RISC-V 系列** ▶▶▶

RISC-V 是基于 RISC 原理建立的开放指令集架构，V 表示第五代。与大多数 ISA（Instruction Set Architecture，指令集体系架构）相反，该系列可以免费地用于所有设备中，允许任何人设计、制造和销售 RISC-V 芯片和软件。除 x86、ARM 两大传统架构之外，开源的 RISC-V 已经悄然成长为 CPU 世界的第三极，得到全球半导体行业的重视。其主要特点如下。

（1）完全开源。对指令集使用，RISC-V 基金不会收取高额的授权费。开源采用宽松的 BSD 协议，企业完全自由免费使用，同时也容许企业添加自有指令集拓展而不必开放共享以实现差异化发展。

（2）架构简单。在处理器领域，主流的架构为 x86 与 ARM 架构。x86 与 ARM 架构的发展过程伴随着现代处理器架构技术的不断发展成熟，为了能够保持架构的向后兼容性，不得不保留许多过时的定义，导致指令数目多，指令冗余严重，文档数量庞大，所以要在这些架构上开发新的操作系统或直接开发应用门槛很高。而 RISC-V 架构则能完全抛弃包袱，借助计算机体系结构经过多年的发展已经具有比较成熟的技术优势，从轻上路。RISC-V 基础指令加上其他的模块化扩展指令总共只有几十条，软件开发门槛比较低，开发效率高、周期短。

（3）易于移植 Linux/UNIX。RISC-V 提供了特权级指令和用户级指令，同时提供了详细的 RISC-V 特权级指令规范和 RISC-V 用户级指令规范的详细信息，使开发者能非常方便地将 Linux 和 UNIX 系统移植到 RISC-V 平台。

（4）模块化设计。RISC-V 架构不仅短小精悍，而且其不同的部分还能以模块化的方式组织在一起，用户能够灵活选择不同的模块组合，来实现自己定制化设备的需要。针对小面积、低功耗的嵌入式场景，用户可以选择 RV32IC 组合的指令集，仅使用 MachineMode（机器模式）；针对高性能应用操作系统场景，用户则可以选择譬如 RV32IMFDC 的指令集，使用 MachineMode（机器模式）与 UserMode（用户模式）两种模式。

（5）开源实现。2019 年 8 月 22 日，北京半导体供应商兆易创新 GigaDevice 宣布，在行业内率先将开源指令集架构 RISC-V 引入通用 MCU 领域，正式推出全球首个基于 RISC-V 内核的 GD32 V 系列 32 位通用 MCU 产品，提供从芯片到程序代码库、开发套件、设计方案等完整工具链支持并持续打造 RISC-V 开发生态。

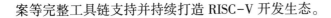

2.2.5　ARM Cortex-M 系列

ARM Cortex-M 系列 MCU 包括 Cortex-M0 MCU(Cortex-M0+ MCU)、Cortex-M1 MCU、Cortex-M3 MCU、Cortex-M4 MCU 共 4 个子系列，主要针对成本和功耗敏感的应用，如智能测量、人机接口设备、汽车和工业控制系统、家用电器、消费性产品和医疗器械等。ARM Cortex-M 系列 MCU 整体上偏重于工业控制，与其他品牌的 MCU 相比，ARM Cortex-M 系列 MCU 提供了更低的功耗、更长的电池寿命、更少的代码和更高的性能，并且提供了兼容性的代码、统一的工具和操作系统支持，其特点如下。

(1)ARM Cortex-M 系列 MCU 为 8/16/32 位体系结构，提供的代码密度极佳，非常适合应用在对内存大小要求苛刻的场合。

(2)ARM Cortex-M 系列 MCU 完全用 C 语言编程，其开发工具附带了各种高级调试功能，能帮助用户定位软件中的问题，同时可以参考网上大量的应用实例。

(3)ARM Cortex-M 系列 MCU 具备较大的能效优势，能够满足如 USB、蓝牙、Wi-Fi 等连接，以及如加速计和触摸屏等复杂模拟传感器和成本日益降低的产品需求。

(4)ARM Cortex-M 系列 MCU 采用了 8 位和 16 位的数据传输，高效地利用数据内存，其在面向 8/16 位系统的应用代码中的数据类型是兼容的。

ARM Cortex-M 系列 MCU 的对比如表 2.1 所示。

表 2.1　ARM Cortex-M 系列 MCU 的对比

Cortex-M0 MCU	Cortex-M1 MCU	Cortex-M3 MCU	Cortex-M4 MCU
8/16 位应用	8/16 位应用	16/32 位应用	32 位应用
低功耗、简单	低成本、最佳性能	高性能、通用	数字信号控制

Cortex-M0 MCU 是体积最小的 ARM MCU，能耗很低且编程所需的代码占用量极少，其具有低功耗(最小 16 μW/MHz)、简单(56 个指令且架构对 C 语言友好，提供了可供选择的具有完全确定性的指令和中断计时，软件设计者计算响应时间十分方便)和优化的连接性(支持实现低能耗网络互联设备)等特点。

Cortex-M1 MCU 的 ARM MCU 是为了在 FPGA(Field Programmable Gate Array，现场可编程门阵列)中应用而设计的，支持包括 Altera(阿尔特拉)和 Xilinx(赛灵思)公司的 FPGA 设备，可以满足 FPGA 应用的高质量、标准处理器架构的需要，在通信、广播、汽车等行业得到了广泛应用。

Cortex-M3 MCU 是行业领先的 32 位 MCU，适用于具有比较明确定位的应用领域，如汽车车身系统、工业控制系统、无线网络和传感器等，具有出色的计算性能及对事件的优异系统响应能力；具有较高的性能和较低的动态功耗，支持硬件除法、单周期乘法和位字段操作在内的 Thumb-2 指令集，最多可以提供 240 个具有单独优先级、动态重设优先级功能和集成系统时钟的系统中断。

常见的型号有 ST(意法半导体)公司的 STM32F1 和 STM32F2 系列、ATMEL 公司的 SAM3N、NXP 公司(恩智浦)的 LPC1300 系列和 LPC1700 系列、TI 公司的 TMS470M 系列、Stellaris 系列等。

Cortex-M4 MCU 是 Cortex-M3 MCU 的升级版，功能非常强大，其 32 位控制与领先的数字信号处理技术集成能够满足需要高能效级别的应用。其主要实际应用型号包括 ATMEL 公司的 SAM4L、SAM4S，TI 公司的 TM4C 系列和 ST 公司的 STM32F3 系列。

2.2.6 Cortex 内核的 STM32 系列

1）STM32 系列

ARM 公司在 2004 年推出了 Cortex-M3 MCU 内核。紧随其后，ST 公司推出了基于 Cortex-M3 内核的 MCU-STM32。STM32 凭借其产品线的多样化、极高的性价比、简单易用的开发方式，迅速在众多 Cortex-M 内核中脱颖而出。STM32 系列芯片价格低廉、能耗低、处理性能强、实时性效果好、集中程度高、方便开发，给嵌入式开发带来了广阔的开发空间。

STM32 系列主要特点如下。

（1）运用了 ARM 公司最先进的 Cortex-M3、Cortex-M4 内核。

（2）突出的能耗控制。STM32 经过特别设计，将动态耗电机制、电池供电方式下的低电压工作性能和等待运行状态下的低功耗进行最优化处理控制。

（3）创新出众的外设模块。

（4）提供各种开发资源和固件库便于用户开发，缩短产品研发周期。

2）STM32F103 子系列

STM32F103xx 增强型系列由 ST 公司设计，使用高性能的 ARM Cortex-M3 32 位的 RISC 内核，工作频率为 72 MHz，内置高速存储器（高达 128 KB 的 Flash 存储器和 20 KB 的 SRAM）、丰富的增强 I/O 端口和连接到两根 APB 的外设。所有型号的器件都包含 2 个 12 位的 ADC、3 个通用 16 位定时器和 1 个 PWM 定时器，还包含标准和先进的通信接口：多达 2 个 I²C 和 SPI、3 个 USART、1 个 USB 和 1 个 CAN。

STM32F103 系列芯片型号众多，以 STM32F103R6T6 为例，型号说明的组成有 7 个部分，其命名规则如表 2.2 所示。

表 2.2　STM32F103R6T6 的命名规则

序号	符号	含义
1	STM32	ARM Cortex-M 内核的 32 位微控制器
2	F	F 代表通用型，W 代表无线型，L 代表低功耗
3	103	103 代表增强型系列，407 代表高性能系列
4	R	引脚数，其中 T 代表 36 脚，C 代表 48 脚，R 代表 64 脚，V 代表 100 脚，Z 代表 144 脚，I 代表 176 脚
5	6	内嵌 Flash 容量，其中 6 代表 32 KB，8 代表 64 KB，B 代表 128 KB，C 代表 256 KB，D 代表 384 KB，E 代表 512 KB，G 代表 1 MB
6	T	封装，其中 H 代表 BGA 封装，T 代表 LQFP 封装，U 代表 VFQFPN 封装
7	6	工作温度范围，其中 6 代表-40～85 ℃，7 代表-40～105 ℃

（1）内核。CPU 采用 ARM32 位的 Cortex™-M3 CPU，主频 72 MHz，处理速度为 1.25 DMips/

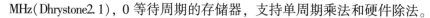

MHz(Dhrystone2.1)，0 等待周期的存储器，支持单周期乘法和硬件除法。

（2）存储器。不同型号包含 32～512 KB 的闪存程序存储器，6～64 KB 的 SRAM。STM32F103xE 型拥有高达 512 KB 的内置 Flash 存储器，用于存放程序和数据。嵌入式 SRAM 可以以 CPU 的时钟速度进行读写（无等待状态）。

（3）时钟。在启动的时候要进行系统时钟选择，但复位的时候内部 8 MHz 的晶振被用作 CPU 时钟。设计者可以选择一个外部的 4～16 MHz 的时钟，该时钟会被芯片自动监视来判定是否成功。在时钟配置期间，控制器被禁止工作，并且软件中断管理也随后被禁止工作。在此期间，如果有需要（如碰到一个间接使用的晶振失败），则可以设置 PLL 时钟的中断管理正常工作来处理意外事件，如晶振不能正常工作。多个预比较器可以用于配置 AHB 频率，包括高速 APB（APB2）和低速 APB（APB1），高速 APB 最高的频率为 72 MHz，低速 APB 最高的频率为 36 MHz。

（4）定时器。高级型号拥有多达 3 个 16 位定时器，每个定时器有多达 4 个用于输入捕获/输出比较/PWM 或脉冲计数的通道，16 位 6 通道高级控制定时器多达 6 路 PWM 输出：死区控制、边缘/中间对齐波形和紧急制动，两个看门狗定时器（独立的和窗口型的），系统时间定时器（24 位自减型）。

（5）I/O 口。不同型号包含 26/37/51/80 个多功能双向 5 V 兼容的 I/O 口，所有 I/O 口可以映像到 16 个外部中断。

（6）AD。STM32F103xx 增强型产品内嵌两个 12 位的 AD，每个 AD 有多达 16 个外部通道，可以实现单次或扫描转换。在扫描模式下，转换在选定的一组模拟输入上自动进行。AD 接口上额外的逻辑功能允许同时采样和保持、交叉采样和保持、单次采样。

（7）DMA。拥有 7 通道 DMA 控制器，支持的外设包括：定时器、ADC、SPI、I^2C 和 USART。

（8）嵌套矢量中断控制器（Nested Vectored Interrupt Controller，NVIC）。可以处理 43 个可屏蔽中断通道（不包括 Cortex-M3 的 16 根中断线），提供 16 个中断优先级。紧密耦合的 NVIC 实现了更低的中断处理延迟，直接向内核传递中断入口向量表地址；紧密耦合的 NVIC 内核接口，允许中断提前处理，对后到的更高优先级的中断进行处理，支持尾链，自动保存处理器状态，中断入口在中断退出时自动恢复，不需要指令干预。

（9）外部中断/事件控制器（External Interrupt/Event Controller，EXTI）。EXTI 由 19 根用于产生中断/事件请求的边沿探测器线组成。每根线可以被单独配置用于选择触发事件（上升沿、下降沿，或者两者都可以），也可以被单独屏蔽，由一个挂起寄存器来维护中断请求的状态。当外部线上出现长度超过内部 APB2 时钟周期的脉冲时，EXTI 能够探测到。多达 112 个通用输入/输出口（General Purpose Input Output，GPIO）连接到 16 个外部中断线。

（10）可变静态存储器（Flexible Static Memory Controller，FSMC）。FSMC 嵌入在 STM32F103xC 以上型号中，带有 4 个片选，支持以下模式：Flash、RAM、PSRAM、NOR 和 NAND。3 根 FSMC 中断线经过 OR 后连接到 NVIC。其没有读/写 FIFO，除 PC CARD 之外，代码都是从外部存储器执行，不支持 Boot，目标频率等于 SYSCLK/2，所以当系统时钟频率是 72 MHz 时，外部访问频率按照 36 MHz 进行。

（11）电源供电方案。V_{DD}，电压范围为 2.0～3.6 V，外部电源通过 V_{DD} 引脚提供，用于 I/O 和内部调压器。V_{SSA} 和 V_{DDA}，电压范围为 2.0～3.6 V，外部模拟电压输入，用于 ADC、复位模块、RC 和 PLL，在 V_{DD} 范围之内（ADC 被限制在 2.4 V）。V_{SSA} 和 V_{DDA} 必须相应连接到 V_{SS} 和 V_{DD}。VBAT，电压范围为 1.8～3.6 V，当 V_{DD} 无效时为 RTC，外部 32 kHz 晶振和备份寄存器供电（通过电源切换实现）。

（12）电源管理。设备有一个完整的上电复位（Power On Reset，POR）和掉电复位（Power Down Reset，PDR）电路。这个电路一直有效，用于确保从 2 V 启动或掉到 2 V 的时候进行一些必要的操作。当 V_{DD} 低于一个特定的下限 V_{POR}/V_{PDR} 时，不需要外部复位电路，设备也可以保持在复位模式。设备特有一个嵌入的可编程电压探测器（Programmable Votage Detector，PVD），PVD 用于检测 V_{DD}，并且和 V_{PVD} 限值比较，当 V_{DD} 低于 V_{PVD} 或 V_{DD} 大于 V_{PVD} 时会产生一个中断。中断服务程序可以产生一个警告信息或者将 MCU 置为一个安全状态。PVD 由软件使能。

（13）低功耗模式。STM32F103xx 支持 3 种低功耗模式，从而在低功耗、短启动时间和可用唤醒源之间达到一个最好的平衡点。休眠模式：只有 CPU 停止工作，所有外设继续运行，在中断/事件发生时唤醒 CPU。停止模式：允许以最小的功耗来保持 SRAM 和寄存器的内容；1.8 V 区域的时钟都停止，PLL、HSI 和 HSERC 振荡器被禁能，调压器也被置为正常或者低功耗模式；设备可以通过外部中断线从停止模式唤醒；外部中断源可以使用 16 个外部中断线之一，PVD 输出或者 TRC 警告。待机模式：追求最少的功耗，内部调压器被关闭，这样 1.8 V 区域断电 PLL、HSI 和 HSERC 振荡器也被关闭；在进入待机模式之后，除了备份寄存器和待机电路，SRAM 和寄存器的内容也会丢失；当外部复位（NRST 引脚）、IWDG 复位、WKUP 引脚出现上升沿或者 TRC 警告发生时，设备退出待机模式。进入停止模式或者待机模式时，TRC、IWDG 和相关的时钟源不会停止。

（14）调试模式。调试模式包括串行线调试（SWD）和 JTAG 接口调试。

 ## 2.3 AMBA 系统总线

高级微控制器总线结构（Advanced Microcontroller Bus Architecture，AMBA）定义了高性能嵌入式微控制器的通信标准，可以将 RISC 处理器集成在其他 IP 芯核和外设中，是 ARM 复用策略的重要组件。它不是芯片与外设之间的接口，而是 ARM 内核与芯片上其他元件进行通信的接口。

▶▶ 2.3.1　AHB ▶▶▶

高级高性能总线（Advanced High - performance Bus，AHB）主要用于快速外设，是 AMBA 的新一代总线协议，支持多种高性能总线主控制器，用于高性能、高时钟工作频率模块。其在 AMBA 架构中为系统的高性能运行起到了基石作用。AHB 为片上内存、片外内存提供接口，同时桥接慢速外设。其特性如下。

（1）突发连续传输。

（2）分步传输。

（3）支持多个主控制器、单周期内主控制器处理。

（4）单时钟边沿操作。

（5）非三态操作。

（6）支持64位、128位总线。

（7）支持字节、半字节和字的传输。

AHB设计时通常包含以下几个设备。

（1）AHB主控制器。主控制器可以通过地址和控制信息，进行初始化、读、写操作。在同一时间，总线上只能有一个主控制器。

（2）AHB从设备。从设备通常是指在其地址空间内，响应主控制器发出的读写控制操作的被动设备。通过将操作的成功与否反馈给其主控制器，完成数据的传输控制。

（3）AHB仲裁器。仲裁器根据用户的配置，确保在总线上同一时间只有一个主控制器拥有总线控制权限。AHB上只能有一个仲裁器。

（4）AHB译码器。译码器解析在总线上传输的地址和控制信息。AHB上只能有一个译码器。

2.3.2　APB

高级外围设备总线（Advanced Peripheral Bus，APB）用于为慢速外设提供总线技术支持。

APB是一种优化的、低功耗的精简接口总线，可以支持多种不同慢速外设。由于APB是ARM公司最早提出的总线接口，因此其可桥接ARM体系下的每一种系统总线。APB通过桥接高带宽、高性能总线，提供基本的微控制器二级总线，通常该总线上的外设有以下特点：支持映射寄存器接口，对带宽没有很高的要求，通过编程实现对外设的控制。

APB应该用于连接低带宽且不要求高性能数据传输的外设。最新的APB协议规定了所有的信号传递都发生在时钟的上升沿。

APB协议包含一个APB桥，它用来将AHB、ASB上的控制信号转化为APB从设备控制器上的可用信号。APB上所有的外设都是从设备，这些从设备具有以下特点。

（1）接收有效的地址和控制访问。

（2）当APB上的外设处于非活动状态时，可以将这些外设处于0功耗状态。

（3）译码器可以通过选通信号，提供输出时序（非锁定接口）。

（4）访问时可执行数据写入。

APB主要用于低带宽的周边外设之间的连接，如UART、1284等，它的总线架构不像AHB支持多个主模块，在APB里面唯一的主模块就是APB桥。其特性包括：两个时钟周期传输、无须等待周期和回应信号、控制逻辑简单、只有4个控制信号。APB的工作特点如下。

（1）系统初始化为IDLE状态，此时没有传输操作，也没有选中任何从设备。

（2）当有传输要进行时，PSELx=1，PENABLE=0，系统进入SETUP状态，并只会在SETUP状态停留一个周期。当PCLK的下一个上升沿到来时，系统进入ENABLE状态。

（3）系统进入ENABLE状态时，维持之前在SETUP状态的PADDR、PSEL、PWRITE不变，并将PENABLE置为1。传输也只会在ENABLE状态维持一个周期，在经过SETUP与ENABLE状态之后传输就已完成。之后如果没有传输要进行，则进入IDLE状态等待；如果有连续的传输，则进入SETUP状态。

▶▶│2.3.3 STM32F103 的总线结构 ▶▶▶

STM32F103 的总线结构主系统由以下部分构成。

4 个驱动单元：Cortex™-M3 内核 DCode 总线（D-bus）、系统总线（S-bus）、通用 DMA1、通用 DMA2。

4 个被动单元：内部 SRAM、内部 Flash 存储器、FSMC、AHB 到 APB 的桥（AHB2APBx）。AHB 到 APB 的桥连接所有的 APB 设备，这些都是通过一个多级的 AHB 构架相互连接的，如图 2.2 所示。

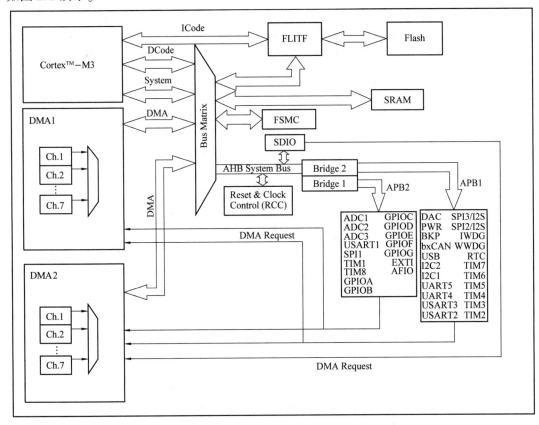

图 2.2 STM32F103 的总线结构

（1）ICode 总线。该总线将 Cortex™-M3 内核的指令总线与闪存指令接口相连接，指令预取在此总线上完成。

（2）DCode 总线。该总线将 Cortex™-M3 内核的 DCode 总线与 Flash 存储器的数据接口相连接（常量加载和调试访问）。

（3）System 总线。该总线将 Cortex™-M3 内核的系统总线（外设总线）连接到总线矩阵，总线矩阵协调着内核和 DMA 之间的访问。

（4）DMA 总线。该总线将 DMA 的 AHB 主控接口与总线矩阵相连，总线矩阵协调着 CPU 的 DCode 和 DMA 到 SRAM、Flash 和外设的访问。

（5）总线矩阵。总线矩阵协调着内核系统总线和 DMA 主控总线之间的访问仲裁，此仲裁利用轮换算法。总线矩阵由 4 个驱动部件(CPU 的 DCode、系统总线、DMA1 总线和 DMA2 总线)和 4 个被动部件(FLITF、SRAM、FSMC 和 AHB2APB 桥)构成，其中 FLITF 为 Flash 存储器接口。AHB 外设通过总线矩阵与系统总线相连，允许 DMA 访问。

(6)AHB/APB 桥。两个 AHB/APB 桥——Brige1 和 Brige2 在 AHB 和两个 APB 之间提供同步连接。APB1 操作频率限于 36 MHz，APB2 操作于全频率(最高 72 MHz)。

 ## 2.4　存储器

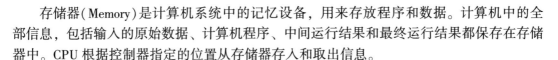

存储器(Memory)是计算机系统中的记忆设备，用来存放程序和数据。计算机中的全部信息，包括输入的原始数据、计算机程序、中间运行结果和最终运行结果都保存在存储器中。CPU 根据控制器指定的位置从存储器存入和取出信息。

构成存储器的存储介质，目前主要采用半导体器件和磁性材料。一个存储器中所有存储单元可存放数据的总和称为它的存储容量。假设一个存储器的地址码由 10 位二进制数组成，则可表示为 2^{10}，即 1 024 个存储单元地址。每个存储单元存放一个字节，则该存储器的存储容量为 1 KB。

存储器分为片外单独存储器和片内集成存储器，微处理器内部集成的各种片内存储器，可以满足一般的设计需求，无须外扩存储器。

2.4.1　RAM

RAM 即随机存储器，是与 CPU 直接交换数据的内部存储器，也称主存(内存)。其可以随时读写，而且速度很快，通常作为操作系统或其他正在运行中的程序的临时数据存储媒介。

RAM 的主要特点如下。

(1)随机存取。随机存取指的是当存储器中的数据被读取或写入时，所需要的时间与这段信息所在的位置或所写入的位置无关。

(2)易失性。当电源关闭时 RAM 不能保留数据。RAM 和 ROM 相比，二者的最大区别是 RAM 在断电以后保存在上面的数据会自动消失，而保存在 ROM 中的数据不会自动消失，ROM 可以长时间断电保存。

(3)对静电敏感。RAM 作为精密集成电路，对环境的静电荷非常敏感。静电会干扰存储器内电容器的电荷，导致数据流失，甚至烧坏电路。

(4)访问速度快。现代的 RAM 几乎是所有访问设备中写入和读取速度最快的，其存取延迟与其他涉及机械运作的存储设备相比，时间上可以忽略不计。

(5)需要刷新(再生)。现 RAM 依赖电容器存储数据。电容器充满电后代表 1(二进制)，未充电时代表 0。由于电容器或多或少有漏电的情形，因此，若不作特别处理，则数据会渐渐随时间流失。刷新是指定期读取电容器的状态，然后按照原来的状态重新为电容器充电，弥补流失的电荷。

2.4.2　ROM

ROM 所存的数据，一般是装入整机前事先写好的，整机工作过程中只能读出，而不

像 RAM 那样能快速、方便地加以改写。ROM 所存数据稳定，断电后所存数据也不会改变；其结构较简单，读出较方便，因而常用于存储各种固定程序和数据。在主板上的 ROM 里面固化了一个基本输入输出系统（Basic Input Output System，BIOS）。其主要作用是完成对系统的加电自检、系统中各功能模块的初始化、系统的基本输入/输出的驱动及引导操作系统。

▶▶| 2.4.3　EPROM/EEPROM ▶▶ ▶

EPROM 的特点是具有可擦除功能，擦除后即可进行再编程；缺点是擦除需要使用紫外线照射一定的时间，已基本被淘汰。

EEPROM 的最大优点是可直接用电信号擦除，也可用电信号写入。鉴于 EPROM 操作的不便，后来出现的主板上的 BIOSROM 芯片都采用 EEPROM。EEPROM 的擦除不需要借助其他设备，它是以电子信号来修改其内容的，彻底摆脱了 EPROMEraser 和编程器的束缚。

▶▶| 2.4.4　FlashROM ▶▶ ▶

FlashROM（闪存）是一种非易失性的内存，属于 EEPROM 的改进产品。FlashROM 是真正的单电压芯片，读和写操作都在单电压下进行，最大特点是必须按块（Block 或 Sector）擦除（每个区块的大小不定，不同厂家的产品有不同的规格），而 EEPROM 则可以一次只擦除一个字节（Byte）。FlashROM 利用浮置栅上的电容器存储电荷来保存信息，因为浮置栅不会漏电，所以断电后信息仍然可以保存。FlashROM 的存储容量普遍大于 EEPROM，约为 512 K（bit）~8 M（bit），由于大批量生产，价格也比较合适，因此很适合用来存放程序代码，近年来已逐渐取代了 EEPROM，广泛用于主板的 BIOSROM。另外，FlashROM 还主要用于 U 盘等需要大容量且断电不丢失数据的设备中。

▶▶| 2.4.5　STM32F103 的存储器单元 ▶▶ ▶

STM32F103 程序存储器、数据存储器、寄存器和输入/输出端口被组织在同一个 4 GB 的线性地址空间内。数据字节以小端格式存放在存储器中。一个字里的最低地址字节被认为是该字的最低有效字节，而最高地址字节是最高有效字节。可访问的存储器空间被分成 8 个主要块，每个块为 512 MB。其他所有没有分配给片上存储器和外设存储器的空间都是保留的地址空间。

1）SRAM

内置 6~96 KB 的静态 SRAM，可以按照字节、半字（16 位）或全字（32 位）访问。SRAM 的起始地址是 0x2000 0000。

2）FlashROM

内置 16~1 024 KB FlashROM，FlashROM 由主存储块和信息块组成。

中容量产品型号的主存储块为 16 KB×64 位，每个主存储块划分为 128 个 1 KB 的页。大容量产品型号的主存储块为 64 KB×64 位，每个主存储块划分为 256 个 2 KB 的页。

每个信息块为 258×64 位，每个信息块划分为一个 2 KB 的页和一个 16 字节的页。FlashROM 的特性：包含带预取缓冲器的读接口（每字为 2×64 位），包含选择字节加载器，包含闪存编程/擦除操作和访问/写保护等功能。

 ## 2.5 时 钟

微控制器的时钟是用来给微控制器内部各种模块提供时间基准信号的。

▶▶ 2.5.1 RTC ▶▶ ▶

实时时钟（Real_TimeClock，RTC），是一种集成电路，通常被称为时钟芯片。其主要为各种电子系统提供时间基准。通常把集成于芯片内部的 RTC 称为片内 RTC，在芯片外扩展的 RTC 称为外部 RTC。

STM32F103 系列内部 RTC 介绍如下。

RTC 是一个独立的定时器。RTC 模块拥有一组连续计数的计数器，在相应软件配置下，可提供时钟日历的功能。修改计数器的值可以重新设置系统当前的时间和日期。RTC 模块和时钟配置系统（RCC_BDCR 寄存器）是在后备区域，即在系统复位或从待机模式唤醒后 RTC 的设置和时间维持不变。系统复位后，禁止访问后备寄存器和 RTC，防止对后备区域的意外写操作。执行以下操作使能对后备寄存器和 RTC 的访问。

（1）设置寄存器 RCC_APB1ENR 的 PWREN 和 BKPEN 位来使能电源和后备接口时钟。

（2）设置寄存器 PWR_CR 的 DBP 位使能对后备寄存器和 RTC 的访问。

无论器件状态如何（运行模式、低功耗模式或处于复位状态），只要电源电压保持在工作范围内，RTC 便不会停止工作。

RTC 单元的主要特性如下。

（1）可编程的预分频系数：分频系数最高为 2^{20}。

（2）32 位的可编程计数器，可用于较长时间段的测量。

（3）两个单独的时钟：用于 APB1 接口的 PCLK1 和 RTC 时钟（此时的 RTC 时钟必须小于 PCLK1 时钟的 1/4 以上）。

（4）可以选择以下 3 种 RTC 的时钟源：HSE 时钟/128、LSE 振荡器时钟、LSI 振荡器时钟。

（5）2 种独立的复位类型：APB1 接口由系统复位、RTC 核心（预分频器、闹钟、计数器和分频器）由后备域复位。

（6）3 个专门的可屏蔽中断：闹钟中断（用来产生一个软件可编程的闹钟中断）、秒中断（用来产生一个可编程的周期性中断信号，最长可达 1 s）、溢出中断（检测内部可编程计数器溢出并回转为 0 的状态）。

▶▶ 2.5.2 锁相环电路 PLL ▶▶ ▶

当今电子系统中都包含有不同种类的微处理器。典型情况下，外部为微处理器提供一个较低的时钟频率，然后在处理器中使用 PLL 将其倍频或分频到处理器需要的各种时钟频率。

PLL 是 Phase-Locked Loop 的缩写，即锁相环。PLL 基本上是一个闭环的反馈控制系

统，它可以使输出与一个参考信号保持固定的相位关系。PLL 一般由鉴相器、电荷放大器（Charge Pump）、低通滤波器、（电）压控振荡器及某种形式的输出转换器组成。为了使 PLL 的输出频率是参考时钟的倍数关系，在 PLL 的反馈路径或（和）参考信号路径上还可以放置分频器。

一般地，微控制器内置有 PLL 电路模块。

▶▶ 2.5.3 RC 门振荡电路 ▶▶ ▶

如果时钟频率比较低，则可以采用低成本的 RC 门振荡电路产生时钟。一般来讲，微控制器内含有 RC 门振荡电路。

 ## 2.6 STM32 的时钟

时钟是 MCU 内部各种模块正常工作的时序保证，时钟的配置非常重要，在 STM32 的软件设计中，首先要完成时钟的各种配置。STM32F103 的时钟拓扑如图 2.3 所示。

有以下 3 种不同的时钟源可被用来驱动系统时钟（SYSCLK）。

（1）HSI 振荡器时钟。

（2）HSE 振荡器时钟。

（3）PLL 时钟。

这些设备有以下两种二级时钟源。

（1）40 kHz 低速内部 RC，可以用于驱动独立看门狗和通过程序选择驱动 RTC。RTC 用于从停机/待机模式下自动唤醒系统。

（2）32.768 kHz 低速外部晶体，也可用来通过程序选择驱动 RTC（RTCCLK）。

当不被使用时，任意一个时钟源都可被独立地启动或关闭，由此优化系统功耗。

可通过多个预分频器配置 AHB、高速 APB（APB2）和低速 APB（APB1）域的频率。AHB 和 APB2 域的最大频率是 72 MHz，APB1 域的最大允许频率是 36 MHz。SDIO 接口的时钟频率固定为 HCLK/2。

RCC 通过 AHB 时钟 8 分频后供给 Cortex 系统定时器的外部时钟（SysTick）。通过对 SysTick 控制与状态寄存器的设置，可选择上述时钟或 Cortex AHB 时钟作为 SysTick 时钟。ADC 时钟由高速 APB2 时钟经 2、4、6 或 8 分频后获得。

定时器时钟频率分配由硬件按以下两种情况自动设置：如果相应的 APB 预分频系数是 1，则定时器的时钟频率与所在 APB 频率一致；否则，定时器的时钟频率被设为与其相连的 APB 频率的 2 倍。

STM32 的 RTC 是一个独立的定时器。STM32 的 RTC 模块拥有一组连续计数的计数器，在相应软件配置下，可提供时钟日历的功能。修改计数器的值可以重新设置系统当前的时间和日期。

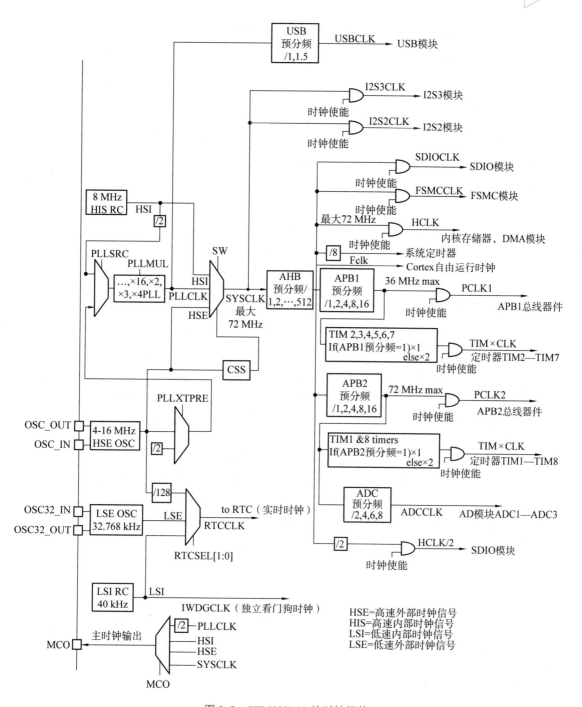

图 2.3 STM32F103 的时钟拓扑

▶▶|2.6.1 HSE 时钟 ▶▶ ▶

HSE 时钟信号(High Speed External Clock Signal,高速外部时钟信号)由以下两种时钟源产生:HSE 外部晶体/陶瓷谐振器和 HSE 用户外部时钟。其典型电路如图 2.4 所示。为了减少时钟输出的失真和缩短启动稳定时间,晶体/陶瓷谐振器和负载电容必须尽可能地靠近振荡器引脚。负载电容值必须根据所选择的振荡器来调整。

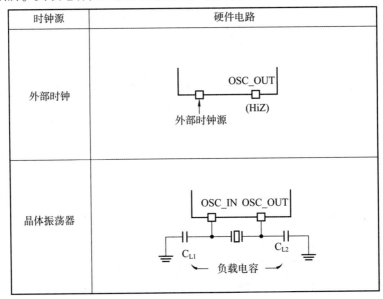

时钟源	硬件电路
外部时钟	
晶体振荡器	

图 2.4　HSE/LSE 时钟源

（1）外部时钟源（HSE 旁路）。在这个模式里，必须提供外部时钟，它的频率最高可达 25 MHz。用户可通过设置时钟控制寄存器（RCC_CR）中的 HSEBYP 和 HSEON 位来选择这一模式。外部时钟信号（50% 占空比的方波、正弦波或三角波）必须连到 OSC_IN 引脚，同时保证 OSC_OUT 引脚悬空。

（2）外部晶体/陶瓷谐振器（HSE 晶体）。4 ~ 16 MHz 外部振荡器可为系统提供更为精确的主时钟。在时钟控制寄存器中的 HSERDY 位用来指示高速外部振荡器是否稳定。在启动时，直到这一位被硬件置 1，时钟才被释放出来。如果在时钟中断寄存器（RCC_CIR）中允许产生中断，则将会产生相应中断。HSE 晶体可以通过设置时钟控制寄存器中的 HSEON 位来启动和关闭。

▶▶|2.6.2　HSI 时钟 ▶▶ ▶

HSI 时钟信号（High Speed Internal Clock Signal，高速内部时钟信号）由内部 8 MHz 的 RC 振荡器产生，可直接作为系统时钟或在 2 分频后作为 PLL 输入。HSI RC 振荡器能够在不需要任何外部器件的条件下提供系统时钟，它的启动时间比 HSE 晶体振荡器短。然而，即使在校准之后它的时钟频率精度仍较差。

制造工艺决定了不同芯片的 RC 振荡器频率会不同，每个芯片的 HSI 时钟频率在出厂前已经被 ST 校准到 1%（25 ℃）。系统复位时，工厂校准值被装载到时钟控制寄存器的 HSICAL[7 : 0]位。如果用户的应用基于不同的电压或环境温度，那么将会影响 RC 振荡器的精度。可以通过时钟控制寄存器里的 HSITRIM[4 : 0]位来调整 HSI 频率。

▶▶|2.6.3　内部 PLL ▶▶ ▶

内部 PLL 可以用来倍频 HSI RC 的输出时钟或 HSE PLL 的设置，必须在其被激活前完成，一旦 PLL 被激活，这些参数就不能被改动。如果 PLL 中断在时钟中断寄存器里被允

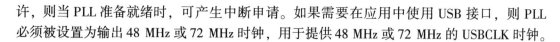

许，则当 PLL 准备就绪时，可产生中断申请。如果需要在应用中使用 USB 接口，则 PLL 必须被设置为输出 48 MHz 或 72 MHz 时钟，用于提供 48 MHz 或 72 MHz 的 USBCLK 时钟。

2.6.4　LSE 时钟

LSE(Low Speed External)晶体是一个 32.768 kHz 的低速外部晶体或陶瓷谐振器，为实时时钟或其他定时功能提供一个低功耗且精确的时钟源。LSE 晶体通过备份域控制寄存器(RCC_BDCR)里的 LSEON 位来启动和关闭。备份域控制寄存器里的 LSERDY 位指示 LSE 晶体振荡是否稳定，在启动阶段，直到这个位被硬件置 1 后，LSE 时钟信号才被释放出来。若在时钟中断寄存器里被允许，则可产生中断申请。

2.6.5　LSI 时钟

LSI(Low Speed Internal) RC 担当一个低功耗时钟源的角色，它可以在停机和待机模式下保持运行，为独立看门狗和自动唤醒单元提供时钟。LSI 时钟频率大约为 40 kHz(30 ~ 60 kHz 之间)。LSI RC 可以通过控制/状态寄存器(RCC_CSR)里的 LSION 位来启动或关闭。控制/状态寄存器里的 LSIRDY 位指示低速内部振荡器是否稳定，在启动阶段，直到这个位被硬件置 1 后，此时钟才被释放。如果在时钟中断寄存器里被允许，则将产生 LSI 中断申请。大容量产品可以进行 LSI 校准。

2.6.6　系统时钟选择

系统复位后，HSI 振荡器被默认为系统时钟(SYSCLK)。在被选择时钟源没有就绪时，系统时钟的切换不会发生，直至目标时钟源就绪，才切换到其他系统时钟源。时钟控制寄存器里的状态位指示哪个时钟已经准备好了，哪个时钟目前被用作系统时钟。

2.6.7　RTC 时钟

通过设置备份域控制寄存器里的 RTCSEL[1：0] 位，RTCCLK 时钟源可以由 HSE/128、LSE 或 LSI 时钟提供。除非备份域复位，此选择不能被改变。LSE 时钟在备份域里，但 HSE 和 LSI 时钟不是。因此，如果 LSE 被选为 RTC 时钟，则只要 VBAT 维持供电，尽管 V_{DD} 供电被切断，RTC 仍继续工作；如果 LSI 被选为自动唤醒单元(AWU)时钟，则 AWU 状态不能被保证；如果 HSE 时钟 128 分频后作为 RTC 时钟，且 V_{DD} 供电被切断或内部电压调压器被关闭(1.8 V 区域的供电被切断)，则 RTC 状态不确定。

2.6.8　看门狗时钟

如果独立看门狗已经由硬件选项或软件启动，则 LSI 振荡器将被强制在打开状态，并且不能被关闭。在 LSI 振荡器稳定后，时钟供应给 IWDG。

2.6.9　时钟输出

微控制器允许输出时钟信号到外部 MCO 引脚。相应的 GPIO 端口寄存器必须被配置为相应功能。以下 4 个时钟信号可被选作 MCO 时钟：SYSCLK、HSI、HSE、除 2 的 PLL 时钟。

时钟的选择由时钟配置寄存器(RCC_CFGR)中的 MCO[2：0] 位控制。

2.7 电源管理

电源是嵌入式系统正常运行的保障，而且随着各种移动终端、可穿戴设备、消费类电子产品、传感器网络节点等典型嵌入式设备的涌现和普及，人们对嵌入式系统的功能、可靠性、成本、体积、能耗提出了更高的要求，特别是对能耗越来越敏感，电源管理技术正成为这些产品设计的关键所在。

2.7.1 AC-DC 转换

AC-DC 转换器是指将交流电转换成直流电的一种电源设备，一般通过二极管整流电路或开关电路将交流电转换成直流电，工作流程：220 V 接入→整流电路→滤波电路→稳压电路。先通过整流电路将工频 220 V 交流电转换为脉动直流电，再通过滤波电路将脉动直流中的交流成分滤除，减少交流成分并增加直流成分，最后稳压电路采用负反馈技术对整流后的直流电压进行再进一步的稳定。

AC-DC 转换器中的电源控制芯片的作用包括安全隔离、噪声隔离、电压变换、极性变换、接地环路消除、稳压、降噪、过流、短路保护功能等。

利用 MAXIM(美信)公司新推出的 MAX610 系列电源变换器件和少量外围元件，便可构成一个完整的 5 V、50 mA(可以扩展)稳压电源。它利用限流电阻和限流电容，直接接到 220 V 交流电源线上，经过整流、滤波和稳压，输出一个稳定的 5 V(也能设置为 1.3 ~ 15 V)直流电压，并且具有过压/欠压检测和限制电流保护的功能，使用起来很方便，是目前元件数量最少的电源。AD-DC 芯片 MAX611 工作原理如图 2.5 所示。

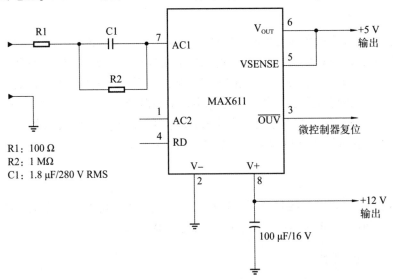

图 2.5　AD-DC 芯片 MAX611 工作原理

▶▶| 2.7.2 DC-DC 转换稳压芯片 ▶▶▶ ▶

DC-DC 转换器的作用是把一个直流电压转换成其他的直流电压，也称其为开关电源。DC-DC 转换器一般由控制芯片、电感线圈、二极管、三极管、电容器构成。

1）典型降压芯片 7805

7805 稳压芯片应用电路如图 2.6 所示，实现 12 V 转 5 V。输出、输入两端都需要电容，输出端若无电容，则 7805 极易产生自激振荡；而输入端若无电容，由于输出电容储存的电压在关机的瞬间不会完全放掉，故当输入断电后会造成输入、输出两端电压倒置，容易损坏稳压器。

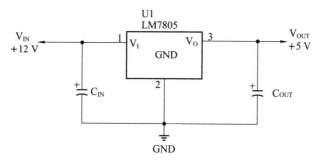

图 2.6　7805 稳压芯片应用电路

2）典型升压芯片 MP1540（SR1540）

MP1540 芯片用于小型、低功耗电路，其开关频率为 1.3 MHz，并允许使用极小、低成本电容和高度在 2 mm 或者更小的电感。内部通过软启动控制，小浪涌电流，延长电池寿命。MP1540 工作电压最低为 2.5 V，最大电流为 200 mA。其内部包括欠压分离、电流限制和热过载保护电路，防止输出超载损坏。MP1540 使用小型 5 脚 TSOT-23 封装，其典型电路如图 2.7 所示。

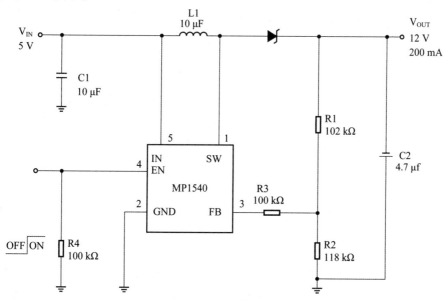

图 2.7　MP1540 典型电路

（1）引脚功能及典型应用。

MP1540 引脚功能如表 2.3 所示。

表 2.3　MP1540 引脚功能

引脚号	符号	功能描述
1	SW	输出电源开关。SW 是驱动内部 MOSFET 开关，连接电源电感和输出整流器到 SW，SW 能承受与地间压差 20 V
2	GND	地
3	FB	反馈输入。FB 电压为 1.25 V，连接分压电阻到 FB
4	EN	调整 ON/OFF 控制输入。输入高电平到 EN 开启转换，输入低电平关闭转换。当不使用时，连接 EN 到输入电源端自动启动。EN 脚不能悬空
5	IN	输入电源脚。必须有旁路

（2）输出电压。通过电阻分压比例设置。设 $R2$ 为已知，则高端电阻 $R1$ 的公式为

$$R1 = R2(V_{OUT} - V_{FB})/V_{FB}$$

其中，V_{OUT} 是输出电压；V_{FB} 是反馈电压。

（3）输入电容选择：输入电容限制在输入信号源的噪声，这个电容必须有较低等效串联电阻，首选陶瓷电容。使用输入电容值为 4.7 μF 或者更大。电路板布线设计时，该电容必须靠近 IN 脚放置，可以减小电源纹波，也降低了电磁干扰通过这根线串入其他电路中的可能性。

（4）输出电容选择：一个 4.7 ~ 10 μF 陶瓷电容。

（5）电感选择：输入电压低于 3.3 V 时推荐选用 4.7 μH 电感，输入电压大于 3.3 V 时建议选用 10 μH 电感。

（6）二极管选择：当内部 MOSFET 关闭时，输出整流二极管补充电感电流。二极管的最大反向电压要大于最大输出电压。在负载电流小于 500 mA 时，建议在大多数应用中选择 MBR0520；在负载电流大于 500 mA 时，选择 UPS5817 是最好的。

▶▶▶| 2.7.3　LDO 电源设计 ▶▶▶▶

传统的线性稳压器，如 78xx 系列的芯片都要求输入电压要比输出电压高 2 ~ 3 V，否则不能正常工作。但是在一些情况下，如 5 V 转 3.3 V，输入与输出的压差只有 1.7 V，传统线性稳压器不能满足要求，针对这种情况，出现了 LDO（Low Dropout）类的电源转换芯片。

如果输入电压和输出电压很接近，则选用 LDO 稳压器（低压差线性稳压器），可达到很高的效率。在把锂离子电池电压转换为 3 V 输出电压的应用中，大多选用 LDO 稳压器。LDO 稳压器能够保证电池的工作时间较长，同时噪声较低。

1）典型 LDO 芯片 AMS1117

AMS1117 是一个正向低压降稳压器，在 1 A 电流下压降为 1.2 V。AMS1117 有两个版本：固定输出版本和可调版本。固定输出电压为 1.5 V、1.8 V、2.5 V、2.85 V、3.0 V、3.3 V、5.0 V 的精度为 1%；固定输出电压为 1.2 V 的精度为 2%。AMS1117 内部集成过

热保护和限流电路,是电池供电和便携式计算机的最佳选择。

为了确保 AMS1117 的稳定性,对可调电压版本,输出需要连接一个至少 22 μF 的钽电容。对于固定电压版本,可采用更小的电容,具体可以根据实际应用确定。通常,线性调整器的稳定性随着输出电流的增加而降低。图 2.8 为 AMS1117-3.3 应用电路,固定输出 3.3 V 电压。

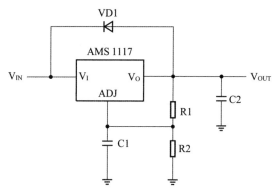

图 2.8 AMS1117-3.3 应用电路

2)LDO 芯片 ME6206A27

ME6206A27 是高纹波抑制率、低功耗、低压差,具有过流和短路保护的 CMOS(Complementary Metal-Oxide-Semiconductor,互补金属氧化物半导体)降压型电压稳压器。器件具有很低的静态偏置电流,能在输入、输出电压差极小的情况下提供 300 mA 的输出电流,并且仍能保持良好的调整率。由于输入、输出间的电压差和静态偏置电流很小,故这种器件特别适用于希望延长电池寿命的电池供电类产品,如计算机、消费类产品和工业设备等。ME6206A27 引脚如表 2.4 所示,其电路如图 2.9 所示。

表 2.4 ME6206A27 引脚

引脚号(SOT-23-3 封装)	符号	引脚描述
1	V_{SS}	接地引脚
2	V_{OUT}	电压输出端
3	V_{IN}	电压输入端

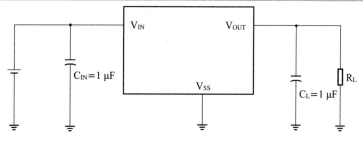

图 2.9 ME6206A27 电路

2.7.4 电池充电及保护

在相同的质量密度条件下,锂原子所带的电能是最多的,所以当前采用的电池都是锂电池。

1）锂电池的充电电路

锂电池的电压为 3.0～4.2 V，无论是 5 V/1 A 还是 5 V/2 A 规格的充电器，对外输出的充电电压均为 5 V，超过了锂电池最大的承受电压 4.2 V，所以需要解决这两个电压不匹配兼容的问题。常用的电路解决方案是 TP4054 充电管理芯片，它是一款适合单节锂电池的充电管理芯片，属于恒压、恒流的线性充电类型，充电电压固定于 4.2 V，充电电流最大支持 800 mA，待机消耗电流只有 2 μA。其应用电路如图 2.10 所示。

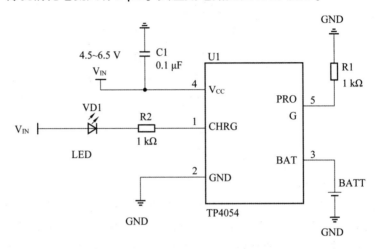

图 2.10　TP4054 充电管理芯片应用电路

TP4054 充电管理芯片应用电路，外围电路只有几个电阻电容和发光二极管（Light-Emitting Diode，LED）。TP4054 引脚说明如下。

Pin1 引脚 CHRG：TP4054 芯片的充电状态指示功能。在充电的过程中，连接的 LED 亮；充电充满的时候，连接的 LED 灭。

Pin2 引脚 GND：TP4054 芯片的参考地，属于电路的公共端。

Pin3 引脚 BAT：TP4054 芯片的充电输出端，直接连接到单节锂电池的正极。

Pin4 引脚 V_{CC}：TP4054 芯片的电源输入端，也是单节锂电池的充电输入接口，电压工作范围为 4.5～6.5 V，满足 5 V/1 A 和 5 V/2 A 规格的充电器输出电压。

Pin5 引脚 PROG：TP4054 芯片的充电电流设置功能，设置 $R1$ 不同的阻值，调整不同的充电电流 I。

具体的对应关系如下：

（1）在充电电流 I 设定不大于 0.15 A 时，$R1 = 1\ 000/I$。

（2）在充电电流 I 设定大于 0.15 A 时，$R1 = 1\ 000/I(1.2-4I/3)$。

例如，当充电电流设定为 0.1 A 时，$R1$ 电阻的阻值为 10 kΩ；当充电电流设定为 0.5 A 时，$R1$ 电阻的阻值为 1 kΩ。

2）锂电池的保护电路

引入锂电池保护电路的原因：锂电池的放电过程，等效于电容的放电过程。

电容两端连接电阻负载，形成一个简单的工作回路，如果外界不加以干涉，则电容存储的电量就会被一直消耗，直到电量为 0。因为锂电池的电压维持在 3.0 ~ 4.2 V，所以不能为 0。如果锂电池电压由于负载的消耗变为 0，则锂电池的寿命会呈现指数级衰减。图 2.11 为 DW01 芯片锂电池保护电路，引脚说明如下。

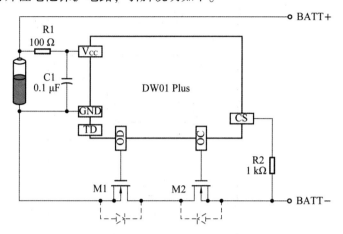

图 2.11　DW01 芯片锂电池保护电路

Pin1 引脚 OD：DW01 芯片的放电回路控制引脚，也就是控制 M1 MOS 管的导通与关闭。

Pin2 引脚 CS：DW01 芯片的放电（充电）电流控制引脚，通过此引脚的设置，可以选择放电（充电）的最大电流值。

Pin3 引脚 OC：DW01 芯片的充电回路控制引脚，也就是控制 M2 MOS 管的导通与关闭。

Pin4 引脚 TD：DW01 芯片的时间延长设置引脚，设定芯片的反应时间。

Pin5 引脚 V_{CC}：DW01 芯片的工作电源输入引脚，一般是通过一个电阻连接。

Pin6 引脚 GND：DW01 芯片的参考地引脚，作为公共地。

在锂电池对外界放电的过程中，DW01 芯片 OD 引脚控制 M1 MOS 管导通，OC 引脚控制 M2 MOS 管关闭，此时锂电池、M1 MOS 管和 M2 MOS 管内部下面的二极管组成一个放电回路；DW01 芯片的放电保护电压为（3.0±0.1）V，放电电流检测电压为（150±30）mV。

充电方案与保护方案，二者是互相依赖的，只有共同工作才能组成一个完整的锂电池充放电管理设计方案。将 TP4054 充电管理芯片应用电路中的 Pin3 引脚 BAT 电池正极与电池负极，连接到 DW01 芯片锂电池保护电路中的 BATT+ 与 BATT-，就构成了一个功能相对完好的锂电池充放电管理电路。

▶▶▶ 2.7.5　STM32 内部的电源控制 ▶▶▶

STM32 的工作电压（V_{DD}）为 2.0 ~ 3.6 V，通过内置的电压调节器提供所需的 1.8 V 电源。当主电源 V_{DD} 掉电后，通过 V_{BAT} 脚为 RTC 和备份寄存器提供电源。STM32 电源框图如图 2.12 所示。

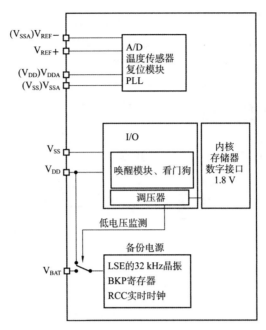

图 2.12　STM32 电源框图

1）ADC 独立电源

ADC 可以使用一个独立的电源供电来提高转换的精度，如果对精度要求不高，那么也可以与主电源 V_{DD} 共用。ADC 的电源引脚为 V_{DDA}，独立的电源地引脚为 V_{SSA}。如果有 V_{REF-} 引脚（根据封装而定），则它必须连接到 V_{SSA}。

100 脚和 144 脚封装型号：

为了确保输入为低压时获得更好精度，可以连接一个独立的外部参考电压 ADC 到 V_{REF+} 和 V_{REF-} 引脚脚上。在 V_{REF+} 的电压范围为 2.4 V ～ V_{DDA}。

64 脚或更少封装型号：

没有 V_{REF+} 和 V_{REF-} 引脚，它们在芯片内部与 ADC 的电源（V_{DDA}）和地（V_{SSA}）相连。

2）电池备份区域

使用电池或其他电源连接到 V_{BAT} 引脚上，当 V_{DD} 断电时，可以保存备份寄存器的内容和维持 RTC 的功能。V_{BAT} 引脚也为 RTC、LSE 振荡器和 PC13 ～ PC15 供电，这保证当主要电源被切断时 RTC 能继续工作。切换到 V_{BAT} 供电由复位模块中的掉电复位功能控制。如果应用中没有使用外部电池，则 V_{BAT} 必须连接到 V_{DD} 引脚上。

3）电压调节器

复位后电压调节器总是使能的，根据应用方式它以以下 3 种不同的模式工作。

（1）运转模式：电压调节器以正常功耗模式为内核、内存和外设提供 1.8 V 电源。

（2）停止模式：电压调节器以低功耗模式提供 1.8 V 电源，以保存寄存器和 SRAM 的内容。

（3）待机模式：电压调节器停止供电，除了备用电路和备份域外，寄存器和 SRAM 的内容全部丢失。

4）POR 和 PDR

STM32 内部有一个完整的 POR 和 PDR 电路，当供电电压达到 2 V 时系统即能正常工作。当 V_{DD}/V_{DDA} 低于指定的限位电压 V_{POR}/V_{PDR} 时，系统保持为复位状态，无须外部复位电路。POR 和 PDF 的波形图如图 2.13 所示。

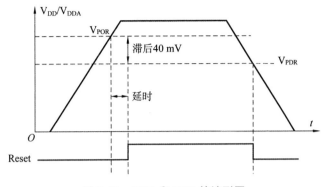

图 2.13　POR 和 PDF 的波形图

5）可编程电压监测器（Programmable Votage Detector，PVD）

可以利用 PVD 对 V_{DD} 电压与电源控制寄存器（PWR_CR）中的 PLS[2：0]位进行比较来监控电源，这几位选择监控电压的阈值。通过设置 PVDE 位来使能 PVD。电源控制/状态寄存器（PWR_CSR）中的 PVDO 标志用来表明 V_{DD} 是高于还是低于 PVD 的电压阈值。该事件在内部连接到外部中断的第 16 线，如果该中断在外部中断寄存器中是使能的，则该事件会产生中断。当 V_{DD} 下降到 PVD 阈值以下和（或）当 V_{DD} 上升到 PVD 阈值以上时，根据外部中断第 16 线的上升/下降边沿触发设置，就会产生 PVD 中断，这一特性可用于执行紧急关闭任务。PVD 的门限如图 2.14 所示。

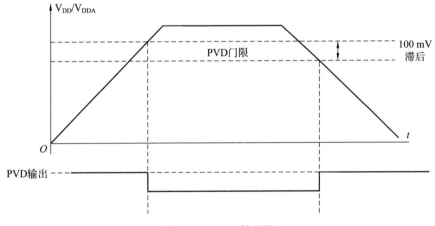

图 2.14　PVD 的门限

6）低功耗模式

在系统或电源复位以后，微控制器处于运行状态。运行状态下的 HCLK 为 CPU 提供时钟，内核执行程序代码。当 CPU 不需要继续运行时，可以利用多个低功耗模式来节省功耗，如等待某个外部事件时。用户需要根据最低电源消耗、最快速启动时间和可用的唤醒源等条件，选定一个最佳的低功耗模式。

低功耗模式详解

STM32F10xxx 有以下 3 种低功耗模式。

（1）睡眠模式：Cortex-M3 内核停止，外设仍在运行。

（2）停止模式：所有的时钟都已停止。

（3）待机模式：1.8 V 电源关闭。

此外，在运行模式下，可以通过以下方式中的一种降低功耗。

（1）降低系统时钟。

（2）关闭 APB 和 AHB 上未被使用的外设的时钟。

本章小结

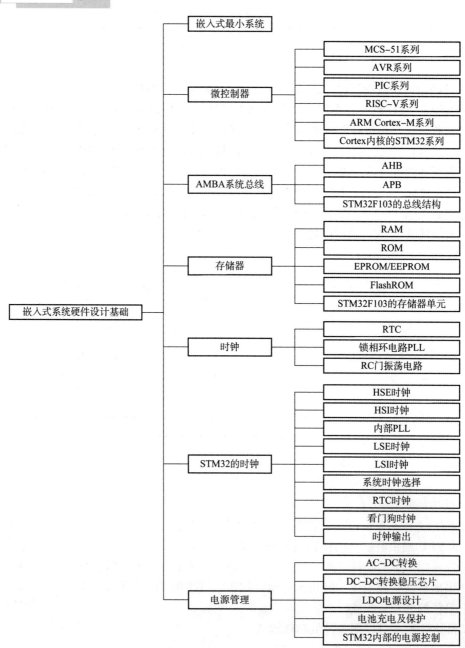

习　题

一、选择题。

1. PIC 系列 8 位 CMOS MCU 与传统的采用 CISC 结构的 8 位 MCU 相比，可以达到（　　）的代码压缩率。

A. 2∶1　　　　　　B. 3∶1　　　　　　C. 3∶2　　　　　　D. 4∶1

2. 体积最小的 ARM 处理器是（　　）。

A. Cortex-M0　　　B. Cortex-M1　　　C. Cortex-M2　　　D. Cortex-M3

3. APB 是一种优化的、低功耗的精简接口总线，（　　）情况下系统进入 SETUP 状态。

A. 没有传输进行　　　　　　　　　　B. 有连续的传输进行

C. 维持一个周期　　　　　　　　　　D. 不连续的传输进行

4. AHB、APB1 和 APB2 域的最大频率为（　　）。

A. 100 MHz　　　B. 70 MHz　　　C. 72 MHz　　　D. 90 MHz

5. SLEEP-ON-EXIT 在以下（　　）条件下执行 WFI 或 WFE 指令进入。

A. SLEEPDEEP＝0 和 SLEEPONEXIT＝1

B. SLEEPDEEP＝1 和 SLEEPONEXIT＝0

C. SLEEPDEEP＝0 和 SLEEPONEXIT＝0

D. SLEEPDEEP＝1 和 SLEEPONEXIT＝1

二、填空题。

1. MCU 根据处理的数据位数分类有 4 位、8 位、16 位、_____和_____。

2. APB 用于为_____提供总线技术支持。

3. STM32F103 的总线结构主系统由 4 个_____和 4 个_____组成。

4. 存储器分为_____和_____。

5. SRAM 内置 6～96 KB 的静态 SRAM，它可以以_____、_____或_____ 3 种方式访问。

6. 实时时钟通常把集成于芯片内部的 RTC 称为_____，在芯片外扩展的 RTC 称为_____。

7. PLL 一般由_____、_____、_____、_____，以及某种形式的输出转换器组成。

8. 有 3 种不同的时钟源可被用来驱动系统时钟，分别为_____、_____、_____。

9. HSE 时钟信号由以下两种时钟源产生，分别为_____和_____。

10. DC-DC 转换器一般由控制芯片、电感线圈、_____、_____构成。

三、简答题。

1. AVR 是 Microchip 的 8 位 MCU 产品主力之一，它的主要特点有什么？

2. 简述 EPROM 和 EEPROM 的优缺点及区别。

3. 简述 Cortex-M 系列处理器的特点。

4. 简述 RAM 的特点。

5. STM32F10xxx 有哪几种低功耗模式，并简述说明其模式过程。

第2章习题答案

第 3 章
嵌入式系统软件设计基础

 学习目标 ▶▶ ▶

1. 理解嵌入式系统软件体系结构。
2. 了解嵌入式编程语言的特点。
3. 熟悉 MDK 编程开发工具。
4. 全面了解 SMT32 软件开发各种设计方式的特点。
5. 掌握标准库开发方式项目框架。
6. 掌握 STMCubeMX 方式编程流程。
7. 掌握 HAL 库开发方式项目框架。

3.1 嵌入式系统软件体系结构

嵌入式计算机系统的体系结构如图 3.1 所示，无操作系统结构即应用程序–CPU 结构；有操作系统结构即应用程序–操作系统–CPU 结构。

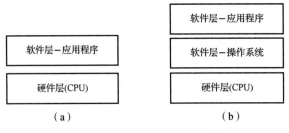

图 3.1 嵌入式计算机系统的体系结构
(a)无操作系统结构；(b)有操作系统结构

▶▶▶ 3.1.1 无操作系统结构 ▶▶ ▶

如图 3.1(a)所示，无操作系统结构的软件层只有应用程序这一层，应用程序直接控制 CPU。应用逻辑、数据管理(运行数据的存储空间分配和结果数据的存储)、任务管理均由应用程序实现,这种系统完成多任务的方式有以下两种。

1)多任务循环方式

主函数在无限循环中通过调用多个任务函数来实现多任务调度。这种方式的缺点是所有任务均需轮流依次执行,任何一个任务执行时间过长都会影响其他任务的执行效率。这种多任务处理实时性很差。伪代码如下:

```
void main(void)
    { sysini( );                //系统初始化
      Interrupt_ ini( );        //中断初始化
      While(1)
      {task1( );                //执行任务1
      task2( );                 //执行任务2
      task3( );                 //执行任务3
      }
    }
```

2)前后台方式

任务分为前台处理和后台处理,后台处理的任务在主函数的循环中进行,紧急事件在中断中进行,称为前台处理。

程序运行时,正常情况下系统执行后台任务,当中断发生时,系统放弃正在执行的后台任务(做好数据保护后),跳入中断中执行前台任务,执行完毕后回到主函数中继续执行后台任务。多个前台任务通过中断优先级来调度。

前后台方式是简单嵌入式系统的基本软件设计方式,大多数 MCU 系统均采用前后台方式,通过中断实现多任务处理。这是一种基于 CPU 中断功能的多任务调度。在本书前 7章的实例中,软件设计均采用前后台方式。

这种方式在任务较少时,特别是前台任务较少时基本可以满足系统实时性的要求。但当前台任务较多时,在应用程序中规划中断优先级和管理数据存储空间的难度都很大,设计高效率应用程序的可能性较低。伪代码如下:

```
void main(void)
{ sysini();                  //系统初始化
  Interrupt_ini();           //中断初始化
  While(1)
  {task1();                  //执行任务1
  task2();                   //执行任务2
  task3();                   //执行任务3
  ...
  }
}
void  int0(void)  interrupt 0
```

```
{   task4();                              //执行任务4
}
void  int1(void)  interrupt 1
{task5();                                 //执行任务5
}
void  int2(void)  interrupt 2
{task6();                                 //执行任务6
}
...
```

3.1.2 有操作系统结构 ▶▶ ▶

如图3.1(b)所示，在软件层，操作系统和应用程序在功能上进行了区分：应用程序主要负责实现应用逻辑；操作系统完成底层的数据存储空间管理和多任务管理。这种功能的区分把应用程序设计人员从复杂的数据存储空间管理和多任务管理设计中解脱出来，可以把他们的主要精力用于应用逻辑的设计，使应用软件的设计效率和可靠性大大提高。这种结构也是目前通用计算机的软件结构体系。

随着嵌入式系统CPU和存储器性能的提高，目前中高端MCU平台基本上都采用了嵌入式操作系统。

3.2 嵌入式编程语言的特点

在嵌入式软件编程设计领域，汇编语言曾经是唯一的选择，随着MCU硬件性能的提高和软件工具水平的提高，C语言已经成为嵌入式软件开发的标准编程语言。

3.2.1 汇编语言 ▶▶ ▶

汇编语言(Assembly Language)是一种底层编程语言。在汇编语言中，用助记符代替机器指令的操作码，用地址符号或标号代替指令或操作数的地址。汇编语言是一种面向机器的语言，每一种CPU都有其特定的汇编语言与之一一对应，不同平台之间不可直接移植。其优点是编译速度快，能够精准地控制CPU内部寄存器，代码容量小，运行效率高。其缺点是编程难度大，可读性差，移植性差。目前，在嵌入式设计中，主要在硬件启动环节中使用汇编语言，STM32的启动程序就是用汇编语言编写的，这种启动程序由MCU厂家提供，用户无须改动。STM32的厂家为提高应用开发的效率，提供了多种底层接口函数库，不鼓励用户使用汇编语言进行开发。这也符合分层次开发的软件设计理念。

3.2.2 C语言 ▶▶ ▶

C语言是目前嵌入式软件开发的主要编程语言，嵌入式C语言编程与通用C语言编程在语法上几乎没有区别，在编程理念上的特点如下。

(1)采用前后台方式时，主函数处于死循环的状态(while(1))，如图3.2所示，CPU接收到各种中断后进入中断函数进行相关任务处理，然后回到死循环中继续循环。这种情况在通用 C 语言编程中会造成宕机，是不允许的。

```
int main(void)
{
    LED_GPIO_Config();

    while (1)
    {
        LED1_ON;
        SOFT_DELAY;
        LED1_OFF;

        LED2_ON;
        SOFT_DELAY;
        LED2_OFF;

    }
}
```

图 3.2　主函数死循环

（2）MCU 的程序存储器（FlashROM）和数据存储器（SRAM）容量都比较小，所以设计较大程序时要考虑代码和动态数据是否超出存储器容量的问题。编译显示的存储器占用空间如图 3.3 所示。

```
Build Output
compiling bsp_led.c...
linking...
Program Size: Code=2564 RO-data=268 RW-data=40 ZI-data=1024
FromELF: creating hex file...
"..\..\Output\流水灯.axf" - 0 Error(s), 0 Warning(s).
Build Time Elapsed:  00:00:05
```

图 3.3　编译显示的存储器占用空间

（3）设置针对的 MCU 型号。嵌入式 C 语言程序要在具体型号的 MCU 上运行，在软件项目设置中，必须与 MCU 型号对应，否则编译后的目标代码无法运行。在工程中设置目标 MCU 型号如图 3.4 所示。

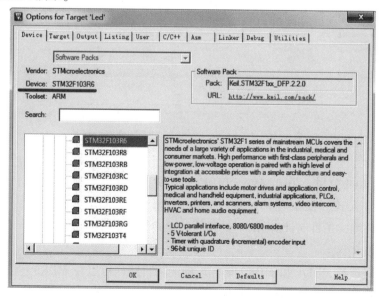

图 3.4　在工程中设置目标 MCU 型号

3.3　嵌入式软件主要开发工具

3.3.1　IAR

IAR Embedded Workbench 是一款著名的嵌入式 C 语言编译编辑工具，支持众多知名半导体公司的微处理器。许多全球著名的公司都在使用 IAR Systems 公司提供的开发工具，用以开发他们的前沿产品，应用范围包括消费电子、工业控制、汽车应用、医疗、航空航天等。IAR 开发平台如图 3.5 所示。

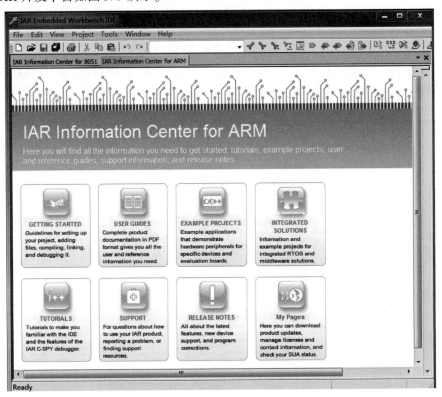

图 3.5　IAR 开发平台

3.3.2　MDK(Keil)

MDK 源自 Keil 公司，是 RealView MDK 的简称。在全球，MDK 被超过 10 万的嵌入式开发工程师使用。MDK5.21A 版本使用 uVision5 IDE 集成开发环境，是目前针对 ARM 处理器，尤其是 Cortex-M 内核处理器的最佳开发工具。

IAR 开发工具
的使用

MDK5 向后兼容 MDK4 和 MDK3 等，以前的项目同样可以在 MDK5 上进行开发(但是头文件方面得自己添加)，MDK5 同时加强了针对 Cortex-M 微控制器开发的支持，并且对传统的开发模式和界面进行了升级，其由两个部分组成：MDK Core 和 Software Packs。其中，Software Packs 可以独立于工具链进行新芯片支持和中间库的升级。

MDK5 安装包和器件支持、设备驱动、CMSIS 等组件，都可以在相关网址下载安装。

MDK 开发工具
的使用

在 MDK5 安装完成后，要让 MDK5 支持 STM32F103 的开发，还需要安装 STM32F1 的器件支持包 Keil. STM32F1xx_DFP. 2. 2. 0. pack，如图 3.6 所示。

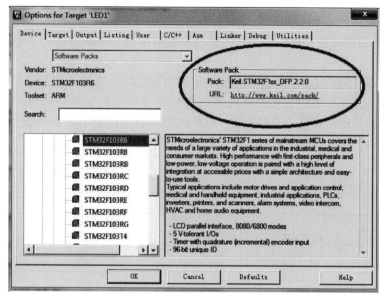

图 3.6　安装 STM32F1 的器件支持包

3.4　STM32 软件开发的设计方式

▶▶▶3.4.1　寄存器方式 ▶▶ ▶

寄存器(STM32Snippets)方式：程序设计者编程直接操作寄存器，需要设计者掌握或者查找每个寄存器的用法，精确到寄存器的每一位。例如，对于驱动 LED 的 I/O 口定义编程，需要设计者直接写出对寄存器位操作的十六进制数据。STM32 有数百个寄存器，采用这种编程方式增加了设计者的工作量，太过烦琐。寄存器编程如下：

```
void LED_Init(void)
{  RCC->APB2 ENR | =1<<2;            //使能 PORTA 时钟
   GPIOA->CRH& = 0XFFFFFFF0;
   GPIOA->CRH | =0X00000003;        //PA8 推挽输出
   GPIOA->ODR | =1<<8;              //PA8 输出高
}
```

▶▶|3.4.2　CMSIS 软件层次结构 ▶▶▶

基于 Cortex 系列芯片采用的内核都是相同的，区别主要为核外的片上外设的差异，这些差异导致软件在同内核、不同外设的芯片上移植困难。为了解决不同的芯片厂商生产的 Cortex 微控制器软件的兼容性问题，ARM 与芯片厂商建立了 CMSIS 标准。CMSIS 标准中最主要的为 CMSIS 核心层，它包括以下两部分。

（1）内核函数层：其中包含用于访问内核寄存器的名称、地址定义，主要由 ARM 公司提供。

（2）设备外设访问层：提供了片上的核外外设的地址和中断定义，主要由芯片生产商提供。

CMSIS 核心层位于硬件层与操作系统层或用户层之间，提供了与芯片生产商无关的硬件抽象层，可以为接口外设、实时操作系统提供简单的处理器软件接口，屏蔽了硬件差异，这对软件的移植是有极大的好处的。STM32 的库就是按照 CMSIS 标准建立的。CMSIS 软件层次结构如图 3.7 所示。

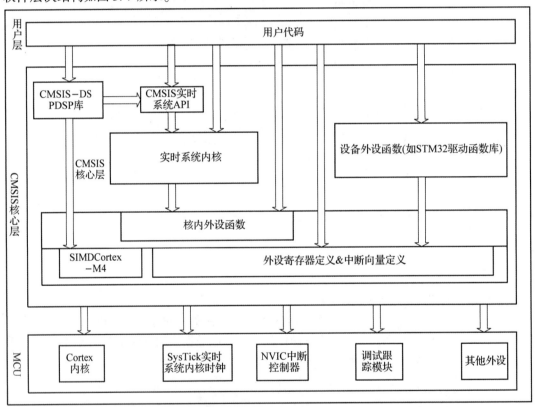

图 3.7　CMSIS 软件层次结构

▶▶|3.4.3　标准库方式 ▶▶▶ ▶

针对寄存器方式开发的缺陷，ST 公司推出了官方固件库，这个库是 STM32 芯片的一个完整的封装，包括所有标准器件外设的器件驱动器。其也是目前使用最多的 ST 库，几乎可以全部使用 C 语言实现。但是，标准库（Standard Peripheral Libraries，SPL）也是针对某一系列芯片而言的，没有可移植性。STM32F1 系列的最高版本为 3.5.0，之后没有更新。从 2018 年开始，新的型号已经不提供标准库。同样是定义 LED 驱动的 I/O 口，编程如下：

```
void LED_GPIO_Config(void)
{
    GPIO_InitTypeDef GPIO_InitStructure;
    //定义一个 GPIO_InitTypeDef 类型的结构体
    RCC_APB2PeriphClockCmd(LED1_GPIO_CLK, ENABLE);
    //开启 LED 相关的 GPIO 外设时钟
    GPIO_InitStructure.GPIO_Pin=LED1_GPIO_PIN;
    //选择要控制的 GPIO 引脚
    GPIO_InitStructure.GPIO_Mode=GPIO_Mode_Out_PP;
    //设置引脚模式为通用推挽输出
    GPIO_InitStructure.GPIO_Speed=GPIO_Speed_50MHz;
    //设置引脚速率为 50 MHz
    GPIO_Init(LED1_GPIO_PORT, &GPIO_InitStructure);
    //调用库函数，初始化 GPIO
    GPIO_SetBits(LED1_GPIO_PORT, LED1_GPIO_PIN);
    //关闭所有 LED 灯
}
```

3.4.4 HAL 库方式

硬件抽象层（Hardware Abstraction Layer，HAL）库是 ST 公司为 STM32 最新推出的抽象层嵌入式软件，用来取代之前的标准库，将功能操作封装成函数。相比标准库，STM32Cube HAL 库表现出更高的抽象整合水平，HAL API 集中关注各外设的公共函数功能，这样便于定义一套通用的、用户友好的 API 函数接口，从而可以轻松实现从一个 STM32 产品移植到另一个不同的 STM32 系列产品。HAL 库是 ST 公司主推的库，从 2018 年开始的新型号，如 F7 系列，只提供 HAL 库。目前，HAL 库支持 STM32 全线产品。

3.4.5 LL 库方式

LL（Low Layer，底层）库是 ST 公司最近新增的库，更接近硬件层，直接操作寄存器。其支持所有外设，但对需要复杂上层协议栈的外设不适用。

3.4.6 各种开发方式的性能比较

4 种开发方式的性能对比表详见二维码资源，从编程效率、硬件资源占用（ROM、RAM）、执行效率多方面综合考虑，标准库方式和 HAL 库方式更为全面。如果采用最新的芯片型号，则只能采取 HAL 库方式，但标准库方式应用的时间比较长，可以借鉴的案例比较多，在旧型号开

开发方式性能
对比表

发上也有一定的优势。目前国内对 Cube+HAL 的应用还不够成熟，处于推广阶段，有相当多的案例没有采用 Cube，而是直接对 HAL 进行移植。

3.5 标准库软件项目框架

标准库项目文件结构如图 3.8 所示，文件夹与主要文件的功能如表 3.1 所示。

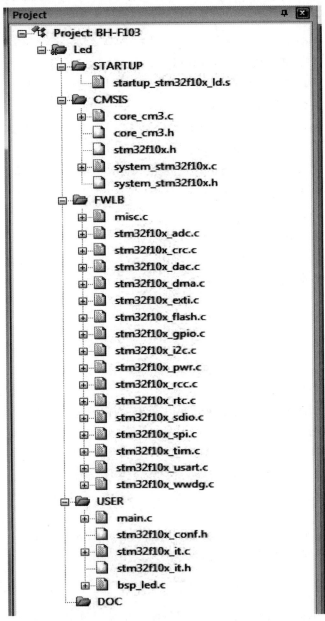

图 3.8 标准库项目文件结构

表 3.1 文件夹与主要文件的功能

文件夹	功能
STARTUP	存放启动文件。按芯片的存储器大小区分，STM32F103 系列有以下 3 个文件： startup_stm32f10x_ld.s，小容量(Flash≤32 KB) startup_stm32f10x_md.s，中容量(64 KB≤Flash≤128 KB) startup_stm32f10x_hd.s，大容量(256 KB≤Flash)
CMSIS	CMSIS 核心文件如下： core_cm3.c，提供进入 M3 内核的接口 stm32f10x.h，存放系统寄存器定义申明及包装内存操作 system_stm32f10x.c，设置系统及总线时钟
FWLB	片内外设驱动的标准库文件，包含所有片内外设模块的驱动，如 UART、TIMER、GPIO 等
USER	存放用户需要修改或设计的文件，其中： main.c 为用户主文件 stm32f10x_conf.h 为配置头文件，包含所有外设的头文件 stm32f10x_it.c 为中断服务函数 bsp_led.c 为片外模块的驱动，这个例子是 LED
DOC	存放各种说明文档

 ## 3.6 STM32CubeMX(HAL)设计实例

桌面软件 STMCubeMX，也就是初始化代码生成器，开发者可以直接使用该软件进行可视化的片上资源初始化配置，大大节省开发时间。STMCubeMX 包含了 HAL 库和最近新增的 LL 库。LL 库和 HAL 库二者相互独立，只不过 LL 库更底层。而且部分 HAL 库会调用 LL 库(如 USB 驱动)。同样，LL 库也会调用 HAL 库。用户可以使用 STMCubeMX 直接生成对应芯片的整个项目代码框架和内部资源初始化源代码。STMCubeMX 在系统开发中的作用如图 3.9 所示。

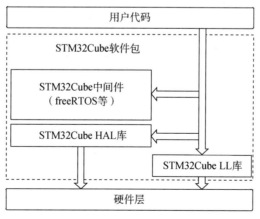

图 3.9 STMCubeMX 在系统开发中的作用

以 LED 灯闪烁项目举例，建立 STM32CubeMX 基于 HAL 库的软件工程项目。事先需要安装以下 3 个软件。

(1) MDK5。

(2) 器件支持包：Keil.STM32F1xx_DFP.2.2.0.pack。

(3) STM32CubeMX。

建立项目工程的步骤如下。

(1) 运行 STM32CubeMX，单击选择 MCU 型号，如图 3.10 所示。

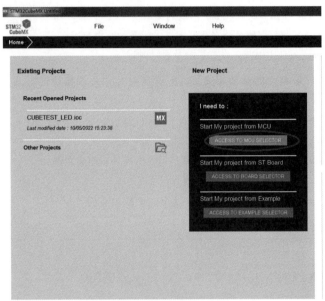

图 3.10　运行 STM32CubeMX

(2) 显示联网状态时，取消联网，如图 3.11 所示。

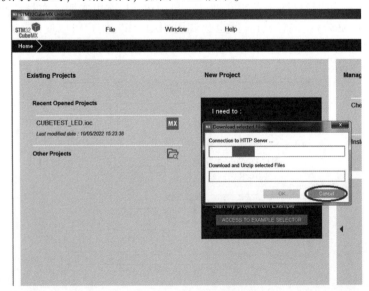

图 3.11　取消联网

（3）选择型号为 STM32F103R6Hx，如图 3.12 所示。

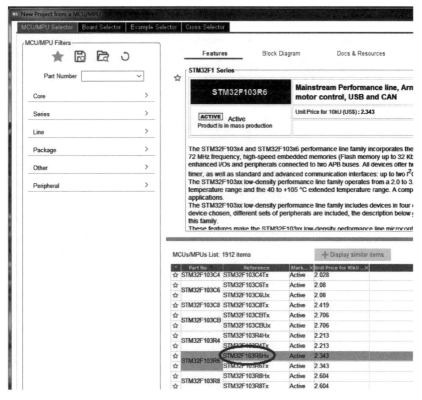

图 3.12 选择 MCU 型号

（4）进入 STM32F103R6Hx 配置界面，如图 3.13 所示。

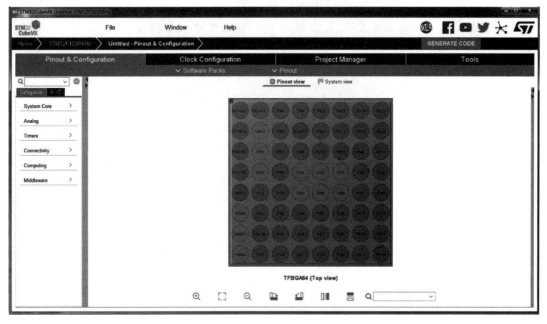

图 3.13 进入 STM32F103R6Hx 配置界面

（5）找到要配置的 I/O 口，如图 3.14 所示。

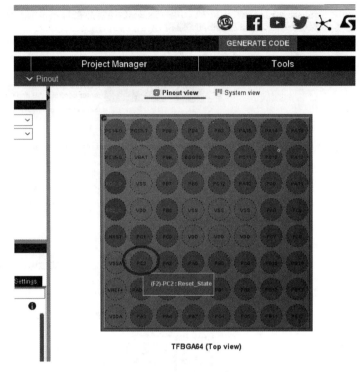

图 3.14　选择引脚

（6）I/O 口设置为 GPIO_Output 模式，如图 3.15 所示。

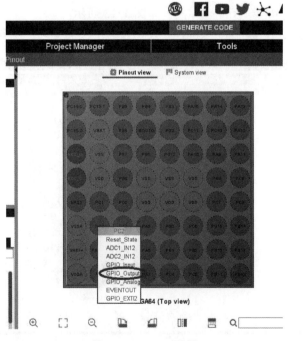

图 3.15　I/O 口设置

（7）打开 RCC 选项，选择 Crystal/Ceramic Resonator，即使用外部晶振作为 HSE 的时钟源，如图 3.16 所示。

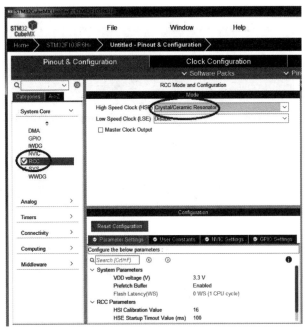

图 3.16　选择外部晶振作为 HSE 的时钟源

（8）配置系统时钟。外部晶振为 8 MHz；通道选择 HSE；倍频系数选择"×9"，即 P 倍频系统时钟选择 PLLCLK；系统时钟设定为 72 MHz；APB1 分频系数选择"/2"，即 PCLK1 为 36 MHz；APB2 分频系数选择"/1"，即 PCLK2 为 72 MHz，如图 3.17 所示。

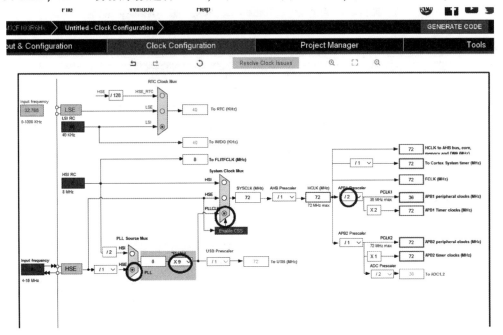

图 3.17　配置系统时钟

（9）进一步配置 I/O 的具体属性。单击 Pinout & Configuration，进入系统详细配置，选择 GPIO，配置 PC2 的默认电平，开漏输出，无上下拉，低速模式。引脚标签为 LED_Y，如图 3.18 所示。

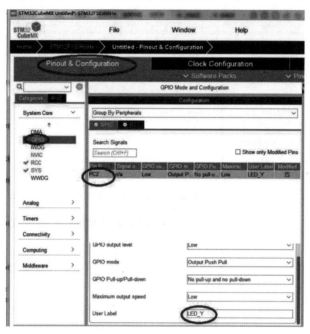

图 3.18　进一步配置 I/O

（10）为了防止出现烧录以后仿真器无法连接的情况，将 SYS 里面的 Debug 设置成 Serial Wire，如图 3.19 所示。

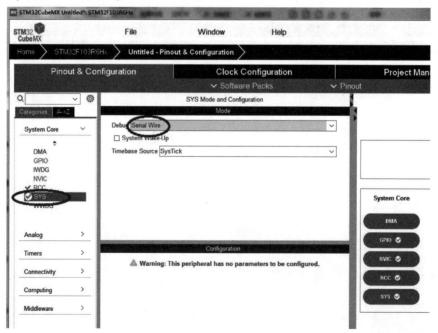

图 3.19　Debug 设置

（11）选择 Project Manager 选项，配置工程的名称、路径、使用的 IDE 工具（MDK-ARM），注意不要使用中文路径。手动选择 HAL 库的路径（CubeMX 本身自带的 HAL 库），如图 3.20 所示。

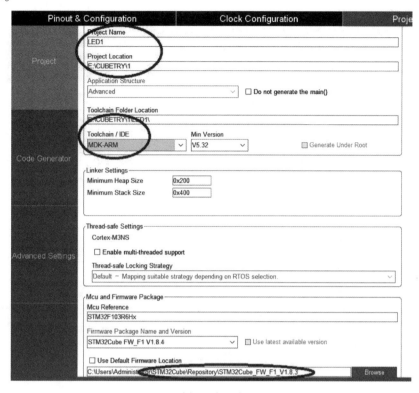

图 3.20　选择开发平台和固件库

（12）生成代码。单击 GENERATE CODE，在设定的路径成功生成代码，选择打开工程，如图 3.21 所示。

图 3.21　生成代码

（13）打开工程文件，可以看到 CubeMX 已经自动建立项目文件夹框架和代码框架，如图 3.22 所示。至此完成项目的初始化工作，就可以在指定的用户代码区域根据应用需要填写代码了。

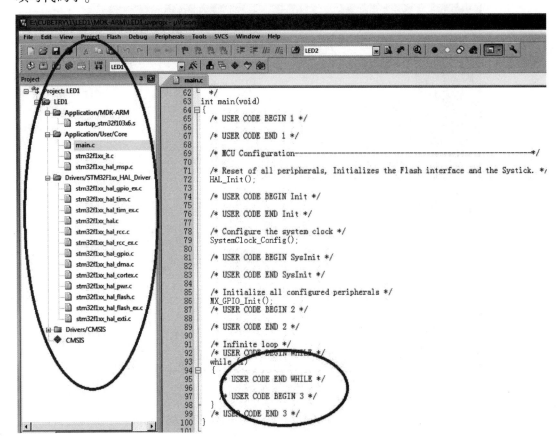

图 3.22 自动生成的项目文件结构

 ## 3.7 HAL 软件项目框架

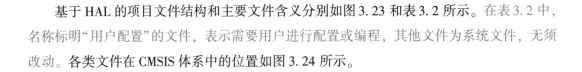

基于 HAL 的项目文件结构和主要文件含义分别如图 3.23 和表 3.2 所示。在表 3.2 中，名称标明"用户配置"的文件，表示需要用户进行配置或编程，其他文件为系统文件，无须改动。各类文件在 CMSIS 体系中的位置如图 3.24 所示。

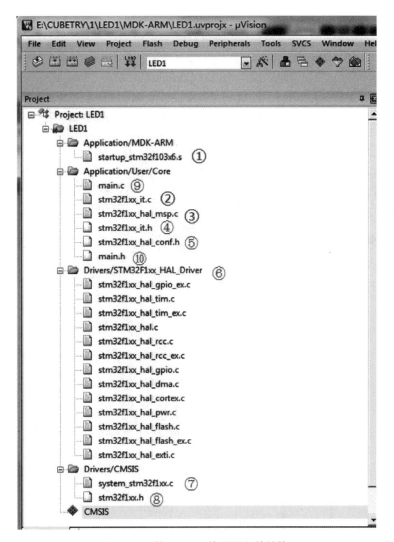

图 3.23 基于 HAL 的项目文件结构

表 3.2 主要文件含义

序号	名称	含义
①	startup_stm32f103x6.s	启动文件,容量不同,文件不同
②	stm32f1xx_it.c(用户配置)	中断服务函数
③	stm32f1xx_hal_msp.c	包含 MSP 初始化和反初始化的用户应用程序中使用的外设
④	stm32f1xx_it.h(用户配置)	中断服务头文件
⑤	stm32f1xx_hal_conf.h(用户配置)	根据芯片型号增减 ST 库的外设文件;时钟源配置
⑥	Drivers/STM32F1xx_HAL_Driver 文件夹	所有外设的驱动
⑦	system_stm32f1xx.c	上电后初始化系统时钟

续表

序号	名称	含义
⑧	stm32f1xx. h	所有的外设寄存器地址和结构体类型
⑨	main. c（用户配置）	用户文件
⑩	main. h（用户配置）	用户文件头文件

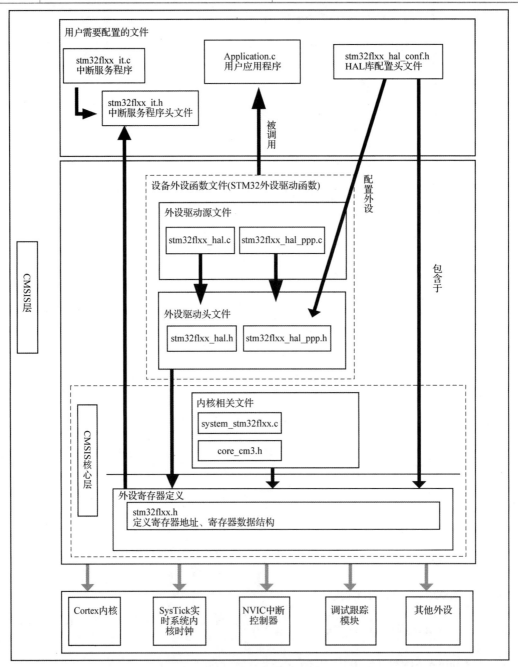

图 3.24　各类文件在 CMSIC 体系中的位置

图 3.24 描述了 STM32 库各类文件之间的调用关系。在实际开发中，需要把位于设备外设函数文件 CMSIS 层的文件包含进工程。对于位于用户层的几个文件，用户在使用库的时候，针对不同的应用可以对库文件进行增删(用条件编译的方法增删)。

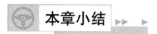**本章小结**

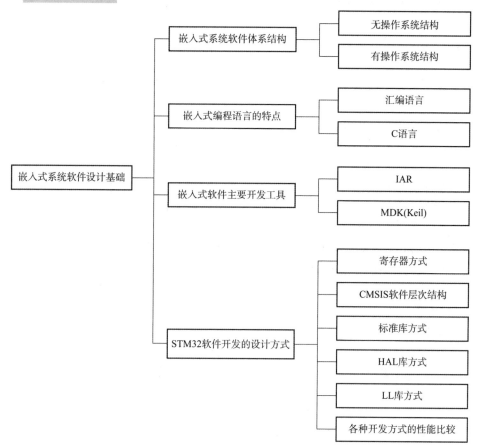

**习　题**

一、选择题。

1. 在有操作系统结构的软件层中，应用程序主要负责实现(　　)。
A. 底层的数据存储空间管理和多任务管理
B. 应用逻辑
C. 多任务处理
D. 前后台处理

2. 程序设计者编程直接操作寄存器，对于驱动 LED 的 I/O 口定义编程，需要设计者直接写出对寄存器位操作的(　　)进制数据。
A. 32　　　　　　　B. 8　　　　　　　C. 16　　　　　　　D. 12

3. CMSIS 标准中的内核函数层，其中包含用于访问(　　)的名称和地址定义。

A. 内核寄存器　　　　B. 核外外设　　　　　C. 中断地址　　　　D. 操作系统

4. 更接近硬件层，能直接操作寄存器的是(　　)。

A. HAL 库　　　　　　B. SPL　　　　　　　C. CMSIS　　　　　D. LL 库

5. 标准库软件项目框架中，103 系列中最小容量的文件为(　　)。

A. startup_stm32f10x_ld. s　　　　　　　B. startup_stm32f10x_hd. s

C. startup_stm32f10x_md. s　　　　　　　D. core_cm3. c

二、填空题。

1. 嵌入式计算机系统的体系结构无操作系统结构为＿＿＿＿＿＿，有操作系统结构为＿＿＿＿＿＿。

2. 无操作系统结构软件层只有应用程序这一层，应用程序直接控制 CPU，这种系统完成多任务的方式有＿＿＿＿和＿＿＿＿。

3. 桌面软件 STMCubeMX 包含了 ＿＿＿＿和最近新增的 ＿＿＿＿。

4. 嵌入式软件编程设计领域，随着 MCU 硬件性能的提高和软件工具水平的提高，＿＿＿＿已经成为嵌入式软件开发的标准编程语言。

5. CMSIS 标准中最主要的为 CMSIS 核心层，它包括＿＿＿＿和＿＿＿＿设备。

6. 以 LED 灯闪烁项目为例，建立 STMCubeMX 基于 HAL 库的软件工程项目。事先需要安装 3 个软件，分别为＿＿＿＿、＿＿＿＿、＿＿＿＿。

7. 建立 STMCubeMX 基于 HAL 库的软件工程项目，为了防止出现烧录以后仿真器无法连接的情况，将 SYS 里面的 Debug 设置成＿＿＿＿。

8. STM32 软件开发的设计方式中，如果采用最新的芯片型号，则只能采取＿＿＿＿。

9. LL 库是 ST 公司最近新增的库，对＿＿＿＿不适用。

10. CMSIS 标准中的设备外设访问层提供了片上的核外外设的地址和＿＿＿＿。

三、简答题。

1. 嵌入式软件编程语言的主要语言是什么？简述其在编程理念上的特点。

2. 简述嵌入式软件主要开发工具为哪几种。

3. CMSIS 标准中最主要的为 CMSIS 核心层，它包括了什么？

4. STM32 软件开发的设计方式有哪几种，通过对比有什么区别？

5. 简述以 LED 灯闪烁项目为例，建立 STMCubeMX 基于 HAL 库的软件工程项目的步骤。

第 3 章习题答案

第4章
嵌入式系统开发设计流程

学习目标 ▶▶ ▶

1. 理解嵌入式软件的交叉编译。
2. 掌握嵌入式系统的总体设计开发流程。
3. 熟悉硬件仿真器调试流程。
4. 熟悉 Proteus 软件仿真调试流程。
5. 熟悉程序下载的两种方法。

4.1 嵌入式软件的交叉编译

　　嵌入式系统的软件开发环境一般由目标机(嵌入式计算机)和宿主机(通用计算机)构成。在宿主机上进行嵌入式软件开发(编辑、编译),在目标机上运行嵌入式软件。
　　交叉编译本质上是在一个计算机平台上生成能够在另一个计算机平台上运行的代码。嵌入式计算机系统的资源有限,无法安装所需要的软件开发环境(主要是编译器),只能借助于宿主机。在宿主机上对即将运行在目标机上的应用程序进行编译,生成可在目标机上运行的目标代码文件。该文件通过下载器,下载到目标机的程序存储器中,在目标机上运行。嵌入式软件的交叉编译如图 4.1 所示。

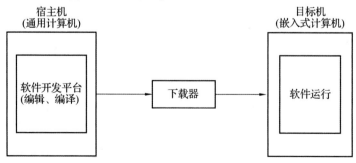

图 4.1 嵌入式软件的交叉编译

4.2　总体设计开发流程

▶▶▎4.2.1　硬件仿真器调试方式流程 ▶▶ ▶

硬件仿真器调试是比较传统并且得到广泛应用的 MCU 系统调试方式，在调试的过程中需要硬件仿真器设备和目标板（MCU 板）。需要根据不同的 MCU 型号配置专门的硬件仿真器设备，调试时仿真调试环境在 PC 上设置，硬件仿真器连接 PC 和 MCU 板，在仿真调试软件环境中将 MCU 目标程序下载到硬件仿真器中运行，根据 MCU 板的执行情况进行程序和 PCB 的修改调试。基于硬件仿真器调试的系统设计流程如图 4.2 所示。

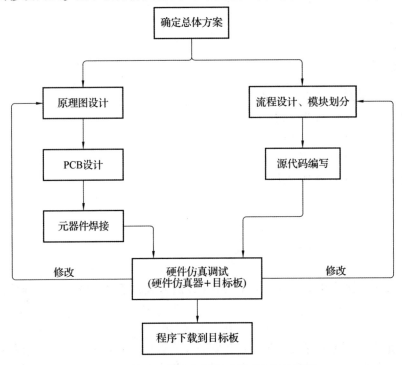

图 4.2　基于硬件仿真器调试的系统设计流程

▶▶▎4.2.2　Proteus 软件仿真调试方式流程 ▶▶ ▶

Proteus 软件仿真调试方式是近年来新涌现出的 MCU 设计方式，Proteus 软件的特点是用户可以根据实际的 MCU 系统硬件电路图设计形成虚拟的硬件系统，程序和电路可以在这个虚拟的系统上调试修改，待软硬件调试成功后，再设计印制电路板（Printed Circuit Board，PCB）及元器件焊接，最后将程序直接下载到实际 MCU 系统即可。这种调试方式的特点是在制作 PCB 之前完成全部的软件、硬件的调试与修改，同时这种调试不需要硬件仿真器，因此对于初学者来讲减少了时间成本和硬件成本。本书中的基础案例均采用此方式设计。基于 Proteus 仿真调试的系统设计流程如图 4.3 所示。

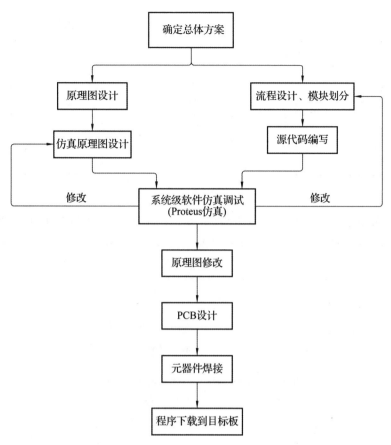

图 4.3 基于 Proteus 仿真调试的系统设计流程

 ## 4.3 硬件仿真器调试

在嵌入式系统的软硬件调试阶段，若只利用下载器反复将程序下载到目标板的存储器中，通过肉眼观察结果进行调试，则增加了调试的难度，也会减少目标板元器件的寿命，延长了整个开发周期。

仿真器是一种在电子产品开发阶段代替 MCU 芯片进行软硬件调试的开发工具。仿真器与目标 MCU 在电气及物理上等价，并能在开发系统中替代 MCU，目标系统的操作可由 PC 控制及观察。在开发初期，开发系统依靠仿真器工作，当目标功能完善后，仿真器将被真正的 MCU 取代。

硬件仿真物理结构如图 4.4 所示，仿真器配合集成开发环境使用，可以对 MCU 程序进行单步跟踪调试，也可以使用断点、全速等调试手段，并可观察各种变量、RAM 及寄存器的实时数据，跟踪程序的执行情况，同时还可以对硬件电路进行实时的调试。利用仿真器可以迅速找到并排除程序中的逻辑错误，大大缩短嵌入式系统的开发周期。仿真器在 MCU 系统开发中发挥着重要的作用。

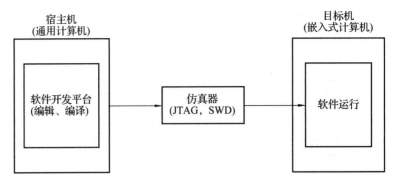

图 4.4　硬件仿真物理结构

安装仿真器的驱动，在软件开发平台(MDK、IAR)相关界面进行仿真器设置，就可以实现硬件仿真。从 MDK 平台进行仿真器设置如图 4.5 和图 4.6 所示。

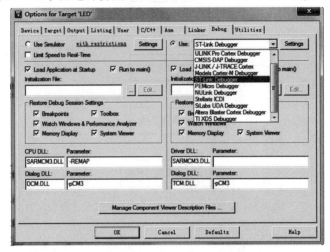

图 4.5　在 MDK 中设置仿真器型号

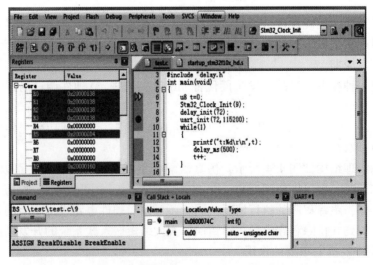

图 4.6　在 MDK 中进行硬件仿真

常见的两种仿真调试的接口为 JTAG、SWD 接口。

（1）JTAG（Joint Test Action Group，联合测试行动小组）是一种国际标准测试协议，主要用于芯片内部测试。现在多数的高级器件都支持 JTAG 协议，如 DSP、FPGA、ARM、PowerPC 器件等。标准的 JTAG 接口是 4 线（强制要求）：TCK、TMS、TDI、TDO。

（2）SWD（Serial Wire Debug，串行线调试）是 ARM 设计的协议，用于对其 MCU 进行编程和调试。其使用的引脚更少，只需 SWDIO 和 SWCLK 两个引脚。

由于 SWD 专门从事编程和调试，因此它具有许多特殊功能，通常在其他任何地方都无法使用，例如通过 I/O 线将调试信息发送到计算机。另外，由于它是 ARM 专门为在其设备中使用而制造的，因此 SWD 的性能通常是同类产品中最好的。

STM32 均支持以上两种方式，芯片有对应的接口引脚。一般来讲，STM32 的仿真调试采用 SWD。

 ## 4.4　Proteus 软件仿真调试

Proteus 仿真工具做到了在同一台通用计算机上对目标机（嵌入式计算机）软件的编译和仿真运行，非常有利于嵌入式系统的软件调试，极大降低了软件调试和硬件调试的成本，特别适合初学者。Proteus 仿真调试的结构如图 4.7 所示。

Proteus 软件使用

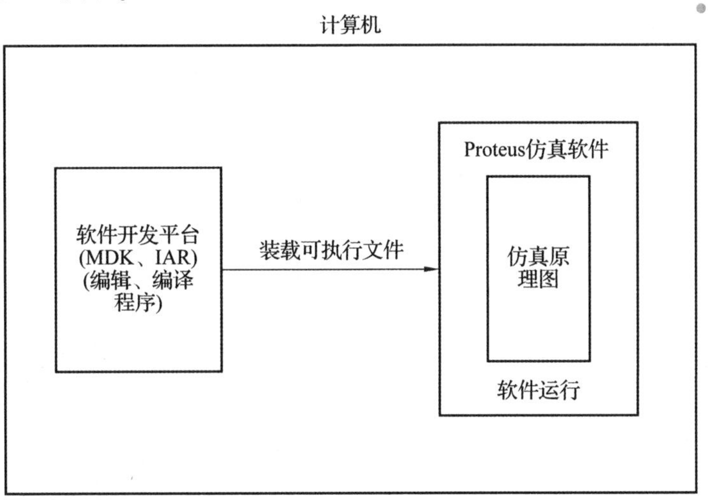

图 4.7　Proteus 仿真调试的结构

Proteus 软件是 Lab Center Electronics 公司研发的 EDA（Electronic Design Automation，电子设计自动化）工具软件。它真正实现了在计算机上完成从原理图设计、电路分析与仿真、MCU 代码调试与仿真、系统测试与功能验证到 PCB 生成的完整的电子产品研发过程，实现了从概念到产品的完整设计。

Proteus 能够完成模拟电子、数字电子、MCU 及嵌入式的全部实验内容，支持所有电工电子的虚拟仿真，在此软件平台上能够实现智能原理图输入系统（Intelligent Schematic Input System，ISIS）智能原理图绘制、代码调试、CPU 协同外围器件进行虚拟交换矩阵（Virtual Switch Matrix，VSM）虚拟系统模型仿真，在调试完毕后，还可以一键切换至高级布线软件

（Advanced Routing and Editing Software，ARES）生成 PCB。Proteus 系统仿真如图 4.8 所示。

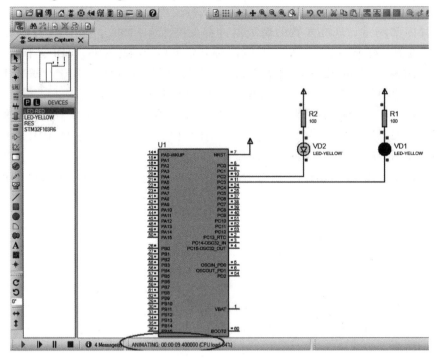

图 4.8　Proteus 系统仿真

Proteus 软件仿真原理图的详细设计方法请参考二维码资源。在设计 STM32 系统时需要注意以下几个方面。

（1）在库里找到 STM32 的器件，如图 4.9 所示。

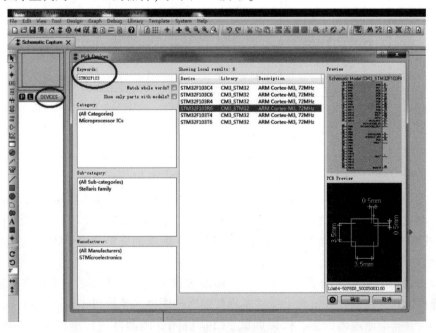

图 4.9　在库里选择元器件

（2）电源和地的设置。选择 Configure Power Rails 选项，进行电源和地的设置，具体如图 4.10～图 4.12 所示。

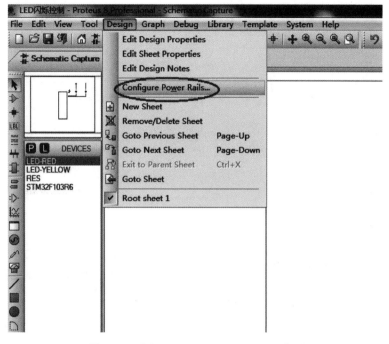

图 4.10　选择 Configure Power Rails 选项

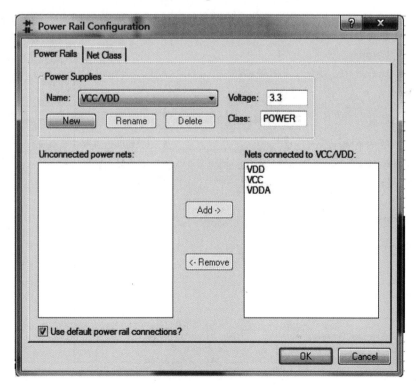

图 4.11　设置电源

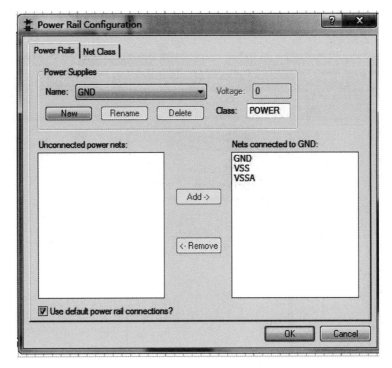

图 4.12　设置地

（3）外接晶体频率的设置和目标文件的下载如图 4.13 所示。

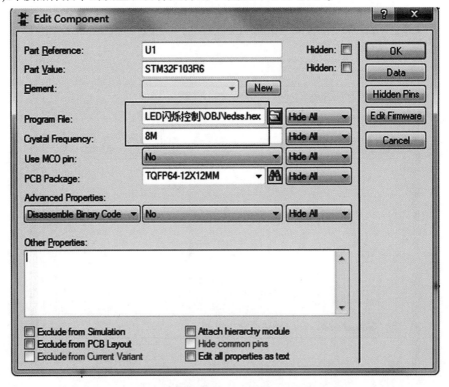

图 4.13　外接晶体频率的设置和目标文件的下载

4.5 程序的下载

程序的下载，是目标程序在宿主机上被编译后的可执行文件，从宿主机存入目标机程序存储器的过程。**程序下载主要有串口下载和仿真器下载两种方式。**

4.5.1 串口下载

串口下载，是宿主机通过串口下载器连接到目标机的串口(UART)，在宿主机上用专用的串口下载软件，把可执行文件下载到目标机的程序存储器中，如图 4.14 和图 4.15 所示。

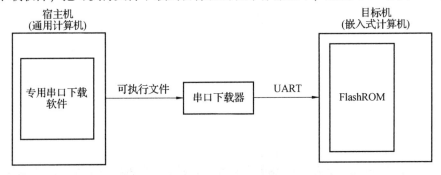

图 4.14 串口下载框架

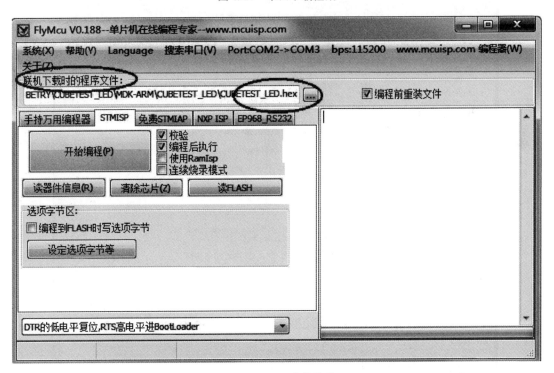

图 4.15 串口下载软件界面

▶▶| 4.5.2　仿真器下载 ▶▶ ▶

仿真器的主要功能是进行仿真调试，同时也可以下载程序。安装仿真器的驱动，在软件开发平台（MDK、IAR）相关界面进行仿真器设置后，就可以在开发平台上下载目标文件了。仿真器下载过程如图4.16所示。

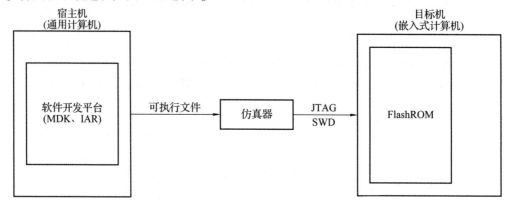

图 4.16　仿真器下载过程

MDK 下载程序界面如图 4.17 所示。

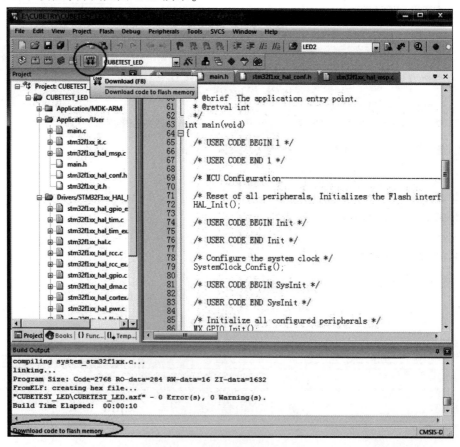

图 4.17　MDK 下载程序界面

本章小结

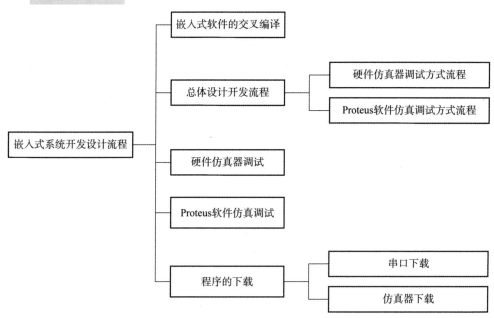

习 题

一、选择题。

1. 交叉编译主要是通过( )进行文件传输。

A. 仿真器　　　　　B. 下载器　　　　　C. MDK　　　　　D. SWD

2. 仿真器能在开发系统中代替( )。

A. MCU　　　　　B. MDK　　　　　C. STM32　　　　　D. 串口下载器

3. Proteus 不能够完成的工作是( )。

A. 代码调试　　　　B. 仿真模拟　　　　C. 串口下载　　　　D. 源代码编写

4. 下列不属于程序下载的是( )。

A. 直接下载　　　　B. 离线下载　　　　C. 仿真器下载　　　　D. 串口下载

5. 下列不属于标准的 JTAG 接口的是( )。

A. TCK　　　　　B. TDI　　　　　C. TDO　　　　　D. TCM

二、填空题。

1. 嵌入式系统的软件开发环境一般由_____和_____构成。

2. 硬件仿真器调试需要用到_____和_____。

3. 仿真器是在开发阶段代替_____的开发工具。

4. 软件开发平台通过_____使软件在目标机中运行。

5. JTAG 是_____协议,它用于_____。

6. SWD 对微控制器进行_____和_____。

7. Proteus 仿真工具,做到了在同一台通用计算机上对目标机_____和_____。

8. 程序的下载是目标程序在宿主机上被编译后的_____。

9. 串口下载是宿主机通过串口下载器连接到目标机的_____。

10. 仿真器具有_____，_____等功能。

三、简答题。

1. 简述硬件仿真器调试系统的设计流程。

2. 硬件仿真器和软件仿真器调试的不同点是什么？

3. 简述 JTAG、SWD 端口的作用和特点。

4. Proteus 软件可以完成什么工作？

5. 简述程序下载的两种模式及相对应的功能。

第4章习题答案

第 5 章
STM32 的基础内部资源

 学习目标 ▶▶ ▶

1. 掌握 STM32 系统时钟的配置原理。
2. 掌握通用 I/O 口的基本特点，并能够灵活应用。
3. 掌握 STM32 中断控制原理与编程步骤。
4. 掌握 STM32 外部中断应用编程。
5. 掌握 STM32 定时器的基本特点和中断处理应用编程。
6. 了解 STM32 的系统定时器、看门狗、待机唤醒功能。

 ## 5.1　STM32 系统时钟配置

▶▶▶ 5.1.1　各类时钟源的特点 ▶▶ ▶

任何一个外设在使用前必须首先要使能相应的时钟。

STM32 有 5 个时钟源：HSI、HSE、LSI、LSE、PLL（由 HSI 或 HSE 提供）。其中，高速时钟（HSE 和 HSI）是提供给芯片主体的主时钟，低速时钟（LSE 和 LSI）只提供给芯片中的 RTC（实时时钟）及独立看门狗使用，高速时钟也可以提供给 RTC。

内部时钟是在芯片内部由 RC 振荡器产生的，起振较快，所以时钟在芯片刚上电的时候，默认使用内部高速时钟。而外部时钟信号是由外部的晶振输入的，在精度和稳定性上都有很大优势，所以上电之后通过软件配置，转而采用外部时钟。

HSE：以外部晶振作为时钟源，晶振频率可取范围为 4～16 MHz，一般采用 8 MHz 的晶振。

HSI：由内部 RC 振荡器产生，频率为 8 MHz，不稳定。

LSE：以外部晶振作为时钟源，主要提供给 RTC 模块，一般采用 32.768 kHz 的晶振。

LSI：由内部 RC 振荡器产生，也主要提供给 RTC 模块，频率大约为 40 kHz。

▶▶ 5.1.2　CubeMX 图形化时钟配置 ▶▶ ▶

CubeMX 图形化时钟配置界面如图 5.1 所示。

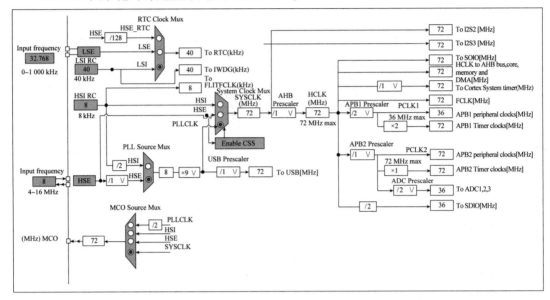

图 5.1　CubeMX 图形化时钟配置界面

以配置 HSE 为例，配置步骤如下。

（1）设置时钟源。可以选择 HSE 或 HSI，这里选择 HSE，设输入频率为 8 MHz，之后进行分频（1 或 1/2），这里选择 1。

（2）配置 PLLCLK 时钟。在 PLL Source Mux 开关，选择 HSE，然后进入锁相环 PLL，可以输入倍频因子，设定为 9 倍频，即 PLLCLK＝72 MHz。

（3）配置 SYSCLK 时钟。在 System Clock Mux 开关，选择 HSE，形成 SYSCLK 时钟为 72 MHz。SYSCLK 系统时钟是 STM32 大部分器件的时钟来源。

（4）配置 HCLK 时钟。设置 AHB 预分频器 AHB Prescaler 参数为 1，形成 HCLK 时钟为 72 MHz。HCLK 时钟是高速总线 AHB 的时钟信号，提供给存储器、DMA 及 Cortex 内核，是 Cortex 内核运行的时钟，它的大小与 STM32 的运算速度、数据存取速度密切相关。

（5）配置 APB 时钟。设置 APB1 预分频器 APB1 Prescaler 参数为 1/2，形成 APB1 外设时钟 PCLK1 为 36 MHz；设置 APB2 预分频器 APB2 Prescaler 参数为 1，形成 APB2 外设时钟 PCLK2 为 72 MHz。总线提供的时钟与外设关系如表 5.1 所示。

表 5.1　总线提供的时钟与外设关系

时钟	对应外设
APB1 时钟	TIM2-6，WWDG，SPI2，USART2，USART3，I2C1，I2C2，USB，CAN，BKP，PWR
APB2 时钟	功能复用 I/O，GPIOA-GPIOE，ADC1，ADC2，TIM1-2，SPI1，USART1

▶▶▶ 5.1.3　时钟配置的编程实现 ▶▶ ▶

无论是标准库软件结构还是 HAL 库软件结构，在 STM32 的启动文件中都会包含如下引导代码段：

```
Reset_Handler   PROC
                EXPORT   Reset_Handler           [WEAK]
                IMPORT   _main
                IMPORT   SystemInit
                LDR      R0, =SystemInit
                BLX      R0
                LDR      R0, =_main
                BX       R0
                ENDP
```

在 main 函数执行之前系统要先执行 SystemInit 函数，在标准库（M3 系列、M4 系列）中是在 SystemInit 函数中对系统时钟进行设置的，不需要用户单独去写时钟配置的函数，时钟设置子函数源程序详见例 6.1 项目工程文件。HAL 库中没有对于系统时钟的设置，如果不采用 CubeMX 图形配置，则需要用户单独设计函数实现。

 ## 5.2　I/O 口

▶▶| 5.2.1　基本特点 ▶▶ ▶

STM32 系列芯片的 GPIO 端口结构如图 5.2 所示。

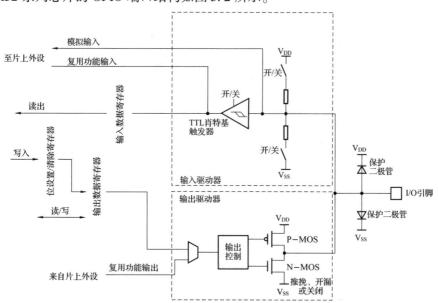

图 5.2　STM32 系列芯片的 GPIO 端口结构

复位期间和刚复位后，复用功能未开启，I/O 端口被配置成浮空输入模式；复位后，

JTAG 引脚被置于输入上拉或下拉模式，当作为输出配置时，写到输出数据寄存器上的值（GPIOx_ODR）输出到相应的 I/O 引脚。可以以推挽模式或开漏模式（当输出 0 时，只有 N-MOS 被打开）使用输出驱动器。所有 GPIO 引脚有一个内部弱上拉和弱下拉，当配置为输入时，它们可以被激活也可以被断开。对于复用的输入功能，端口必须配置成输入模式（浮空、上拉或下拉）且输入引脚必须由外部驱动；如果把端口配置成复用输出功能，则引脚和输出寄存器断开，并和片上外设的输出信号连接。如果软件把一个 GPIO 引脚配置成复用的输出功能，但是外设没有被激活，那么它的输出将不确定。

1）工作模式

STM32 的 I/O 端口功能较多，使用起来难度较大，其可以由软件配置成如下 8 种模式。

（1）输入浮空（INPUT_FLOATING）：输入浮空模式下，I/O 端口的电平信号直接进入输入数据寄存器。I/O 的电平状态完全由外部输入决定，在要读取外部信号时通常配置 I/O 端口为输入浮空模式。

（2）输入上拉（INPUT_PU）：在 I/O 端口悬空（无信号输入）的情况下，输入端的电平可以保持在高电平；在 I/O 端口输入为低电平的时候，输入端的电平为低电平。

（3）输入下拉（INPUT_PD）：在 I/O 端口悬空（无信号输入）的情况下，输入端的电平可以保持在低电平；在 I/O 端口输入为高电平的时候，输入端的电平为高电平。

（4）模拟输入（ANALOG）：I/O 端口的模拟信号（电压信号，而非电平信号）直接模拟输入到片上外设模块，如 ADC 模块等。

（5）开漏输出（GP_OUTPUT_OD）：输出端相当于三极管的集电极，要得到高电平状态，需要上拉电阻才行，适用于电流型的驱动，连接功率大的元器件，也可以用于电平匹配。

（6）推挽输出（GP_OUTPUT_PP）：推挽电路是两个参数相同的三极管或 MOSFET，以推挽方式存在于电路中，各负责正负半周的波形放大任务，推挽式输出级既能提高电路的负载能力，又能提高开关速度。其一般用于连接数字器件和小电流模拟器件。

（7）推挽复用输出（AF_OUTPUT_PP）：与推挽输出模式类似，用于片内外设（I^2C 的 SCL、SDA）的输出。

（8）开漏复用输出（AF_OUTPUT_OD）：与开漏输出模式类似，用于片内外设引脚（TX1、MOSI、MISO、SCK、SS）的输出。

每个 I/O 端口可以自由编程，设置的基本原则如下。

（1）普通 GPIO 输入：根据需要配置该引脚为浮空输入、带弱上拉输入或带弱下拉输入，同时不要使能该引脚对应的所有复用功能模块。

（2）普通 GPIO 输出：根据需要配置该引脚为推挽输出或开漏输出，同时不要使能该引脚对应的所有复用功能模块。

（3）普通模拟输入：配置该引脚为模拟输入，同时不要使能该引脚对应的所有复用功能模块。

（4）内置外设的输入：根据需要配置该引脚为浮空输入、带弱上拉输入或带弱下拉输入，同时使能该引脚对应的某个复用功能模块。

（5）内置外设的输出：根据需要配置该引脚为推挽复用输出或开漏复用输出，同时使能该引脚对应的所有复用功能模块。

2）控制寄存器

STM32 的每个 I/O 端口都由 7 个寄存器来控制，它们分别是两个 32 位配置寄存器（GPIOx_CRL、GPIOx_CRH），两个 32 位数据寄存器（GPIOx_IDR、GPIOx_ODR），一个 32 位置位/复位寄存器（GPIOx_BSRR），一个 16 位复位寄存器（GPIOx_BRR）和一个 32 位锁定寄存器（GPIOx_LCKR）。

▶▶▶ 5.2.2　输出应用实例 ▶▶▶

例 5.1　用 CubeMX+HAL 库软件设计方式，以延时方式实现 LED 灯的定期闪烁，其 Proteus 仿真结果如图 5.3 所示。

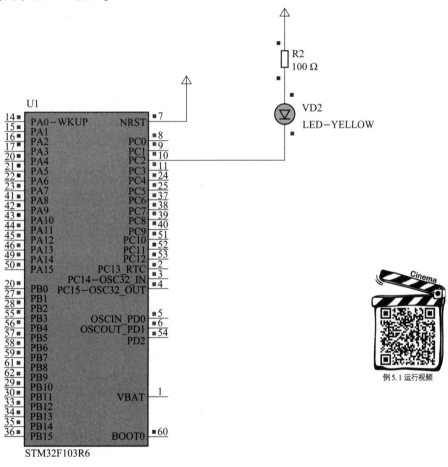

图 5.3　LED 灯定期闪烁 Proteus 仿真结果

答案与解析：

1）硬件电路

LED 发光二极管的正极通过上拉电阻接电源，负极接 MCU 的一个 I/O 引脚，I/O 引脚输出为 1 时，LED 不导通；输出为 0 时，LED 导通。

2）CubeMX 初始化 STM32

（1）MCU 的型号为 STM32F103R6Hx，项目文件结构如图 5.4 所示，在左侧的项目树中，自动添加了 STM32F103R6 的启动文件：startup_stm32f103x6.s。在右侧的代码区可以看到，这个文件是汇编代码，无须用户修改。

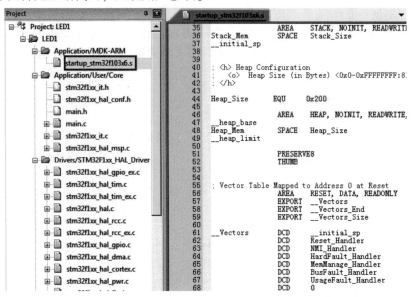

图 5.4　项目文件结构

（2）对 PC2 引脚的初始化：名称定义为 LED1，设置为推挽输出（Output Push Pull），输入无上下拉（No Pull-Up No Pull-Down），最大输出速度为低速（Low）。

如图 5.5 所示，在自动生成的项目文件结构中，main.h 文件中定义了引脚名称。如图 5.6 所示，在 main.c 文件中，对 I/O 端口进行了初始化配置。

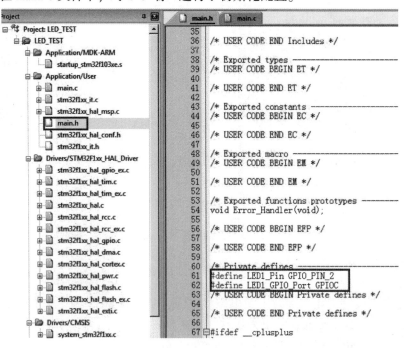

图 5.5　定义引脚名称

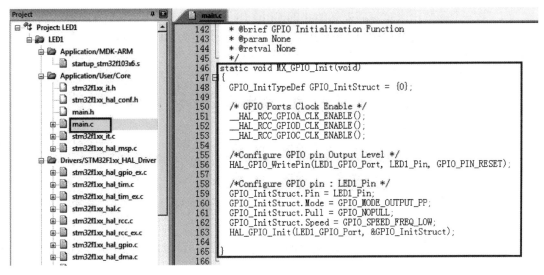

图5.6　I/O端口初始化配置

（3）时钟的配置：外部晶体8 MHz，HSE，最高频率72 MHz，APB1＝36 MHz，APB2＝72 MHz；所有频率的具体值均与晶体的设定有关。自动生成的配置代码位于main.c文件中，如图5.7所示。

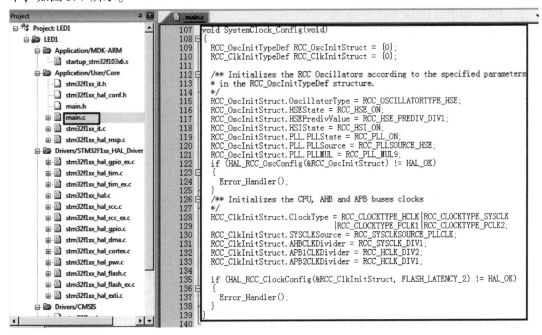

图5.7　时钟配置

（4）其他默认。

3）GPIO初始化函数

GPIO相关的函数和定义分布在HAL库文件stm32f1xx_hal_gpio.c和头文件stm32f1xx_hal_gpio.h中。在HAL库开发中，初始化GPIO是通过GPIO初始化函数void HAL_GPIO_Init(GPIO_TypeDef * GPIOx，GPIO_InitTypeDef * GPIO_Init)完成的。

（1）第一个参数用来指定需要初始化的 GPIO 组，取值范围为 GPIOA～GPIOE。

（2）第二个参数为初始化参数结构体指针，结构体类型为 GPIO_InitTypeDef。

```
typedef struct
{
uint32_t Pin;
uint32_t Mode;
uint32_t Pull;
uint32_t Speed;
}GPIO_InitTypeDef;
```

①参数 Pin 用来设置引脚。

②参数 Mode 用来设置对应 I/O 端口的输出端口模式，可以选择的值如下：

GP_OUTPUT_OD(开漏输出)；

GP_OUTPUT_PP(推挽输出)；

AF_OUTPUT_PP(推挽复用输出)；

AF_OUTPUT_OD(开漏复用输出)。

③参数 Pull 用来设置 I/O 端口的输入上下拉，可以选择的值如下：

GPIO_NOPULL(输入悬空)；

GPIO_PULLUP(输入内部上拉)；

GPIO_PULLDOWN(输入内部下拉)。

④参数 Speed 用来设置 I/O 端口输出响应速度，可以选择的值如下：

GPIO_SPEED_FREQ_LOW(2 MHz)；

GPIO_SPEED_FREQ_MEDIUM(10 MHz)；

GPIO_SPEED_FREQ_HIGH(50 MHz)。

输入模式可以不用配置速度，但是输出模式必须确定最大输出频率。

当 STM32 的 GPIO 端口设置为输出模式时，有 3 种可以选择：2 MHz、10 MHz 和 50 MHz。这个速度是指 I/O 端口驱动电路的响应速度而不是输出信号的速度，输出信号的速度取决于具体的程序设计。

4）在 CubeMX 自动生成的项目结构中填写用户代码

用户只需要在 main.c 文件里的 while(1)循环里，添加两行代码。这两行代码调用了 HAL 的库函数，具体含义如下。

（1）HAL_GPIO_TogglePin(LED1_GPIO_Port, LED1_Pin)：引脚翻转函数，LED1_Pin 是 1 就翻转为 0，是 0 就翻转为 1。

（2）HAL_Delay(200)：延时函数，单位为 ms。

5）编译项目生成 hex 目标文件

编译生成 hex 文件如图 5.8 所示，目标文件所在位置为开发环境默认的项目路径，如图 5.9 所示。

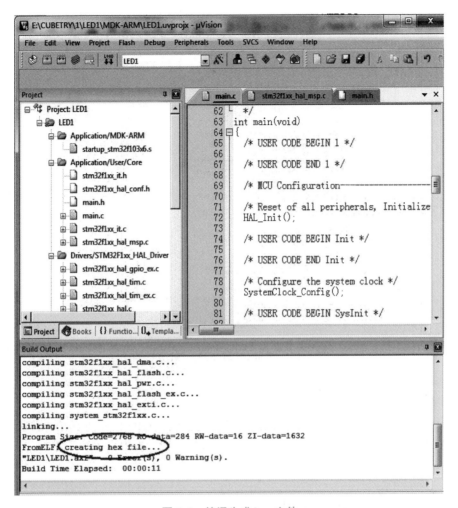

图 5.8　编译生成 hex 文件

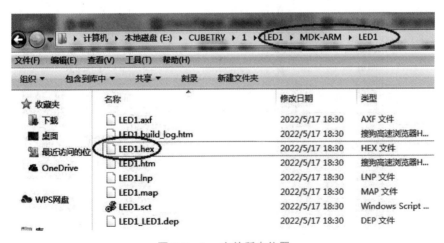

图 5.9　hex 文件所在位置

6）载入文件仿真运行

将 hex 文件下载到 STM32 中，如图 5.10 所示。

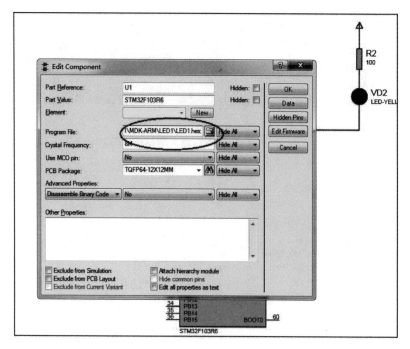

图 5.10 将 hex 文件下载到 STM32 中

▶▶|5.2.3 输入应用实例 ▶▶ ▶

例 5.2 用 HAL 库设计方式，实现对按键的检测，其 Proteus 仿真结果如图 5.11 所示，KEY1 被按下时，LED1 的亮灭翻转；KEY2 被按下时，LED2 的亮灭翻转。

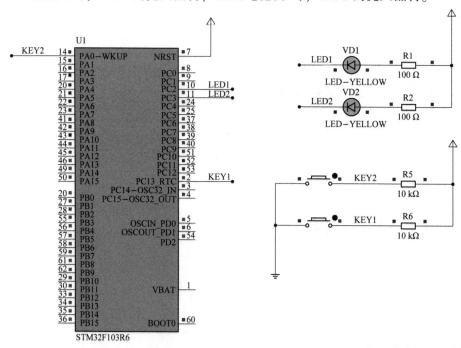

图 5.11 按键检测 Proteus 仿真结果

答案与解析：

1）硬件电路

按键是一种常开型按钮开关，平时按键的两个触点处于断开状态，只有按下按键时两个触点才闭合（短路）。当按键未被按下时，MCU 输入 I/O 端口为高电平；按键被按下时，MCU 输入 I/O 端口为低电平。

例 5.2 运行视频

2）项目框架

CubeMX 自动生成的初始化项目框架里，片外外设的驱动和项目的应用逻辑都在主文件里，没有层次区。本案例没有采用 CubeMX 自动生成初始化项目框架，而是自行设计项目框架并对 HAL 库进行了移植。如图 5.12 所示，将 LED 和 KEY 的相关驱动单独形成了文件，main.c 主文件中主要实现应用逻辑，这样有利于模块的移植和扩展。但是，所有初始化的工作都需要用户在代码里设置。

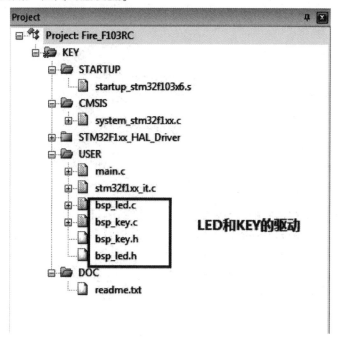

图 5.12　项目文件结构

3）初始化 STM32

（1）MCU 的型号为 STM32F103R6Tx。

（2）对 PC2、PC3 输出引脚进行初始化，定义名称，设置为推挽输出。

（3）对 PC13、PA0 输入引脚进行初始化，定义名称，设置为输入模式（Input），输入悬空（NOPULL）。

（4）时钟的配置。外部晶体 8 MHz，HSE，最高频率 72 MHz，APB1＝36 MHz，APB2＝72 MHz。

4）LED 驱动程序

LED 驱动程序主要完成相关引脚的初始化，代码如下：

```
void LED_GPIO_Config(void)
{
    GPIO_InitTypeDef  GPIO_InitStruct;
    LED1_GPIO_CLK_ENABLE();
    LED2_GPIO_CLK_ENABLE();

    GPIO_InitStruct.Pin=LED1_PIN;
    GPIO_InitStruct.Mode=GPIO_MODE_OUTPUT_PP;
    GPIO_InitStruct.Pull=GPIO_PULLUP;
    GPIO_InitStruct.Speed=GPIO_SPEED_FREQ_LOW;
    HAL_GPIO_Init(LED1_GPIO_PORT, &GPIO_InitStruct);
    GPIO_InitStruct.Pin=LED2_PIN;
    HAL_GPIO_Init(LED2_GPIO_PORT, &GPIO_InitStruct);
}
```

5）KEY 驱动程序

（1）KEY-IO 口初始化函数：KEY-IO 驱动程序主要完成相关引脚的初始化。代码如下：

```
void Key_GPIO_Config(void)
{   GPIO_InitTypeDef GPIO_InitStructure;
    KEY1_GPIO_CLK_ENABLE();
    KEY2_GPIO_CLK_ENABLE();
    GPIO_InitStructure.Pin=KEY1_PIN;
    GPIO_InitStructure.Mode=GPIO_MODE_INPUT;
    GPIO_InitStructure.Pull=GPIO_NOPULL;
    HAL_GPIO_Init(KEY1_GPIO_PORT, &GPIO_InitStructure);
    GPIO_InitStructure.Pin=KEY2_PIN;
    HAL_GPIO_Init(KEY2_GPIO_PORT, &GPIO_InitStructure);
}
```

（2）键盘检测函数：读取键盘对应 I/O 端口的状态，低电平时为键盘按下，高电平时为键盘松开。读取 I/O 端口的状态调用了 HAL 库函数 HAL_GPIO_ReadPin（GPIOx，GPIO_Pin），代码如下：

```
uint8_t Key_Scan(GPIO_TypeDef * GPIOx, uint16_t GPIO_Pin)
{   if(HAL_GPIO_ReadPin(GPIOx, GPIO_Pin)= =KEY_ON)
    {while(HAL_GPIO_ReadPin(GPIOx, GPIO_Pin)= =KEY_ON);
        return KEY_ON;}
    else
        return KEY_OFF;}
```

6）主程序功能

在主程序中，完成系统时钟的设置，LED 和 KEY 对应 I/O 的初始化函数调用。然后在死循环里，根据按键的状态，驱动 LED 灯的亮灭。

（1）系统时钟的设置调用了以下两个 HAL 库函数。

HAL_RCC_OscConfig（RCC_OscInitTypeDef * RCC_OscInitStruct）：时钟源配置函数。

HAL_RCC_ClockConfig（RCC_ClkInitTypeDef * RCC_ClkInitStruct，uint32_t FLatency）：时钟配置函数。

参数和源代码如下：

```
void SystemClock_Config(void)
{ RCC_ClkInitTypeDef clkinitstruct ={0};
  RCC_OscInitTypeDef oscinitstruct ={0};
  oscinitstruct.OscillatorType=RCC_OSCILLATORTYPE_HSE;
//时钟源为 HSE
  oscinitstruct.HSEState=RCC_HSE_ON;    //打开 HSE
  oscinitstruct.HSEPredivValue=RCC_HSE_PREDIV_DIV1;
  oscinitstruct.PLL.PLLState=RCC_PLL_ON;    //打开 PLL
  oscinitstruct.PLL.PLLSource=RCC_PLLSOURCE_HSE;
//PLL 时钟源选择 HSE
  oscinitstruct.PLL.PLLMUL=RCC_PLL_MUL9;
//主 PLL 和音频 PLL 分频系数=9
  if(HAL_RCC_OscConfig(&oscinitstruct)! =HAL_OK)
  {    while(1);    }
//选中 PLL 作为系统时钟源并且配置 HCLK、PCLK1 和 PCLK2
  clkinitstruct.ClockType = ( RCC_CLOCKTYPE_SYSCLK | RCC_CLOCK-
TYPE_HCLK | RCC_CLOCKTYPE_PCLK1 | RCC_CLOCKTYPE_PCLK2 );
//设置系统时钟源为 PLL
  clkinitstruct.SYSCLKSource=RCC_SYSCLKSOURCE_PLLCLK;
  clkinitstruct.AHBCLKDivider=RCC_SYSCLK_DIV1; //AHB 分频系数为 1
  clkinitstruct.APB2CLKDivider=RCC_HCLK_DIV1; //APB2 分频系数为 1
  clkinitstruct.APB1CLKDivider=RCC_HCLK_DIV2; //APB1 分频系数为 2
//设置 Flash 延时周期为 2 ms
  if( HAL_RCC_ClockConfig( &clkinitstruct, FLASH_LATENCY_2 )! =
HAL_OK)
  { while(1);    }
}
```

（2）实现按键检测控制 LED 亮灭的逻辑。

以下代码调用了 HAL 库函数 HAL_GPIO_TogglePin，代码如下：

```
while(1)
{  if(Key_Scan(KEY1_GPIO_PORT, KEY1_PIN)= =KEY_ON  )
   {HAL_GPIO_TogglePin(LED1_GPIO_Port, LED1_Pin);}
   if(Key_Scan(KEY2_GPIO_PORT, KEY2_PIN)= =KEY_ON  )
   {HAL_GPIO_TogglePin(LED2_GPIO_Port, LED1_Pin);}
}
```

5.3　中断总体介绍

▶▶▍5.3.1　STM32 的中断种类 ▶▶ ▶

中断在嵌入式应用中占有非常重要的地位，几乎每个控制器都具有中断功能。中断对保证紧急事件得到第一时间处理是非常重要的。

STM32F103 在内核水平上搭载了一个异常响应系统，支持为数众多的系统异常和外部中断。其中，系统异常有 8 个，外部中断有 60 个。除了个别异常的优先级不能修改外，其他异常的优先级都是可编程的。STM32F103 中断清单详见二维码资源。

STM32F103
中断清单

▶▶▍5.3.2　NVIC 中断控制器的优先级 ▶▶ ▶

NVIC 控制着整个芯片中断相关的功能，它跟内核紧密耦合，是内核里面的一个外设。STM32 的 NVIC 是一组寄存器，在 core_cm3.h 头文件中定义如下：

```
typedef struct
{
  _IOM uint32_t ISER[8U]; //Interrupt Set Enable Register
      uint32_t RESERVED0[24U];
  _IOM uint32_t ICER[8U]; //Interrupt Clear Enable Register
      uint32_t RSERVED1[24U];
  _IOM uint32_t ISPR[8U]; //Interrupt Set Pending Register
      uint32_t RESERVED2[24U];
  _IOM uint32_t ICPR[8U]; //Interrupt Clear Pending Register
      uint32_t RESERVED3[24U];
  _IOM uint32_t IABR[8U]; //Interrupt Active bit Register
      uint32_t RESERVED4[56U];
  _IOM uint8_t IP[240U];
//Interrupt Priority Register(8Bit wide)
      uint32_t RESERVED5[644U];
  _OM  uint32_t STIR; //Software Trigger Interrupt Register
}  NVIC_Type
```

其中，寄存器 ISER 用来使能中断，寄存器 ICER 用来失能中断，寄存器 IP 用来设置中断优先级。

STM32F103 的中断优先级设置寄存器（NVIC_IPRx）使用 4 bit 表示优先级，用于表示优先级的这 4 bit，又被分组成抢占优先级和子优先级。如果有多个中断同时响应，则抢占优先级高的就会比抢占优先级低的优先得到执行，如果抢占优先级相同，则比较子优先级。如果抢占优先级和子优先级都相同，则比较它们的硬件中断编号，编号越小，优先级越高。

STM32 的中断分组：STM32 将中断分为 5 个组，即组 0~4。该分组的设置是由 AIRCR 寄存器的 bit10~8 来定义的。具体的分配关系如表5.2 所示。

表5.2 中断优先级设置

组	AIRCR[10∶8]	NVIC_IPRx[7∶4]分配情况	分配结果
0	111	0∶4	0 位抢占优先级，4 位子优先级
1	110	1∶3	1 位抢占优先级，3 位子优先级
2	101	2∶2	2 位抢占优先级，2 位子优先级
3	100	3∶1	3 位抢占优先级，1 位子优先级
4	011	4∶0	4 位抢占优先级，0 位子优先级

组 0~4 对应的配置关系，例如组设置为 1，那么此时所有的 60 个中断，每个中断的中断优先寄存器的高 4 位中的最高 1 位是抢占优先级，低 3 位是子优先级。每个中断，可以设置抢占优先级为 0~1，子优先级为 0~7。

5.3.3 中断编程步骤

（1）使能外设某个中断，这个具体由每个外设的相关中断使能位控制。

（2）配置 EXTI 中断源、配置中断优先级。调用 HAL 库函数进行配置，函数如下：

HAL_NVIC_SetPriority(IRQn, PreemptPriority, SubPriority)

① IRQn：用来设置中断源，不同的中断源不一样，且不可写错，即使写错了程序也不会报错，只会导致不响应中断。具体的成员配置可参考 stm32f103xe.h 头文件里面的 IRQn_Type 结构体定义，这个结构体包含了所有的中断源。

② PreemptPriority：抢占优先级，具体的值要根据优先级分组来确定。

③ SubPriority：子优先级，具体的值要根据优先级分组来确定。

（3）编写中断服务函数。在启动文件 startup_stm32f103xe.s 中预先为每个中断都写了一个中断服务函数，只是这些中断服务函数都为空，为的只是初始化中断向量表。在 stm32f1xx_it.c 这个库文件中，用户需自行填写具体函数内容。中断服务函数的函数名必须跟启动文件里面预先设置的一样。

 ## 5.4 外部中断

5.4.1 基本特点

EXTI 管理了控制器的 20 个中断/事件线，每个中断/事件线都对应一个边沿检测器，

可以实现输入信号的上升沿检测和下降沿检测。EXTI 可以对每个中断/事件线进行单独配置，即单独配置为中断或者事件，以及触发事件的属性。

STM32 的每个 I/O 端口都可以作为外部中断的中断输入口，STM32F103 的 EXTI 支持 19 个外部中断/事件请求。每个中断设有状态位，每个中断/事件都有独立的触发和屏蔽设置。STM32F103 的 19 个外部中断/事件如下。

线 0～15：对应外部 I/O 端口的输入中断。

线 16：连接到 PVD 输出。

线 17：连接到 RTC 闹钟事件。

线 18：连接到 USB 唤醒事件。

STM32 供 I/O 端口使用的中断线只有 16 个，但是 STM32 的 I/O 端口却远远不止 16 个，GPIO 的引脚 GPIOx.0～GPIOx.15(x=A，B，C，D，E，F，G)分别对应中断线 0～15。这样每个中断线最多对应 7 个 I/O 端口，需要通过配置来决定对应的中断线配置到哪个 GPIO 上。GPIO 和中断线的映射关系如图 5.13 所示。

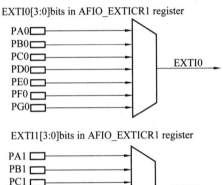

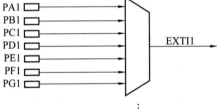

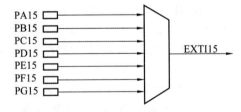

图 5.13　GPIO 和中断线的映射关系

与之相关的，中断服务函数的名字在 MDK 中事先有定义。这里需要说明的是，STM32 的 I/O 端口外部中断函数只有 7 个，如下所示。

```
void EXTI0_IRQHandler();
void EXTI1_IRQHandler();
void EXTI2_IRQHandler();
```

```
void EXTI3_IRQHandler();
void EXTI4_IRQHandler();
void EXTI9_5_IRQHandler();
void EXTI5_10_IRQHandler();
```

中断线 0 ~ 4 的每个中断线对应一个中断函数, 中断线 5 ~ 9 共用中断函数 EXTI9_5_IRQHandler, 中断线 10 ~ 15 共用中断函数 EXTI15_10_IRQHandler。

▶▶▶ 5.4.2 外部中断应用实例 ▶▶▶

例5.3 用 HAL 库设计方式, 采用外部中断, 实现对按键的检测。该案例 Proteus 仿真结果与例5.2 相同。

答案与解析:

1) 项目文件结构

项目文件结构如图 5.14 所示, 在 stm32f1xx_it.c 文件中实现中断程序的执行, 在 bsp_exti.h 和 bsp_exti.c 文件中实现对按键输入端口的中断初始化。

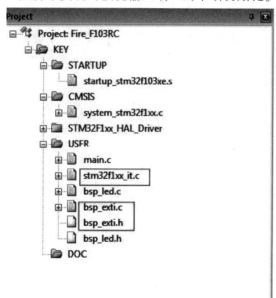

例 5.3 运行视频

图 5.14 项目文件结构

2) 中断控制线与引脚的映射定义

在文件 bsp_exti.h 中, 对 PA0 口、PC13 口进行中断控制线与引脚的映射定义, PA0 口的输入中断对应 EXTI0_IRQn, PC13 口的输入中断对应 EXTI15_10_IRQn。调用 HAL 库函数 HAL_RCC_GPIOA_CLK_ENABLE 使能 PA0 口时钟, 调用 HAL 库函数 HAL_RCC_GPIOC_CLK_ENABLE 使能 PC13 口时钟, 代码如下:

```
#define KEY1_INT_GPIO_PORT          GPIOA
#define KEY1_INT_GPIO_CLK_ENABLE()   _HAL_RCC_GPIOA_CLK_ENA-
BLE()
#define KEY1_INT_GPIO_PIN           GPIO_PIN_0
#define KEY1_INT_EXTI_IRQ           EXTI0_IRQn
#define KEY1_IRQHandler             EXTI0_IRQHandler


#define KEY2_INT_GPIO_PORT          GPIOC
#define KEY2_INT_GPIO_CLK_ENABLE()   _HAL_RCC_GPIOC_CLK_ENA-
BLE()
#define KEY2_INT_GPIO_PIN           GPIO_PIN_13
#define KEY2_INT_EXTI_IRQ           EXTI15_10_IRQn
#define KEY2_IRQHandler             EXTI15_10_IRQHandler
```

在文件 bsp_exti. c 中，完成 PA0 口、PC13 口的配置。设置引脚为输入方式，引脚悬空，调用 HAL 库函数 HAL_NVIC_SetPriority 实现中断的优先级配置，抢占优先级配置为 0，子优先级配置为 0。调用 HAL 库函数 HAL_NVIC_EnableIRQ 使能中断，代码如下：

```
{
    GPIO_InitTypeDef GPIO_InitStructure;
    KEY1_INT_GPIO_CLK_ENABLE();  //开启按键 GPIO 口的时钟
    KEY2_INT_GPIO_CLK_ENABLE();
    GPIO_InitStructure.Pin=KEY1_INT_GPIO_PIN;
    //选择按键 1 的引脚
    GPIO_InitStructure.Mode=GPIO_MODE_IT_FALLING;
    //下降沿中断
    GPIO_InitStructure.Pull=GPIO_NOPULL;
    //设置引脚不上拉也不下拉
    //使用上面的结构体初始化按键
    HAL_GPIO_Init(KEY1_INT_GPIO_PORT, &GPIO_InitStructure);
    //配置 EXTI 中断源到 KEY1 引脚、配置中断优先级
    HAL_NVIC_SetPriority(KEY1_INT_EXTI_IRQ, 0, 0);
    HAL_NVIC_EnableIRQ(KEY1_INT_EXTI_IRQ);  //使能中断

    GPIO_InitStructure.Pin=KEY2_INT_GPIO_PIN;
    HAL_GPIO_Init(KEY2_INT_GPIO_PORT, &GPIO_InitStructure);
    HAL_NVIC_SetPriority(KEY2_INT_EXTI_IRQ, 0, 0);
    HAL_NVIC_EnableIRQ(KEY2_INT_EXTI_IRQ);
}
```

3）LED 的驱动

同例 5.2。

4）中断处理函数

在 stm32flxx_it. c 文件中，在对应的中断函数中，根据键检测的状态，翻转 LED 灯的状态。HAL 库函数 HAL_GPIO_EXTI_GET_IT 用于再次判断是否发生了 EXTI Line 中断，HAL 库函数 HAL_GPIO_EXTI_CLEAR_IT 用于清除中断标志位，代码如下：

```
void KEY1_IRQHandler(void)
{  if(_HAL_GPIO_EXTI_GET_IT(KEY1_INT_GPIO_PIN)! =RESET)
   {

      HAL_GPIO_TogglePin(LED1_GPIO_Port, LED1_Pin);
      _HAL_GPIO_EXTI_CLEAR_IT(KEY1_INT_GPIO_PIN);

   }
```

5）主程序功能

在主程序文件 main. c 中，进行系统时钟初始化、LED 端口初始化、KEY 端口的中断初始化，然后主程序进入死循环 while(1)，如果有按键被按下，则调用中断处理函数执行相关逻辑，代码如下：

```
int main(void)
{  SystemClock_Config();          //系统时钟初始化成72 MHz
   LED_GPIO_Config();             //LED 端口初始化

   //初始化 EXTI 中断，按下按键会触发中断
   EXTI_Key_Config();
   while(1)
   {  }
}
```

 ## 5.5　定时器

▶▶|5.5.1　基本特点 ▶▶▶

STM32F1 系列中，共有 8 个定时器，分为基本定时器、通用定时器和高级定时器。

基本定时器 **TIM6** 和 **TIM7** 是一个 16 位的只能向上计数的定时器，只能定时，没有外部 I/O。

通用定时器 **TIM2/3/4/5** 是一个 16 位的可以向上/下计数的定时器，可以定时，可以输出比较，可以输入捕捉，每个定时器有 4 个外部 I/O。

高级定时器 **TIM1/8** 是一个 16 位的可以向上/下计数的定时器，可以定时，可以输出比较，可以输入捕捉，还可以有三相电动机互补输出信号，每个定时器有 8 个外部 I/O。

各种定时器特点如表 5.3 所示。

表 5.3　各种定时器特点

定时器分类	定时器	计数器分辨率	计数器类型	预分频系数	产生 DMA	捕获/比较通道	互补输出
高级定时器	TIM1	16 位	向上/向下	1 ~ 65 535	可以	4	有
	TIM8	16 位	向上/向下	1 ~ 65 535	可以	4	有
通用定时器	TIM2	16 位	向上/向下	1 ~ 65 535	可以	4	没有
	TIM3	16 位	向上/向下	1 ~ 65 535	可以	4	没有
	TIM4	16 位	向上/向下	1 ~ 65 535	可以	4	没有
	TIM5	16 位	向上/向下	1 ~ 65 535	可以	4	没有
基本定时器	TIM6	16 位	向上	1 ~ 65 535	可以	0	没有
	TIM7	16 位	向上	1 ~ 65 535	可以	0	没有

1）基本定时器

基本定时器的结构如图 5.15 所示，由于通用定时器和高级定时器都是在基本定时器基础上的扩展，因此基本定时器的基本特点也是后两种定时器的基本特点。

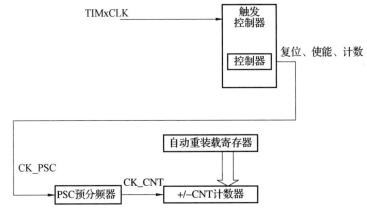

图 5.15　基本定时器的结构

（1）时钟源。如图 5.16 所示，定时器时钟 TIMxCLK 由 APB 时钟经预分频器后倍频提供，如果 APB 预分频系数等于 1，则频率不变，否则频率乘以 2（APB 预分频系数一般设为 2）。APB1CLK = 36 MHz 时，定时器时钟 TIMxCLK = 36×2 = 72 MHz。

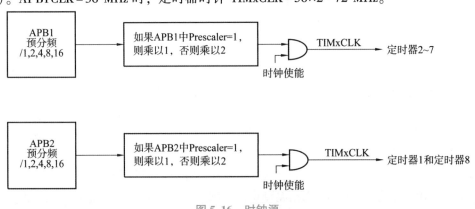

图 5.16　时钟源

（2）计数器时钟。定时器时钟经过 PSC 预分频器之后，即计数器时钟 CK_CNT，用来驱动计数器计数。PSC 是一个 16 位的预分频器，可以对定时器时钟 TIMxCLK 进行 1～65 536 之间的任何一个数的分频。具体计算方式为 CK_CNT＝TIMxCLK/（PSC＋1）。

（3）计数器。计数器 CNT 是一个 16 位的计数器，只能向上计数（通用和高级计数器可以向下），最大计数值为 65 535。当计数达到自动重装载寄存器中计数的最大数值的时候产生更新事件，并清零从头开始计数。

（4）自动重装载寄存器。自动重装载寄存器 ARR 是一个 16 位的寄存器，这里面装着计数器能计数的最大数值。当计数到这个值的时候，如果使能中断，则定时器产生溢出中断。

（5）定时时间计算。定时器的定时时间等于计数器的中断周期乘以中断的次数。计数器在 CK_CNT 的驱动下，计一个数的时间是 CK_CNT 的倒数，即 1/［TIMxCLK/（PSC＋1）］，产生一次中断的时间为（1/CK_CNT）（ARR＋1）。如果在中断服务程序里面设置一个变量 time，用来记录中断的次数，那么可以计算出需要的定时时间为（1/CK_CNT）（ARR＋1）＊time。

2）高级定时器和通用定时器

高级定时器（TIM1 和 TIM8）和通用定时器（TIM2、TIM3、TIM4 和 TIM5）在基本定时器的基础上引入了外部引脚，可以实现输入捕获（测量输入信号的脉冲长度）和产生输出波形（输出比较和 PWM）。

使用定时器预分频器和 RCC 时钟控制器预分频器，脉冲长度和波形周期可以在几微秒到几毫秒间调整。STM32 的每个通用定时器都是完全独立的，没有互相共享的任何资源。

STM32 的通用定时器功能有以下几个。

（1）具有 16 位向上、向下、向上/向下自动装载计数器（TIMx_CNT）。

（2）具有 16 位可编程（可以实时修改）预分频器（TIMx_PSC），计数器时钟频率的分频系数为 1～65 535 之间的任意数值。

（3）具有 4 个独立通道（TIMx_CH1～TIMx_CH4），这些通道具有以下作用：

①输入捕获；

②输出比较；

③PWM 生成（边缘或中间对齐模式）；

④单脉冲模式输出。

（4）可使用外部信号（TIMx_ETR）控制定时器和定时器互连（用一个定时器控制另外一个定时器）的同步电路。

（5）如下事件发生时产生中断/DMA：

①更新，计数器向上溢出/向下溢出，计数器初始化（通过软件或者内部/外部触发）；

②触发事件（计数器启动、停止、初始化或者由内部/外部触发计数）；

③输入捕获；

④输出比较；

⑤增量（正交）编码器和霍尔传感器输入；

⑥触发输入作为外部时钟或者其他周期性时间。

高级定时器比通用定时器增加了可编程死区互补输出、重复计数器、带刹车（断路）功能。

▶▶▶ 5.5.2　定时器中断的处理流程 ▶▶▶ ▶

本小节以通用定时器为例(其他定时器类似),介绍基于 HAL 库的定时器中断处理流程。定时器相关的函数主要集中在 HAL 库文件 stm32f1xx_hal_tim.h 和 stm32f1xx_hal_tim.c 中。

1)时钟使能

HAL 库中定时器使能是通过宏定义标识符来实现对相关寄存器操作的,方法为_HAL_RCC_TIM2_CLK_ENABLE。

2)初始化定时器参数

在 HAL 库中设置自动重装值、分频系数、计数模式,定时器参数的初始化是通过定时器初始化函数 HAL_TIM_Base_Init 实现的。该函数只有一个入口参数,就是 TIM_HandleTypeDef 类型结构体指针,代码如下:

```
typedef struct
{   TIM_TypeDef * Instance;
    TIM_Base_InitTypeDef
    Init;
    HAL_TIM_ActiveChannel
    Channel;
    DMA_HandleTypeDef
    * hdma[7];
    HAL_LockTypeDef Lock;
    _IO HAL_TIM_StateTypeDef State;
}TIM_HandleTypeDef;
```

(1)参数 Instance 是寄存器基地址,设为 TIM2。

(2)参数 Init 为真正的初始化结构体 TIM_Base_InitTypeDef 类型。该结构体定义如下:

```
typedef struct
{uint32_t Prescaler;     //预分频系数
    uint32_t CounterMode;    //计数模式
    uint32_t Period;      //自动装载值 ARR
    uint32_t ClockDivision;    //时钟分频因子
    uint32_t RepetitionCounter;
}TIM_Base_InitTypeDef;
```

①参数 Prescaler 是用来设置预分频系数的。

②参数 CounterMode 是用来设置计数模式的,可以设置为向上计数、向下计数和中央对齐计数模式,比较常用的是向上计数模式 TIM_CounterMode_Up 和向下计数模式 TIM_CounterMode_Down。

③参数 Period 用来设置自动重载计数周期值。

④参数 ClockDivision 是用来设置时钟分频因子的，也就是定时器时钟频率 CK_INT 与数字滤波器所使用的采样时钟之间的分频比。

⑤参数 RepetitionCounter 用来设置重复计数器寄存器的值，用在高级定时器中。

(3)参数 Channel 用来设置活跃通道，其可用来做输出比较、输入捕获等。

(4)参数 hdma 在使用定时器的 DMA 功能时会用到。

(5)参数 Lock 和参数 State 是状态过程标识符，是 HAL 库用来记录和标志定时器处理过程的。

使能定时器更新中断和使能定时器两个操作可以在函数 HAL_TIM_Base_Start_IT 中一次完成，该函数声明如下：

HAL_StatusTypeDef HAL_TIM_Base_Start_IT(TIM_HandleTypeDef * htim)

调用该函数之后，会首先调用_HAL_TIM_ENABLE_IT 宏定义使能更新中断，然后调用宏定义_HAL_TIM_ENABLE 使能相应的定时器。

单独使能/关闭定时器中断和使能/关闭定时器的代码如下：

```
_HAL_TIM_ENABLE_IT(htim, TIM_IT_UPDATE);
//使能句柄指定的定时器更新中断
_HAL_TIM_DISABLE_IT(htim, TIM_IT_UPDATE);
//关闭句柄指定的定时器更新中断
_HAL_TIM_ENABLE(htim); //使能句柄 htim 指定的定时器
_HAL_TIM_DISABLE(htim); //关闭句柄 htim 指定的定时器
```

3)中断优先级设置

设置 NVIC 相关寄存器、中断优先级可参见 5.3 节。

HAL 库为定时器初始化定义了回调函数 HAL_TIM_Base_MspInit。一般情况下，与 MCU 有关的时钟使能，以及中断优先级配置都会放在该回调函数内部。该函数声明如下：

void HAL_TIM_Base_MspInit(TIM_HandleTypeDef * htim)

4)中断服务函数

定时器 X 的中断服务函数为 TIMX_IRQHandler。一般情况下是在中断服务函数内部编写中断控制逻辑。但是，HAL 库定义了新的定时器中断共用处理函数 HAL_TIM_IRQHandler，在每个定时器的中断服务函数内部，调用该函数。该函数声明如下：

void HAL_TIM_IRQHandler(TIM_HandleTypeDef * htim)

在函数 HAL_TIM_IRQHandler 内部，会对相应的中断标志位进行详细判断，判断确定中断来源后，会自动清掉该中断标志位，同时调用不同类型中断的回调函数。因此，中断控制逻辑只用编写在中断回调函数中，并且中断回调函数中不需要清中断标志位。

定时器更新中断回调函数声明如下：

void HAL_TIM_PeriodElapsedCallback(TIM_HandleTypeDef * htim)

▶▶▶ 5.5.3 定时器应用实例 ▶▶▶ ▶

例 5.4 用 HAL 库设计方式，以 TIM1 定时器中断方式实现 LED 灯的定期闪烁。该案例 Proteus 仿真结果与例 5.1 相同。

答案与解析：

1）项目文件结构

项目文件结构如图 5.17 所示。在文件 bsp_advance_tim.c 和 bsp_advance_tim.h 中编写高级定时器 TIM1 的驱动，在文件 stm32f1xx_it.c 中编写定时器的中断处理逻辑。

例 5.4 运行视频

图 5.17 项目文件结构

2）定时器参数

bsp_advance_tim.h 头文件中，定义了定时器预分频、高级定时器重复计数寄存器值、定时器周期。高级定时器为 TIM1，中断句柄指向 TIM1，代码如下：

```
#ifndef_ADVANCE_TIM_H

#define_ADVANCE_TIM_H

#include "stm32f1xx.h"

#define ADVANCED_TIM_PRESCALER              71

#define ADVANCED_TIM_REPETITIONCOUNTER    9

#define ADVANCED_TIM_PERIOD               1000

#define ADVANCED_TIMx                     TIM1

#define ADVANCED_TIM_RCC_CLK_ENABLE()    _HAL_RCC_TIM1_CLK_
ENABLE()

#define ADVANCED_TIM_RCC_CLK_DISABLE()   _HAL_RCC_TIM1_CLK_
DISABLE()
```

```
#define ADVANCE_TIM_IRQn                    TIM1_UP_IRQn
#define ADVANCE_TIM_IRQHandler              TIM1_UP_IRQHandler
extern TIM_HandleTypeDef TIM_TimeBaseStructure;
void TIM_Mode_Config(void);
#endif //_ADVANCE_TIM_H
```

3)时钟与中断配置

bsp_advance_tim. c 文件中，定义了时钟与中断配置函数，该函数完成了基本定时器外设时钟使能和外设中断配置。该函数中，调用了 HAL 库函数 HAL_NVIC_SetPriority 完成中断优先级设置（抢占优先级为 1，子优先级为 0），调用 HAL_NVIC_EnableIRQ 函数使能高级定时器中断，代码如下：

```
void HAL_TIM_Base_MspInit(TIM_HandleTypeDef * htim_base)
{   ADVANCED_TIM_RCC_CLK_ENABLE();
    HAL_NVIC_SetPriority(ADVANCE_TIM_IRQn, 1, 0);
    HAL_NVIC_EnableIRQ(ADVANCE_TIM_IRQn);
}
```

同时，该文件还定义了定时器初始化基本配置函数，该函数完成定时器基本参数的配置，如时钟预分频数、计数器计数模式（设置为向上计数）、自动重装载寄存器的值（累计 TIM_Period+1 个频率后产生一个更新或者中断）、时钟分频因子（没用到）、重复计数器的值（没用到）等。该函数调用了 HAL 库函数 HAL_TIM_Base_Init 完成定时器初始化，调用 HAL_TIM_Base_Start_IT 函数在中断中启动定时器 TIM1，代码如下：

```
void TIM_Mode_Config(void)
{ TIM_ClockConfigTypeDef sClockSourceConfig;
  TIM_MasterConfigTypeDef sMasterConfig;
  TIM_TimeBaseStructure. Instance=ADVANCED_TIMx;
  TIM_TimeBaseStructure. Init.Prescaler=ADVANCED_TIM_PRESCALER;
  TIM_TimeBaseStructure. Init.CounterMode=TIM_COUNTERMODE_UP;
  TIM_TimeBaseStructure. Init.Period=ADVANCED_TIM_PERIOD;
  TIM_TimeBaseStructure. Init.ClockDivision=TIM_CLOCKDIVISION_DIV1;
  TIM_TimeBaseStructure. Init.RepetitionCounter =ADVANCED_TIM_REP-
ETITIONCOUNTER;
  HAL_TIM_Base_Init(&TIM_TimeBaseStructure);
  sClockSourceConfig.ClockSource=TIM_CLOCKSOURCE_INTERNAL;
  HAL_TIM_ConfigClockSource
      (&TIM_TimeBaseStructure, &sClockSourceConfig);
  sMasterConfig.MasterOutputTrigger=TIM_TRGO_RESET;
```

```
sMasterConfig.MasterSlaveMode=TIM_MASTERSLAVEMODE_DISABLE;
HAL_TIMEx_MasterConfigSynchronization
    (&TIM_TimeBaseStructure, &sMasterConfig);
HAL_TIM_Base_Start_IT(&TIM_TimeBaseStructure);
}
```

4）定时器中断

stm32f1xx_it.c 文件中，响应定时器中断，在中断回调函数 HAL_TIM_PeriodElapsedCallback 中，编写了中断逻辑，即中断次数 time 的累加，代码如下：

```
void ADVANCE_TIM_IRQHandler(void)
{HAL_TIM_IRQHandler(&TIM_TimeBaseStructure);
}
extern uint32_t time;
void HAL_TIM_PeriodElapsedCallback(TIM_HandleTypeDef *htim)
{  time++;
}
```

5）系统时钟的初始化

在主程序文件中，完成了系统时钟的初始化、LED 灯的 I/O 口初始化和定时器 TIM1 的初始化，然后在死循环 while(1)中，判断中断次数是否达到 20，如果达到，则对 LED 口取反，驱动 LED 灯的亮灭状态，代码如下：

```
int main(void)
{  SystemClock_Config();
   LED_GPIO_Config();
   TIM_Mode_Config();
   while(1)
   {  if(time==20)
      {  time=0;
      HAL_GPIO_TogglePin(LED1_GPIO_Port, LED1_Pin);
      }
   }
}
```

5.6 SysTick——系统定时器

SysTick——系统定时器属于 CM3 内核中的一个外设。SysTick 是一个 24 位的向下递减的计数器，计数器每计数一次的时间为 1/SYSCLK。当重装载数值寄存器的值递减到 0 的时候，系统定时器就产生一次中断，以此循环往复。

所有基于 CM3 内核的 MCU 都具有这个系统定时器，因此针对 SysTick 设计的定时函数在 CM3 MCU 中可以很容易地移植。另外，SysTick 中断不占用定时器资源，能够产生精准的微秒级延时周期，所以 SysTick 一般用于产生时基，维持操作系统的"心跳"。

SysTick 有 4 个寄存器，其特点如表 5.4 所示。在使用 SysTick 产生定时的时候，只需要配置前 3 个寄存器。

表 5.4 SysTick 寄存器

寄存器名称	寄存器描述
CTRL	SysTick 控制及状态寄存器
LOAD	SysTick 重装载数值寄存器
VAL	SysTick 当前数值寄存器
CALIB	SysTick 当前数值寄存器

如果使用 HAL 库函数，则无须对上述寄存器进行直接设置，调用函数 HAL_SYSTICK_Config(ticks)即可。形参 ticks 用来设置重装载寄存器的值，最大不能超过重装载寄存器的值 224，当重装载寄存器的值递减到 0 的时候产生中断，然后重装载寄存器的值又重新装载，向下递减计数，以此循环往复。

重装载寄存器的值的设置：重装载寄存器的值决定了中断的周期，虽然可以到 1 μs，但 1 μs 的中断太快了，接近或超过相关中断数据的出入栈的速度，没有实际意义。通常选择 ticks＝SystemCoreClock ／ 100 000，当 SystemCoreClock＝72 MHz 时，中断周期为 10 μs。

利用 SysTick 产生标准定时周期的步骤如下。

(1)设置 SysTick 计数寄存器的处置，确定中断周期。

(2)设置 SysTick 中断优先级(范围为 0～15，0 为最高级，15 为最低级)。

(3)配置 SysTick 的时钟(一般设置为 AHBCLK)，使能定时器和定时器中断。

 ## 5.7 看门狗

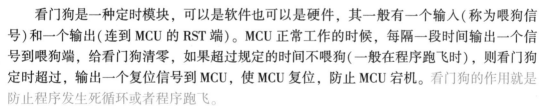

看门狗是一种定时模块，可以是软件也可以是硬件，其一般有一个输入(称为喂狗信号)和一个输出(连到 MCU 的 RST 端)。MCU 正常工作的时候，每隔一段时间输出一个信号到喂狗端，给看门狗清零，如果超过规定的时间不喂狗(一般在程序跑飞时)，则看门狗定时超过，输出一个复位信号到 MCU，使 MCU 复位，防止 MCU 宕机。看门狗的作用就是防止程序发生死循环或者程序跑飞。

STM32 有两个看门狗，一个是独立看门狗(IWDG)，另外一个是窗口看门狗(WWDG)。独立看门狗就是一个 12 位的递减计数器，当计数器的值从某个值一直减到 0 的时候，系统就会产生一个复位信号，即 IWDG_RESET。如果在计数器的值没减到 0 之前，刷新了计数器的值(喂狗)，那么就不会产生复位信号。看门狗功能由 V_{DD} 电压域供电，在停止模式和待机模式下仍能工作。

独立看门狗的喂狗溢出时间是一个点，如果要被监控的程序没有跑飞正常执行，那么执行完毕之后就会执行喂狗的程序；如果程序跑飞了，那么程序就会超时，到达不了喂狗的程序，此时就会产生系统复位，但是也不排除程序跑飞了又跑回来，刚好喂狗的情况。

因此，要想更精确地监控程序，一般使用窗口看门狗。

窗口看门狗计数器的值如果在减到某一个数之前喂狗，那么也会产生复位，这个值称为窗口的上限，由用户独立设置。窗口看门狗计数器的值必须在上窗口和下窗口之间才可以喂狗。

窗口看门狗 HAL 库相关源码和定义分布在文件 stm32f1xx_hal_wwdg.c 和头文件 stm32f1xx_hal_wwdg.h 中。HAL 库中用中断的方式来喂狗的步骤如下。

(1)使能 WWDG 时钟。WWDG 不同于 IWDG，IWDG 有自己独立的 40 kHz 时钟，不存在使能问题。而 WWDG 使用的是 PCLK1 的时钟，需要先使能时钟。对应的 HAL 函数为 HAL_RCC_WWDG_CLK_ENABLE。

(2)设置窗口值、分频数和计数器初始值。这 3 个值都通过函数 HAL_WWDG_Init 来设置。其中的主要结构体代码如下：

```
typedef struct
{
    uint32_t Prescaler;            //预分频系数
    uint32_t Window;               //窗口值
    uint32_t Counter;              //计数器初始值
    uint32_t EWIMode;              //是否启用 WWDG 早期唤醒中断
}WWDG_InitTypeDef;
```

(3)使能中断通道并配置优先级。调用的 HAL 库函数代码如下：

```
HAL_NVIC_SetPriority(WWDG_IRQn, 2, 3);   //优先级设置
HAL_NVIC_EnableIRQ(WWDG_IRQn);           //使能窗口看门狗中断
```

(4)编写中断服务函数。在中断里实现喂狗动作，实际就是往 CR 寄存器中重写计数器值。窗口看门狗中断服务函数为 void WWDG_IRQHandler(void)。

在 HAL 库中，喂狗函数为 HAL_StatusTypeDef HAL_WWDG_Refresh(WWDG_HandleTypeDef * hwwdg)。

HAL 库定义了一个中断处理共用函数 HAL_WWDG_IRQHandler，在 WWDG 中断服务函数中会调用该函数。同时在该函数内部，会经过一系列判断，最后调用回调函数 HAL_WWDG_WakeupCallback，所以提前唤醒中断逻辑一般在回调函数 HAL_WWDG_WakeupCallback 中实现。回调函数声明如下：

void HAL_WWDG_EarlyWakeupCallback(WWDG_HandleTypeDef * hwwdg)

5.8　待机唤醒

STM32 具有低功耗模式：在系统或电源复位以后，微控制器处于运行状态，运行状态下的 HCLK 为 CPU 提供时钟，内核执行程序代码；当 CPU 不需要继续运行时，可以利用多个低功耗模式来节省功耗，用户需要根据最低电源消耗、最快速启动时间和可用的唤醒源等条件，选定一个最佳的低功耗模式。STM32 的待机模式原理参见 2.7.5 小节。HAL 库

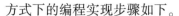

方式下的编程实现步骤如下。

（1）使能 PWR 时钟。在 HAL 库中，使能 PWR 时钟的函数为_HAL_RCC_PWR_CLK_ENABLE。

（2）设置 WK_UP 引脚作为唤醒源。设置 PWR_CSR 的 EWUP 位，使能 WK_UP 用于将 CPU 从待机模式唤醒。在 HAL 库中，对应的函数为 HAL_PWR_EnableWakeUpPin（PWR_WAKEUP_PIN1）。

（3）设置 SLEEPDEEP 位、PDDS 位，执行 WFI 指令，进入待机模式。首先要设置 SLEEPDEEP 位，通过 PWR_CR 设置 PDDS 位，使 CPU 进入深度睡眠；然后执行 WFI 指令，进入待机模式并等待 WK_UP 中断的到来。对应的 HAL 函数为 void HAL_PWR_EnterSTANDBYMode（void）。

（4）编写 WK_UP 中断服务函数。在中断中唤醒 CPU，同时也通过该函数进入待机模式。

本章小结

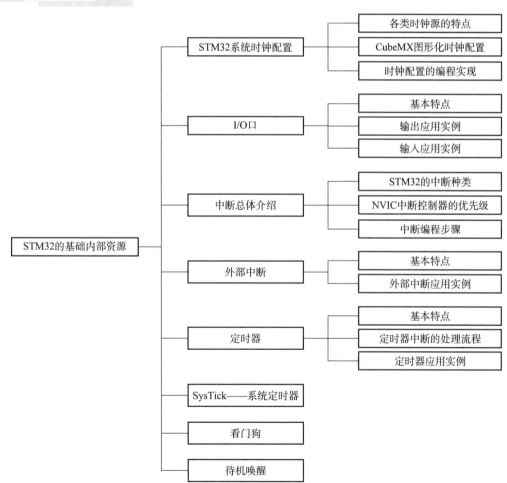

习 题

一、选择题。

1. 下列不是 STM32 的时钟源的是(　　)。

A. HSI　　　　　　B. LSI　　　　　　C. LSE　　　　　　D. PLS

2. STM32 的 I/O 端口不包括下列(　　)模式。

A. 输入浮空　　　B. 模拟输入　　　　C. 模拟输出　　　　D. 输入上拉

3. STM32F103 的 19 个外部中断分为(　　)个部分。

A. 3　　　　　　　B. 4　　　　　　　C. 5　　　　　　　D. 6

4. 独立看门狗的独立时钟的频率为(　　)。

A. 40 kHz　　　　B. 50 kHz　　　　　C. 60 kHz　　　　　D. 70 kHz

5. 通用定时器的 4 个独立通道，不能用来作为(　　)。

A. 输入捕获　　　B. PWM 生成　　　　C. 单脉冲模式输出　　D. 多脉冲模式输出

二、填空题。

1. STM32 的每个 I/O 端口都有 7 个寄存器来控制，其中 16 位的寄存器是_____。

2. 当按键未被按下时，MCU 输入 I/O 口为_____，按键被按下时，MCU 输入 I/O 口为_____。

3. STM32F103 在内核水平上搭载了一个异常响应系统，支持为数众多的系统异常和外部中断。其中，系统异常有_____个，外部中断有_____个。

4. 基本定时器 TIM6 和 TIM7 是一个_____位的只能向上计数的定时器，只能定时，没有外部 I/O。

5. SysTick 是一个_____的向下递减的计数器，计数器每计数一次的时间为_____。

6. STM32 有两个看门狗分别是_____和_____。

7. STM32 的每个通用定时器都是_____，没有互相共享的任何资源。

8. 通用定时器和高级定时器都是在_____的基础上扩展的。

9. NVIC 控制着整个芯片中断相关的功能，它跟_____紧密耦合。

10. 当 STM32 的 GPIO 端口设置为输出模式时，有 3 种速度可以选择：_____、_____和_____。

三、简答题。

1. STM32 的时钟源分别是什么？各有什么特点？

2. STM32 的 I/O 口的 8 种模式分别是什么？

3. 简述基本定时器、通用定时器和高级定时器的功能。

4. 简述 SysTick 产生标准定时周期的步骤。

5. STM32 待机唤醒模式，通过 HAL 库方式编程的步骤是什么？

第 5 章习题答案

第6章
人机交互接口技术

 学习目标 ▶▶ ▶

1. 掌握数码管动态扫描显示编程技术。
2. 掌握字符点阵式 LCD 原理与应用编程技术。
3. 掌握图形点阵式 LCD 原理与应用编程技术。
4. 了解触摸屏原理与驱动模块的使用。

 6.1 按键输入

    ▶ ▶ ▶

键盘是一组按键的集合，按键是一种常开型按钮开关，平时(常态)按键的两个触点处于断开状态，按下按键时两个触点才闭合(短路)。键盘分为编码键盘和非编码键盘，按键的识别由专用的硬件译码实现，能产生键编号或键值的称为编码键盘，如 BCD 码键盘、ASCII 码键盘等；依靠软件识别的称为非编码键盘。在嵌入式电路系统中，用得更多的是非编码键盘。

▶▶▷ 6.1.1　按键特点 ▶▶▶ ▶

在图 6.1 中，当按键 S 未被按下(即断开)时，P1.1 输入为高电平，S 闭合后，MCU 的 P1.1 输入为低电平。通常的按键所用的开关为机械弹性开关，当机械触点断开、闭合时，电压信号波形如图 6.2 所示。由于机械触点的弹性作用，一个按键开关在闭合时不会马上稳定地接通，在断开时也不会马上断开，因而在闭合及断开的瞬间均伴随有一连串的抖动。按键抖动会引起一次按键被误读多次，为了确保计算机对按键的一次闭合仅做一次处理，必须去除按键抖动，在按键闭合稳定时取按键状态，并且必须判别到按键释放稳定后再进行处理。按键的抖动，可用硬件或软件两种方法消除。RS 触发器为常用的硬件去抖电路，嵌入式系统中常用软件法(延时二次检测)去抖。

图 6.1 按键   图 6.2 按键电压波形图

▶▶▷ 6.1.2 独立式键盘 ▶▶ ▶

独立式键盘的各按键互相独立地接通一根 MCU 的 I/O 口输入线，各按键的状态互不影响。独立式键盘应用实例参见 5.2.3 小节例 5.2。

▶▶▷ 6.1.3 矩阵键盘 ▶▶ ▶

当按键数较多时，往往采用矩阵键盘，如图 6.3 所示。矩阵键盘又称行列式键盘，用 I/O 口输入线组成行、列结构，键位设置在行列的交点上。例如，4×4 的行、列结构可组成 16 个按键的键盘，比一个键位用一根 I/O 口输入线的独立式键盘少了一半的 I/O 口输入线。MCU 直接检测矩阵键盘存在的问题是，占用 CPU 资源和软件资源比较多，一般采用专门的键盘芯片与 MCU 连接，专用键盘检测芯片负责键盘的检测，然后把结果传给 MCU。

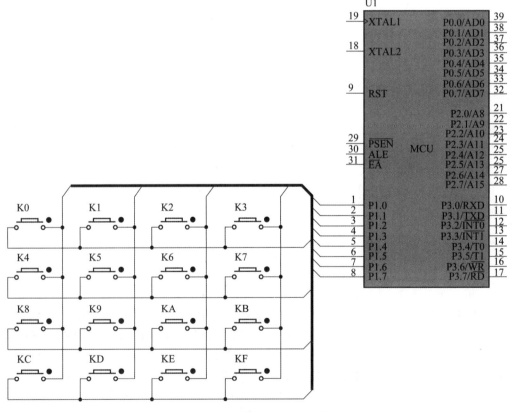

图 6.3 矩阵键盘与 MCU 的接口

6.2 数码管显示

6.2.1 数码管显示原理 ▶▶ ▶

8 段 LED 数码显示器如图 6.4 所示。8 段 LED 数码显示器由 8 个发光二极管组成，其中 7 个长条形的发光二极管排列成"日"字形，另一个圆点形的发光二极管在显示器的右下角用来显示小数点，通过不同的组合可用来显示各种数字，包括 A~F 在内的部分英文字母和小数点"."等字样。

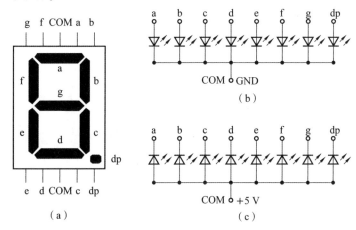

图 6.4 8 段 LED 数码显示器

(a)引脚排列；(b)共阴极 8 段数码管显示器；(c)共阳极 8 段数码管显示器

LED 数码显示器有两种不同的形式：一种为共阳极，8 个发光二极管的阳极连在一起形成公共端(COM)，工作时公共端接高电平，阴极为低电平的二极管导通发光；另一种为共阴极，8 个发光二极管的阴极连在一起形成公共端(COM)，工作时公共端接低电平，阳极为高电平的二极管导通发光。

数码管的显示方法有静态显示和动态扫描显示两种。

1)静态显示

数码管工作在静态显示方式时，共阴极(共阳极)的公共端(COM)连接在一起接地(电源)。每位的段选线与一个 8 位并行口相连，只要在该位的段选线上保持段选码电平，该位就能保持相应的显示字符。数码管字形表如表 6.1 和表 6.2 所示(a 引脚对应 D0，dp 引脚对应 D7)。

表 6.1 共阴极数码管字形表

显示字符	dp	g	f	e	d	c	b	a	十六进制字形码
	D7	D6	D5	D4	D3	D2	D1	D0	
0	0	0	1	1	1	1	1	1	0x3f
1	0	0	0	0	0	1	1	0	0x06
2	0	1	0	1	1	0	1	1	0x5b

显示字符	dp	g	f	e	d	c	b	a	十六进制字形码
	D7	D6	D5	D4	D3	D2	D1	D0	
3	0	1	0	0	1	1	1	1	0x4f
4	0	1	1	0	0	1	1	0	0x66
5	0	1	1	0	1	1	0	1	0x6d
6	0	1	1	1	1	1	0	1	0x7d
7	0	0	0	0	0	1	1	1	0x07
8	0	1	1	1	1	1	1	1	0x7f
9	0	1	1	0	1	1	1	1	0x6f
A	0	1	1	1	0	1	1	1	0x77
B	0	1	1	1	1	1	0	0	0x7c
C	0	0	1	1	1	0	0	1	0x39
D	0	1	0	1	1	1	1	0	0x5e
E	0	1	1	1	1	0	0	0	0x79
F	0	1	1	1	0	0	0	1	0x71
灭	0	0	0	0	0	0	0	0	0x00

表 6.2　共阳极数码管字形表

显示字符	dp	g	f	e	d	c	b	a	十六进制字形码
	D7	D6	D5	D4	D3	D2	D1	D0	
0	1	1	0	0	0	0	0	0	0xc0
1	1	1	1	1	1	0	0	1	0xf9
2	1	0	1	0	0	1	0	0	0xa4
3	1	0	1	1	0	0	0	0	0xb0
4	1	0	0	1	1	0	0	1	0x99
5	1	0	0	1	0	0	1	0	0x92
6	1	0	0	0	0	0	1	0	0x82
7	1	1	1	1	1	0	0	0	0xf8
8	1	0	0	0	0	0	0	0	0x80
9	1	0	0	1	0	0	0	0	0x90
A	1	0	0	0	1	0	0	0	0x88
B	1	0	0	0	0	0	1	1	0x83
C	1	1	0	0	0	1	1	0	0xc6
D	1	0	1	0	0	0	0	1	0xa1

续表

| 显示字符 | dp | g | f | e | d | c | b | a | 十六进制字形码 |
	D7	D6	D5	D4	D3	D2	D1	D0	
E	1	0	0	0	0	1	1	0	0x86
F	1	0	0	0	1	1	1	0	0x8e
灭	1	1	1	1	1	1	1	1	0xff

2) 动态扫描显示

静态显示法有着显示亮度大和软件设计较为简单的优点,但硬件上占用 MCU 引脚较多,例如控制 4 个 8 段数码管需要 32 个 I/O 引脚,这将占用 MCU 大量并行口资源,在工程设计上是不可行的。

动态扫描显示是 MCU 系统中应用最为广泛的一种数码管显示方式。其接口电路是把各位显示器的 8 个笔划段 a ~ dp 的同名端并联在一起,而每一位显示器的公共端(COM)各自独立地受 I/O 线控制。动态扫描采用分时的方法,轮流控制各位显示器的公共端(COM),使各位显示器轮流点亮。在轮流点亮扫描过程中,每位显示器的点亮时间是极为短暂的,但由于人的视觉暂留现象及发光二极管的余辉效应,尽管实际上各位显示器并非同时点亮,但只要扫描的速度足够快,给人的印象就是一组稳定的显示数据,不会有闪烁感。

这种方式不但能提高数码管的发光效率,而且由于各个数码管的字段线是并联使用的,从而大大简化了硬件线路,节省了 MCU 的引脚资源。同样是控制 4 位 8 段数码管仅需要 12 个 I/O 引脚,使 MCU 可以完成除显示之外的各种任务。

▶▶ 6.2.2 数码管动态扫描显示实例 ▶▶ ▶

例 6.1 采用标准库编程方式,实现 6 位数码管的动态扫描显示。其仿真结果如图 6.5 所示。

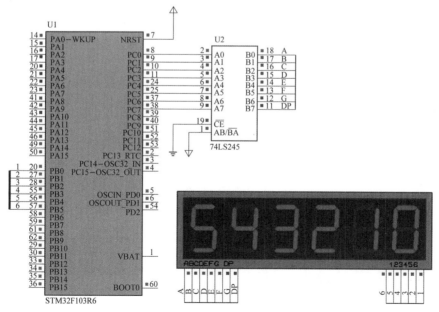

图 6.5 共阴极数码管动态扫描显示仿真结果

答案与解析:

1)硬件电路

如图 6.5 所示, STM32MCU 用 8 个引脚实现 6 位数码管的段选, 用 6 个引脚实现位选, 该数码管为共阴极数码管, 集成电路 74LS245 提供电流驱动。

例 6.1 运行视频

PC0 ~ PC7 引脚通过一片 74LS245 依次接数码管的 A ~ G 和 DP 引脚, 实现段选。

PB0 ~ PB5 引脚依次接数码管的位码引脚 1 ~ 6, 输出位码。

2)标准库编程方式的项目文件结构

项目文件结构如图 6.6 所示, 标准库的版本为 STM32F10x_StdPeriph_Lib_V3.5.0。各文件夹及主要文件的功能说明参见 3.5 节。其中, 方框内文件中的程序是用户自行设计的。由于仿真采用的 MCU 型号是 STM32F103R6, 属于小容量芯片, 所以选择小容量的芯片初始化驱动文件: startup_stm32f10x_ld.s。

图 6.6 项目文件结构

3)数码管驱动

数码管 6 位位选和 7 位段选线, 均接入 MCU 的 I/O 口, I/O 口定义为推挽输出。在文件 smg.c 中, 对 I/O 口的设置如下:

```
void SMG_Init(void)
{
    GPIO_InitTypeDef  GPIO_InitStructure;
    //使能 GPIOC 时钟
    RCC_APB2PeriphClockCmd(RCC_APB2Periph_GPIOB | RCC_APB2Periph_
GPIOC, ENABLE);
    //PC0 ~ PC7 引脚配置
    GPIO_InitStructure.GPIO_Pin = 0x00ff;
    //配置为推挽输出
```

```
GPIO_InitStructure.GPIO_Mode=GPIO_Mode_Out_PP;
    //GPIOC 频率为 50 MHz
GPIO_InitStructure.GPIO_Speed=GPIO_Speed_50 MHz;
    //初始化 PC0~PC7
GPIO_Init(GPIOC, &GPIO_InitStructure);
    //PB0~PB5 引脚配置
GPIO_InitStructure.GPIO_Pin=0x003f;
    //配置为推挽输出
GPIO_InitStructure.GPIO_Mode=GPIO_Mode_Out_PP;
    //GPIOB 频率为 50 MHz
GPIO_InitStructure.GPIO_Speed=GPIO_Speed_50 MHz;
    //初始化 PB0~PB5
GPIO_Init(GPIOB, &GPIO_InitStructure);
}
```

4)延时

在 Delay.c 中，定义了延时函数，代码如下：

```
void Delay(unsigned int count) //延时函数
{unsigned int i;
    for(; count! =0; count--)
    {i=100;
        while(i--);
    }
}
```

5)用户主程序

在用户主程序 smgxs.c 中，定义了字形码表，初始化相关 I/O 口，在死循环 while(1)中，实现了动态扫描显示的逻辑，代码如下：

```
#include "stm32f10x.h"
#include "Delay.h"
#include "smg.h"
    //定义 0~9 十个数字的字形码表
uint16_t table[] ={0x3f, 0x06, 0x5b, 0x4f, 0x66, 0x6d, 0x7d,
0x07, 0x7f, 0x6f};
    uint16_t wei[] = {0x0fe, 0x0fd, 0x0fb, 0x0f7, 0x0ef, 0x0df,
0xff, 0xff}; //位码
    uint8_t i;
    int main(void)
```

```
{  SMG_Init();
  while(1)
  {  for(i=1; i<7; i++)
     {  GPIO_Write(GPIOB, wei[i-1]);   //位选，数码管按位轮流显示
        GPIO_Write(GPIOC, table[i]);   //段选，显示字形码
        Delay(23);                     //延时
        GPIO_Write(GPIOB, 0x0ff);      //所有数码管关闭
        Delay(23);
     }
  }
}
```

6.3 字符点阵式 LCD

▶▶ 6.3.1 字符点阵式 LCD 工作原理 ▶▶ ▶

LCD 是一种被动式的显示器，与 LED 不同，液晶本身并不发光，而是利用液晶在电压作用下能改变光线通过方向的特性，达到显示白底黑字或黑底白字的目的。液晶显示器具有体积小、功耗低、抗干扰能力强等优点，特别适用于小型手持式设备。字符点阵式 LCD 和图形点阵式 LCD 是主要的两种 LCD 类型。

字符点阵式 LCD 是专门用于显示字母、数字、符号等的点阵式液晶显示模块。以最为常用的以 HD44780 为控制器的某款 LCD1602 为例进行说明，其内部模块结构如图 6.7 所示。显示器背光引脚直接接电源，在图中省略。

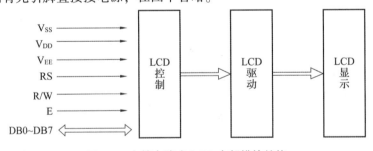

图 6.7　字符点阵式 LCD 内部模块结构

1) LCD 模块引脚

LCD1602 采用标准 16 引脚接口，如表 6.3 所示。其中，引脚 5 为 R/W 端(读/写选择端)，高电平时进行读操作，低电平时进行写操作。当 RS 和 R/W 共同为低电平时可以写入指令或者显示地址，当 RS 为低电平、R/W 为高电平时可以读忙信号，当 RS 为高电平、R/W 为低电平时可以写入数据。引脚 6 为 E 端(使能端)，当 E 端由高电平跳变成低电平时，液晶模块执行命令。

表 6.3　LCD1602 引脚功能

引脚号	符号	状态	功能
1	V_{SS}		地
2	V_{DD}		+5 V 逻辑电源
3	V_{EE}		显示对比度电源
4	RS	输入	寄存器选择。1：数据；0：指令
5	R/W	输入	读写操作选择。1：读；0：写
6	E	输入	使能信号
7	DB0	三态	数据总线（LSB）
8	DB1	三态	数据总线
9	DB2	三态	数据总线
10	DB3	三态	数据总线
11	DB4	三态	数据总线
12	DB5	三态	数据总线
13	DB6	三态	数据总线
14	DB7	三态	数据总线（MSB）
15	LEDA	输入	背光+5 V
16	LEDB	输入	背光地

2）HD44780 集成电路的特点

HD44780 集成电路的特点如下。

（1）可选择 5×7 或 5×10 点字符。

（2）HD44780 不仅作为控制器而且还具有驱动 40×16 点阵液晶像素的能力。

（3）HD44780 内藏显示缓冲区（DDRAM）、字符发生存储器（ROM）及用户自定义的字符发生器（Character Generation RAM，CGRAM）。

（4）HD44780 有 80 个字节的显示缓冲区（DDRAM），分为两行，地址分别为 00H ～ 27H、40H ～ 67H。DDRAM 地址与显示屏上显示位置的对应关系如图 6.8 所示。

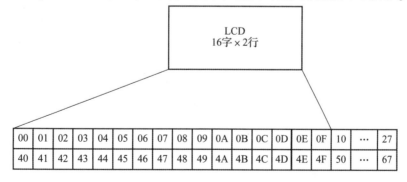

图 6.8　DDRAM 地址与显示屏上显示位置的对应关系

HD44780 内藏的字符发生存储器（ROM）已经存储了 192 个不同的点阵字符图形，这些字符有阿拉伯数字、英文字母的大小写、常用的符号和日文假名等，每一个字符都有一个固定的代码。图 6.9 中，"L"栏表示一个字节的低 4 位，"H"栏表示一个字节的高 4 位。英文字母的代码与 ASCII 编码相同。例如，要显示数字"8"时，只需将 ASCII 码 38H 存入 DDRAM 指定位置，显示模块将在相应的位置把数字"8"的点阵字符图形显示出来。字符码 0x00～0x0F 为用户自定义的字符图形 RAM(一般不使用，见器件说明)，0x20～0x7F 为标准的 ASCII 码，0xA0～0xFF 为日文字符和希腊文字符，其余字符码(0x10～0x1F 及 0x80～0x9F)没有定义。图 6.9 中，点阵字符分为 5×7 和 5×10 两种，5×7 点阵字符共 160 个(每行小隔线部分)，5×10 点阵字符共 32 个(最右侧两列，无小隔线)。

图 6.9　点阵字符表

3)指令格式与指令功能

LCD 控制器 HD44780 内有多个寄存器，通过 RS 和 R/W 引脚共同决定选择哪一个寄存器，选择情况如表 6.4 所示。

表 6.4 HD44780 引脚信号组合

RS	R/W	寄存器及操作
0	0	指令寄存器写入
0	1	忙标志和地址计数器读出
1	0	数据寄存器写入
1	1	数据寄存器读出

LCD 控制器 HD44780 总共有 11 条指令，它们的格式和功能如下。

（1）清屏命令。其格式如下：

RS	R/W	D7	D6	D5	D4	D3	D2	D1	D0
0	0	0	0	0	0	0	0	0	1

功能：清除屏幕，将显示缓冲区（DDRAM）的内容全部写入空格（ASCII20H）；光标复位，回到显示器的左上角；地址计数器 AC 清零。

（2）光标复位命令。其格式如下：

RS	R/W	D7	D6	D5	D4	D3	D2	D1	D0
0	0	0	0	0	0	0	0	1	0

功能：光标复位，回到显示器的左上角；地址计数器 AC 清零；显示缓冲区（DDRAM）的内容不变。

（3）输入方式设置命令。其格式如下：

RS	R/W	D7	D6	D5	D4	D3	D2	D1	D0
0	0	0	0	0	0	0	1	I/D	S

功能：设定当写入一个字节后，光标的移动方向及后面的内容是否移动。当 I/D=1 时，光标从左向右移动；当 I/D=0 时，光标从右向左移动。当 S=1 时，内容移动；当 S=0 时，内容不移动。

（4）显示开关控制命令。其格式如下：

RS	R/W	D7	D6	D5	D4	D3	D2	D1	D0
0	0	0	0	0	0	1	D	C	B

功能：控制显示的开关，当 D=1 时显示，当 D=0 时不显示；控制光标开关，当 C=1 时光标显示，当 C=0 时光标不显示；控制字符是否闪烁，当 B=1 时字符闪烁，当 B=0 时字符不闪烁。

（5）光标移位命令。其格式如下：

RS	R/W	D7	D6	D5	D4	D3	D2	D1	D0
0	0	0	0	0	1	S/C	R/L	*	*

功能：移动光标或整个显示字幕移位。当 S/C=1 时，整个显示字幕移位；当 S/C=0 时，只光标移位。当 R/L=1 时，光标右移；当 R/L=0 时，光标左移。

（6）功能设置命令。其格式如下：

RS	R/W	D7	D6	D5	D4	D3	D2	D1	D0
0	0	0	0	1	DL	N	F	*	*

功能：设置数据位数，当 DL=1 时，数据位为 8 位；当 DL=0 时，数据位为 4 位。设置显示行数，当 N=1 时，双行显示；当 N=0 时，单行显示。设置字形大小，当 F=1 时，5×10 点阵；当 F=0 时，5×7 点阵。

（7）设置字库 CGRAM 地址命令。其格式如下：

RS	R/W	D7	D6	D5	D4	D3	D2	D1	D0
0	0	0	1	CGRAM 的地址					

功能：设置用户自定义 CGRAM 的地址，对用户自定义 CGRAM 访问时，要先设定 CGRAM 的地址，地址范围为 0～63。

（8）显示缓冲区（DDRAM）地址设置命令。其格式如下：

RS	R/W	D7	D6	D5	D4	D3	D2	D1	D0
0	0	1	DDRAM 的地址						

功能：设置当前显示缓冲区（DDRAM）的地址，对 DDRAM 访问时，要先设定 DDRAM 的地址，地址范围为 0～127。

（9）读忙标志及地址计数器 AC 命令。其格式如下：

RS	R/W	D7	D6	D5	D4	D3	D2	D1	D0
0	1	BF	AC 的值						

功能：读忙标志及地址计数器 AC，当 BF=1 时，表示忙，这时不能接收命令和数据；当 BF=0 时，表示不忙。低 7 位为读出的 AC 的地址，值为 0～127。

（10）写 DDRAM 或 CGRAM 命令。其格式如下：

RS	R/W	D7	D6	D5	D4	D3	D2	D1	D0
1	0	写入的数据							

功能：向 DDRAM 或 CGRAM 当前位置中写入数据。对 DDRAM 或 CGRAM 写入数据之前必须设定 DDRAM 或 CGRAM 的地址。

（11）读 DDRAM 或 CGRAM 数据。其格式如下：

RS	R/W	D7	D6	D5	D4	D3	D2	D1	D0
1	1	读出的数据							

功能：读 DDRAM 或 CGRAM 数据。

4）LCD 显示器的初始化

LCD 使用之前必须进行初始化，初始化可通过复位完成，也可在复位后完成，初始化过程如下。

（1）清屏。

（2）功能设置。

（3）开/关显示设置。

（4）输入方式设置。

▶▶▶ 6.3.2　字符点阵式 LCD 应用实例 ▶▶▶

例 6.2　采用标准库编程方式，实现字符点阵式 LCD（HD44780 控制器）的显示。其仿真结果如图 6.10 所示。

例 6.2 运行视频

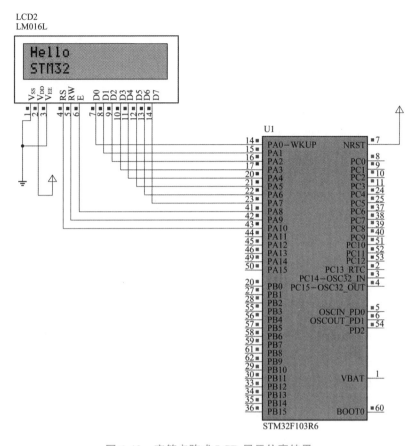

图 6.10 字符点阵式 LCD 显示仿真结果

答案与解析

1）项目文件结构

项目文件结构如图 6.11 所示，方框内的文件为用户自定义文件。

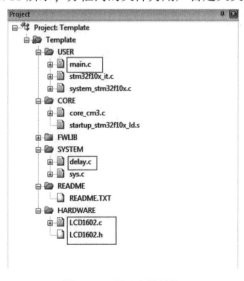

图 6.11 项目文件结构

2）LCD 的 I/O 口定义

在 LCD1602.h 头文件中，定义了与 LCD 引脚连接的 I/O 口和相关 LCD 驱动函数，代码如下：

```
#ifndef _LCD1602_H
#define _LCD1602_H
#include "sys.h"
#define LCD1602_PORT GPIOA
#define LCD1602_D0 GPIO_Pin_0
#define LCD1602_D1 GPIO_Pin_1
#define LCD1602_D2 GPIO_Pin_2
#define LCD1602_D3 GPIO_Pin_3
#define LCD1602_D4 GPIO_Pin_4
#define LCD1602_D5 GPIO_Pin_5
#define LCD1602_D6 GPIO_Pin_6
#define LCD1602_D7 GPIO_Pin_7
#define LCD1602_E GPIO_Pin_8
#define LCD1602_RW GPIO_Pin_9
#define LCD1602_RS GPIO_Pin_10
```

3）LCD 初始化

在 LCD1602.c 文件里，完成两部分工作：LCD 初始化函数和 LCD 基本读写操作函数。

（1）LCD 初始化函数：完成相关 I/O 口的配置和 LCD 工作模式的设置。代码如下：

```
void LCD1602_Init(void){ //LCD1602 初始化
GPIO_InitTypeDef  GPIO_InitStructure;
RCC_APB2PeriphClockCmd(RCC_APB2Periph_GPIOA | RCC_APB2Periph_GPIOB | RCC_APB2Periph_GPIOC, ENABLE);
GPIO_InitStructure.GPIO_Pin=LCD1602_D0 | LCD1602_D1 | LCD1602_D2 | LCD1602_D3 | LCD1602_D4 | LCD1602_D5 | LCD1602_D6 | LCD1602_D7 | LCD1602_E | LCD1602_RW | LCD1602_RS; //选择端口号(0~15 或 all)
GPIO_InitStructure.GPIO_Mode=GPIO_Mode_Out_PP;
//选择 I/O 接口工作方式 推挽输出
GPIO_InitStructure.GPIO_Speed=GPIO_Speed_50MHz;
//设置 I/O 接口速度(2/10/50MHz)
GPIO_Init(LCD1602_PORT, &GPIO_InitStructure);
GPIO_WriteBit(LCD1602_PORT, LCD1602_E, (BitAction)(0));
//E 口常处于低电平状态
```

```
LCD1602_WRITE_COM(0x38);
//设置显示模式,16×2 显示,5×7 点阵,8 位数据接口
delay_ms(5);
LCD1602_WRITE_COM(0x0c);  //设置显示开关及光标,打开显示,关闭光标
delay_ms(5);
LCD1602_WRITE_COM(0x06);  //设定输入方式,增量不移位
delay_ms(5);
LCD1602_WRITE_COM(0x01);  //清屏
delay_ms(5);
}
```

（2）LCD 基本读写操作函数：包含若干个函数，具体见本书附属资源。其实现的功能如下：设置数据口为输出状态，设置数据口为输入状态，读取当前端口是否忙碌，发送指令，发送数据，显示一个字符，显示字符串等。其中，显示字符串函数为最终的应用函数，在这个函数中调用了上述函数。显示字符串函数代码如下：

```
void LCD1602_DISPLAY_STRING(u8 Y, u8 * string)
{  u8 i=1;
   while( * string! ='\0'){
      if( * string! ='`'){//当 * string 中有'时,跳过该位
         LCD1602_DISPLAY_BYTE(Y, i++, * string++);
      }else {i++; string++;}
}}
```

4）主程序功能

在主程序 main.c 中，实现显示逻辑，代码如下：

```
int main(void)
{  delay_init();                //延时函数初始化
   LCD1602_Init();              //LCD 延时函数初始化
   while(1)
   {  delay_ms(10000);
      sprintf(Str_Buf,"Hello");
      LCD1602_DISPLAY_STRING(1, (u8 *)Str_Buf);
      sprintf(Str_Buf2,"STM32");
      LCD1602_DISPLAY_STRING(2, (u8 *)Str_Buf2);
   }
}
```

6.4　图形点阵式 LCD

▶▶▌6.4.1　图形点阵式 LCD 工作原理 ▶▶ ▶

字符点阵式 LCD 只能显示 ASCII 字符，而图形点阵式 LCD 不仅可以显示字符、数字，还可以显示各种图形、曲线及汉字，并且可以实现屏幕上下左右滚动、动画、闪烁、文本特征显示等功能。本节介绍 TFTLCD 真彩图形点阵液晶显示模块（ILI9341 控制器）。该 TFTLCD 模块支持 65K 色显示，显示分辨率为 320×240（像素），接口为 16 位的 8080 并口。

1）8080 总线

8080 总线接口是比较常用的微控制器与外设芯片（模块）的数据接口，其 16 位模式的读写时序如图 6.12 和图 6.13 所示。

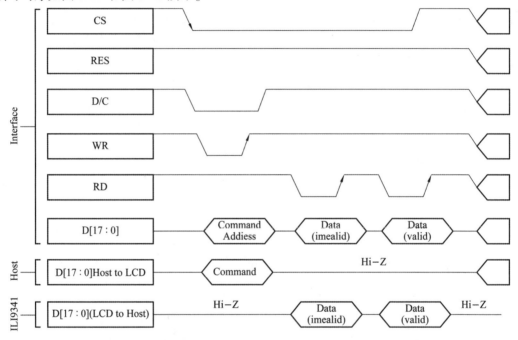

图 6.12　8080 总线 16 位数据读时序

读 16 位数据的过程如下。

（1）CS 拉低，选中 ILI9341 控制模块。

（2）D/C 为高，读数据。

（3）WR 为高，禁止写数据。

（4）在 RD 的上升沿，读线上的数据，两次上升沿，每次读 8 位。

（5）CS 拉高，取消片选，操作结束。

说明：图 6.12 中的 D[17：0]中有两位连线空缺，实际读取 16 位。

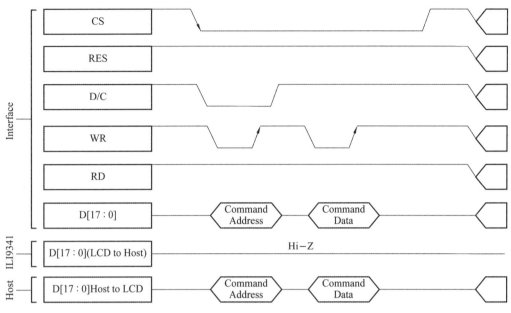

图 6.13　8080 总线 16 位数据写时序

写时序的步骤如下。

(1)CS 为低，选中 ILI9341 驱动芯片。

(2)RD 为高，禁止操作。

(3)D/C 为低，写命令拉低。

(4)在 WR 的上升沿，使数据写入驱动 IC，第一次上升沿写命令，第二次上升沿写数据。

(5)CS 为高，结束一组数据读取。

在本例中接口形式相对简单，说明如下。

CS：TFTLCD 片选信号。

WR：向 TFTLCD 写入数据。

RD：从 TFTLCD 读取数据。

D[15∶0]：16 位双向数据线。

RST：硬复位 TFTLCD。

RS：命令/数据标志(0，读写命令；1，读写数据)。

2)ILI9341 液晶控制器工作原理

ILI9341 液晶控制器自带显存，其显存总大小为 172 800($240 \times 320 \times 18/8$)，即 18 位模式(26 万色)下的显存量。在 16 位模式下，ILI9341 采用 RGB565 格式存储颜色数据，此时 ILI9341 的 18 位数据线与 MCU 的 16 位数据线及 LCD GRAM 的对应关系如表 6.5、表 6.6 所示。

表 6.5　ILI9341 总线对应关系(1)

ILI9341 总线	D17	D16	D15	D14	D13	D12	D11	D10	D9
MCU 数据	D15	D14	D13	D12	D11	NC	D10	D9	D8
LCD GRAM	R[4]	R[3]	R[2]	R[1]	R[0]	NC	G[5]	G[4]	G[3]

表 6.6　ILI9341 总线对应关系(2)

ILI9341 总线	D8	D7	D6	D5	D4	D3	D2	D1	D0
MCU 数据	D7	D6	D5	D4	D3	D2	D1	D0	NC
LCD GRAM	G[2]	G[1]	G[0]	B[4]	B[3]	B[2]	B[1]	B[0]	NC

ILI9341 在 16 位模式下，数据线有效的是 D17 ~ D13 和 D11 ~ D1，D0 和 D12 没有用到，ILI9341 的 D17 ~ D13 和 D11 ~ D1 对应 MCU 的 D15 ~ D0。

这种引脚对应关系下，MCU 的 16 位数据，最低 5 位代表蓝色，中间 6 位代表绿色，最高 5 位代表红色。数值越大，表示该颜色越深。需要注意的是，ILI9341 所有的指令都是 8 位的(高 8 位无效)，且参数除了读写 GRAM 的时候是 16 位，其他操作参数都是 8 位。

3)ILI9341 的重要命令

(1)0XD3：读 ID 指令，用于读取 LCD 控制器的 ID，该指令描述如表 6.7 所示。其中，"↑"表示上升沿触发，"HEX"表示 D0 ~ D7 的 16 进制数，"X"表示任意值。

表 6.7　0XD3 指令描述

顺序	控制			各位描述									HEX
	RS	RD	WR	D15 ~ D8	D7	D6	D5	D4	D3	D2	D1	D0	
指令	0	1	↑	XX	1	1	0	1	0	0	1	1	D3H
参数 1	1	↑	1	XX	X	X	X	X	X	X	X	X	X
参数 2	1	↑	1	XX	0	0	0	0	0	0	0	0	00H
参数 3	1	↑	1	XX	1	0	0	1	0	0	1	1	93H
参数 4	1	↑	1	XX	0	1	0	0	0	0	0	1	41H

0XD3 指令有 4 个参数，最后 2 个参数读出来是 0X93 和 0X41，是控制器 ILI9341 的数字部分。通过该指令，可判别所用的 LCD 驱动器是什么型号，根据控制器的型号去执行对应驱动 IC 的初始化代码，从而兼容不同驱动 IC，使一个代码支持多款 LCD。

(2)0X36：存储访问控制指令，可以控制 ILI9341 存储器的读写方向，在连续写 GRAM 的时候，可以控制 GRAM 指针的增长方向，从而控制显示方式(读 GRAM 也是一样)。0X36 指令描述如表 6.8 所示。

表 6.8　0X36 指令描述

顺序	控制			各位描述									HEX
	RS	RD	WR	D15 ~ D8	D7	D6	D5	D4	D3	D2	D1	D0	
指令	0	1	↑	XX	0	0	1	1	0	1	1	0	36H
参数	1	1	↑	XX	MY	MX	MV	ML	BGR	MH	0	0	0

0X36 指令有一个参数，主要关注 MY、MX、MV 这 3 个位，通过这 3 个位的设置，可以控制整个 ILI9341 的全部扫描方向，如表 6.9 所示。

表 6.9　MY、MX、MV 设置与 LCD 扫描方向关系表

控制位			效果
MY	MX	MV	LCD 扫描方向（GRAM 自增方式）
0	0	0	从左到右、从上到下
1	0	0	从左到右、从下到上
0	1	0	从右到左、从上到下
1	1	0	从右到左、从下到上
0	0	1	从上到下、从左到右
0	1	1	从上到下、从右到左
1	0	1	从下到上、从左到右
1	1	1	从下到上、从右到左

ILI9341 显示内容具有很大灵活性，如显示 BMP 图片、BMP 解码数据，可以从图片的左下角开始，慢慢显示到右上角。如果设置 LCD 扫描方向为从左到右、从下到上，则只需要设置一次坐标，然后不停地往 LCD 填充颜色数据即可。

（3）0X2A：列地址设置指令，在从左到右、从上到下的扫描方式（默认）下面，该指令用于设置横坐标（X 坐标）。0X2A 指令描述如表 6.10 所示。

表 6.10　0X2A 指令描述

顺序	控制			各位描述									HEX
	RS	RD	WR	D15 ~ D8	D7	D6	D5	D4	D3	D2	D1	D0	
指令	0	1	↑	XX	0	0	1	0	1	0	1	0	2AH
参数 1	1	1	↑	XX	SC15	SC14	SC13	SC12	SC11	SC10	SC9	SC8	SC
参数 2	1	1	↑	XX	SC7	SC6	SC5	SC4	SC3	SC2	SC1	SC0	
参数 3	1	1	↑	XX	EC15	EC14	EC13	EC12	EC11	EC10	EC9	EC8	EC
参数 4	1	1	↑	XX	EC7	EC6	EC5	EC4	EC3	EC2	EC1	EC0	

该指令有 4 个参数，实际上是 2 个坐标值：SC 和 EC，即列地址的起始值和结束值，SC 必须小于或等于 EC，且 0≤SC/EC≤239。一般在设置 X 坐标的时候，只需要带 2 个参数即可，也就是设置 SC 即可。因为如果 EC 没有变化，则只需要设置一次即可（在初始化 ILI9341 的时候设置），从而提高速度。

（4）0X2B：页地址设置指令，在从左到右、从上到下的扫描方式（默认）下面，该指令用于设置纵坐标（Y 坐标）。0X2B 指令描述如表 6.11 所示。

表 6.11　0X2B 指令描述

顺序	控制			各位描述									HEX
	RS	RD	WR	D15 ~ D8	D7	D6	D5	D4	D3	D2	D1	D0	
指令	0	1	↑	XX	0	0	1	0	1	0	1	0	2BH
参数 1	1	1	↑	XX	SP15	SP14	SP13	SP12	SP11	SP10	SP9	SP8	SP
参数 2	1	1	↑	XX	SP7	SP6	SP5	SP4	SP3	SP2	SP1	SP0	

续表

顺序	控制			各位描述									HEX
	RS	RD	WR	D15 ~ D8	D7	D6	D5	D4	D3	D2	D1	D0	
参数 3	1	1	↑	XX	EP15	EP14	EP13	EP12	EP11	EP10	EP9	EP8	EP
参数 4	1	1	↑	XX	EP7	EP6	EP5	EP4	EP3	EP2	EP1	EP0	

该指令有 4 个参数，实际上是 2 个坐标值：SP 和 EP，即页地址的起始值和结束值，SP 必须小于或等于 EP，且 0≤SP/EP≤319。一般在设置 Y 坐标的时候，只需要带 2 个参数即可，也就是设置 SP 即可。因为如果 EP 没有变化，则只需要设置一次即可(在初始化 ILI9341 的时候设置)，从而提高速度。

(5)0X2C：写 GRAM 指令，往 LCD 的 GRAM 里面写入颜色数据，该指令支持连续写，指令描述如表 6.12 所示。

表 6.12　0X2C 指令描述

顺序	控制			各位描述									HEX
	RS	RD	WR	D15 ~ D8	D7	D6	D5	D4	D3	D2	D1	D0	
指令	0	1	↑	XX	0	0	1	0	1	1	0	0	2CH
参数 1	1	1	↑	D1[15：0]									XX
……	1	1	↑	Di[15：0]									XX
参数 n	1	1	↑	Dn[15：0]									XX

在收到指令 0X2C 之后，数据有效位宽变为 16 位，可以连续写入 LCD GRAM 值，而 GRAM 的地址将根据 MY/MX/MV 设置的扫描方向进行自增。例如，假设设置的是从左到右、从上到下的扫描方式，那么设置好起始坐标(通过 SC、SP 设置)后，每写入一个颜色值，GRAM 地址将会自增 1(SC++)，如果碰到 EC，则回到 SC，同时 SP++，一直到坐标 EC、EP 结束，其间无须再次设置坐标。

(6)0X2E：读 GRAM 指令，用于读取 ILI9341 的显存(GRAM)，指令描述如表 6.13 所示。

表 6.13　0X2E 指令描述

顺序	控制			各位描述											HEX
	RS	RD	WR	D15 ~ D11	D10	D9	D8	D7	D6	D5	D4	D3	D2	D1	D0	
指令	0	1	↑	XX				0	0	1	0	1	1	1	0	2EH
参数 1	1	↑	1	XX												dummy
参数 2	1	↑	1	R1[4：0]		XX		G1[5：0]						XX		R1G1
参数 3	1	↑	1	B1[4：0]		XX		R2[4：0]						XX		B1R2
参数 4	1	↑	1	G2[5：0]		XX		B2[4：0]						XX		G2B2
参数 5	1	↑	1	R3[4：0]		XX		G3[5：0]						XX		R3G3
参数 N	1	↑	1	按以上规律输出												

该指令用于读取 GRAM，ILI9341 在收到该指令后，第一次输出的是 dummy 数据，也就是无效的数据，第二次开始，读取到的才是有效的 GRAM 数据(从坐标 SC、SP 开始)，

输出规律：每个颜色分量占 8 个位，一次输出 2 个颜色分量。例如，第一次输出的是 R1G1，随后的规律为 B1R2→G2B2→R3G3→B3R4→G4B4→R5G5…以此类推。如果只需要读取一个点的颜色值，则只需要接收到参数 3 即可；如果要连续读取(利用 GRAM 地址自增，方法同上)，则按照上述规律去接收颜色数据。

▶▶▶ 6.4.2 汉字字模的提取 ▶▶ ▶

使用图形液晶模块以点阵形式来显示汉字和图形，每 8 个点组成 1 个字节，每个点用一个二进制位表示，存 1 的点在屏上显示为一个亮点，存 0 的点则在屏上不显示，最常用的 16×16 的汉字点阵由 32 个字节组成。以液晶显示驱动控制器 LGM1241 为例，在液晶屏上竖向 8 个点为 1 个字节数据，通过字模提取软件按照先左后右、先上后下的方式对汉字进行字模提取。该字模作为程序的一部分存在于程序存储器当中，如果应用软件需要的字库比较大，则可以用专门的外设存储器存储字库，以免占用 MCU 内部的程序存储器资源。

由于 D0 ～ D7 是从上到下排列的，所以最上面 8 行是上一页，如图 6.14 所示。先提取上面一页的 16 个数据，再按照相同的方法提取下一页的 16 个数据，再分别写入对应的 DDRAM 地址，就可以显示所需的字。可以用各种字模软件提取标准的宋体汉字。

根据图 6.14，字模软件参数设置为纵向取模并且要反字节，否则将显示乱码。数字只需取汉字的一半数据就可以。字模软件操作界面如图 6.15 和图 6.16 所示。

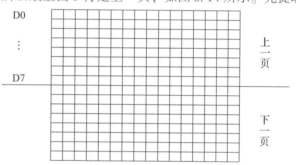

图 6.14 字提取方格

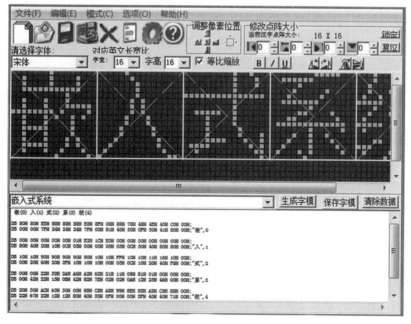

图 6.15 字模软件操作界面 1

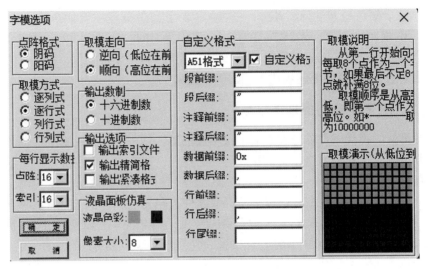

图 6.16　字模软件操作界面 2

选取的字模码如下：

嵌(0) 入(1) 式(2) 系(3) 统(4)

```
"
 0x01, 0x00, 0x21, 0x08, 0x21, 0x08, 0x3F, 0xF8, 0x00, 0x20,
0x22, 0x20, 0x22, 0x3E, 0xFF, 0x42;
 0x22, 0x94, 0x22, 0x10, 0x3E, 0x10, 0x22, 0x10, 0x22, 0x28,
0x3E, 0x28, 0x22, 0x44, 0x00, 0x82;"嵌", 0

 0x04, 0x00, 0x02, 0x00, 0x01, 0x00, 0x01, 0x00, 0x01, 0x00,
0x02, 0x80, 0x02, 0x80, 0x02, 0x80;
 0x04, 0x40, 0x04, 0x40, 0x08, 0x20, 0x08, 0x20, 0x10, 0x10,
0x20, 0x10, 0x40, 0x08, 0x80, 0x06;"入", 1

 0x00, 0x48, 0x00, 0x44, 0x00, 0x44, 0x00, 0x40, 0xFF, 0xFE,
0x00, 0x40, 0x00, 0x40, 0x3E, 0x40;
 0x08, 0x40, 0x08, 0x40, 0x08, 0x20, 0x08, 0x22, 0x0F, 0x12,
0x78, 0x0A, 0x20, 0x06, 0x00, 0x02;"式", 2

 0x00, 0xF8, 0x3F, 0x00, 0x04, 0x00, 0x08, 0x20, 0x10, 0x40,
0x3F, 0x80, 0x01, 0x00, 0x06, 0x10;
 0x18, 0x08, 0x7F, 0xFC, 0x01, 0x04, 0x09, 0x20, 0x11, 0x10,
0x21, 0x08, 0x45, 0x04, 0x02, 0x00;"系", 3

 0x10, 0x40, 0x10, 0x20, 0x20, 0x20, 0x23, 0xFE, 0x48, 0x40,
0xF8, 0x88, 0x11, 0x04, 0x23, 0xFE;
```

```
0x40, 0x92, 0xF8, 0x90, 0x40, 0x90, 0x00, 0x90, 0x19, 0x12,
0xE1, 0x12, 0x42, 0x0E, 0x04, 0x00;"统", 4
```

"

▶▶▶ 6.4.3　图形点阵式 LCD 应用实例 ▶▶▶

例 6.3　以标准库和寄存器混合编程方式，实现图形点阵式 LCD（驱动器为 ILI9341）的显示，仿真结果如图 6.17 所示。

例6.3 运行视频

答案与解析：

1）项目文件结构

项目文件结构如图 6.18 所示，由于图形点阵式 LCD 的使用较为复杂，因此将针对硬件的驱动代码放在文件 lcd.c 中，将绘图的基本功能代码放在文件 GUI.c 中，实现物理和逻辑设计的分离。FONT.H 文件里存放汉字字模库。

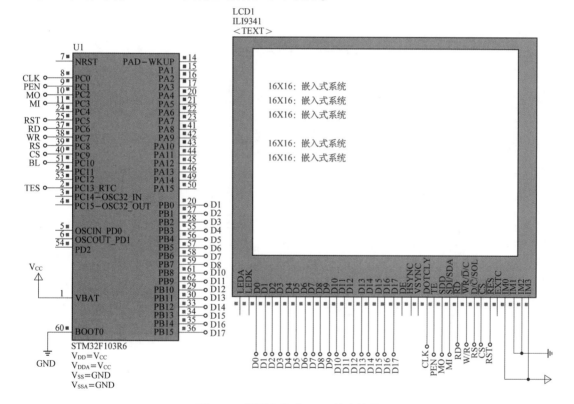

图 6.17　图形点阵式 LCD 仿真结果

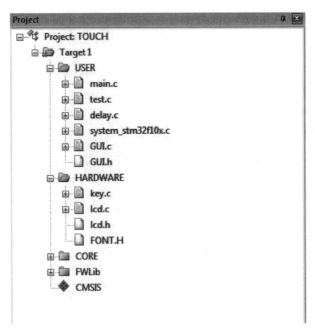

图 6.18　项目文件结构

2）LCD 的 I/O 口定义

在 lcd. h 头文件中，定义了与 LCD 引脚连接的 I/O 口，采用寄存器方式，提高访问速度，代码如下：

#defineLCD_CS_SET	GPIOC->BSRR = 1<<9	//片选端口	PC9
#defineLCD_RS_SET	GPIOC->BSRR = 1<<8	//数据/命令	PC8
#defineLCD_WR_SET	GPIOC->BSRR = 1<<7	//写数据	PC7
#defineLCD_RD_SET	GPIOC->BSRR = 1<<6	//读数据	PC6
#defineLCD_RST_SET	GPIOC->BSRR = 1<<5	//复位	PC5
#defineLCD_CS_CLR	GPIOC->BRR = 1<<9	//片选端口	PC9
#defineLCD_RS_CLR	GPIOC->BRR = 1<<8	//数据/命令	PC8
#defineLCD_WR_CLR	GPIOC->BRR = 1<<7	//写数据	PC7
#defineLCD_RD_CLR	GPIOC->BRR = 1<<6	//读数据	PC6

3）LCD 初始化

在 lcd. c 文件中，完成两部分工作：LCD 初始化函数和 LCD 基本读写操作函数。

（1）LCD 初始化函数：完成相关 I/O 口的配置和 LCD 工作模式的设置。代码如下：

```
void LCD_GPIOInit(void)
{GPIO_InitTypeDef GPIO_InitStructure;
RCC_APB2PeriphClockCmd(RCC_APB2Periph_GPIOC|RCC_APB2Periph_
GPIOB|RCC_APB2Periph_AFIO, ENABLE);
    GPIO_PinRemapConfig(GPIO_Remap_SWJ_JTAGDisable, ENABLE);
```

```
GPIO_InitStructure.GPIO_Pin = GPIO_Pin_10 | GPIO_Pin_9 | GPIO_
Pin_8 | GPIO_Pin_7 | GPIO_Pin_6 | GPIO_Pin_5;    //GPIO_Pin_10
GPIO_InitStructure.GPIO_Mode=GPIO_Mode_Out_PP;     //推挽输出
GPIO_InitStructure.GPIO_Speed=GPIO_Speed_50 MHz;
GPIO_Init(GPIOC, &GPIO_InitStructure); //GPIOC
GPIO_SetBits ( GPIOC, GPIO_Pin_10 | GPIO_Pin_9 | GPIO_Pin_8 |
GPIO_Pin_7 | GPIO_Pin_6 | GPIO_Pin_5);
GPIO_InitStructure.GPIO_Pin=GPIO_Pin_All;
GPIO_Init(GPIOB, &GPIO_InitStructure); //GPIOB
GPIO_SetBits(GPIOB, GPIO_Pin_All);
}
```

（2）LCD基本读写操作函数：包含若干个函数，具体参见本书附属资源。实现的功能包括写寄存器、写数据、发送写GRAM指令、在指定位置写入一个像素点数据、LCD全屏清屏、LCD复位函数等。

4）绘图函数

在GUI. c文件中，定义了各种绘图函数。实现功能包括画点、画线、显示单个英文字符、显示单个中文汉字、显示中英文字符串等。显示中英文字符串的代码如下：

```
void Show_Str(u16 x, u16 y, u16 fc, u16 bc, u8 * str, u8 size, u8
mode)
{ u16 x0 =x;
  u8 bHz =0;                        //字符或者中文
  while( * str! =0)                 //数据未结束
  { if(! bHz)
    { if(x>(lcddev.width-size/2) | | y>(lcddev.height-size))
      return;
      if( * str>0x80)bHz=1;         //中文
      else                         //字符
      { if( * str==0x0D)           //换行符号
        { y+=size; x=x0; str++;  }
        else
        {if(size>16)
        //字库中没有集成12×24 16×32的英文字体，用8×16代替
          {LCD_ShowChar(x, y, fc, bc, * str, 16, mode);
            x+=8;                  //字符，为全字的一半
          }
          else
          {LCD_ShowChar(x, y, fc, bc, * str, size, mode);
```

```
        x+=size/2;                    //字符，为全字的一半
        }}
      str++;
    }
  }else                               //中文
  {if(x>(lcddev.width-size)||y>(lcddev.height-size))
  return;
  bHz=0;                              //有汉字库
  if(size==32)GUI_DrawFont32(x, y, fc, bc, str, mode);
  else if(size==24)GUI_DrawFont24(x, y, fc, bc, str, mode);
  elseGUI_DrawFont16(x, y, fc, bc, str, mode);
  str+=2;
  x+=size;                            //下一个汉字偏移
}}}
```

5）文字和图形的测试函数

在 test.c 文件中，实现各种文字和图形的测试函数。其中，文字的测试函数代码如下：

```
void Chinese_Font_test(void)
{
    Show_Str(10, 30, BRED, YELLOW,"16x16：嵌入式系统", 16, 1);
    Show_Str(10, 50, YELLOW, YELLOW,"16x16：嵌入式系统", 16, 1);
    Show_Str(10, 70, RED, YELLOW,"16x16：嵌入式系统", 16, 1);
    Show_Str(10, 100, GREEN, YELLOW,"16x16：嵌入式系统", 16, 1);
    Show_Str(10, 120, BLUE, YELLOW,"16x16：嵌入式系统", 16, 1);
    delay_ms(1200);
}
```

6）主程序功能

在主程序 main.c 中，完成系统初始化和 LCD 初始化，实现汉字的显示，代码如下：

```
int main(void)
{ SystemInit();  //初始化 RCC 设置系统主频为 72 MHz
    delay_init(72);      //延时初始化
    LCD_Init();    //液晶屏初始化
    while(1)
    { LCD_Init();    //液晶屏初始化
        Chinese_Font_test();  //中文显示字体示例测试
    }
}
```

 6.5　触摸屏

触摸屏又称触控面板，是一种把触摸位置转化成坐标数据的输入设备，是当前最为流行的计算机输入设备，是最简单、方便、自然的一种人机交互方式。

触摸屏主要分为电阻式触摸屏和电容式触摸屏。相对来说，电阻式触摸屏造价便宜，能适应较恶劣的环境，但它只支持单点触控（一次只能检测面板上的一个触摸位置），触摸时需要一定的压力，长时间使用容易造成表面磨损，影响寿命；而电容式触摸屏具有支持多点触控、检测精度高的特点，它通过与导电物体产生的电容效应来检测触摸动作，只能感应导电物体的触摸，湿度较大或屏幕表面有水珠时会影响检测效果。

▶▶|6.5.1　电阻式触摸屏 ▶▶ ▶

电阻式触摸屏是出现最早的触屏技术，其利用压力感应进行触点检测控制，需要直接应力接触，通过检测电阻来定位触摸位置，结构如图 6.19 所示。

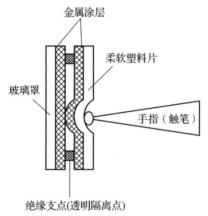

图 6.19　电阻式触摸屏结构

电阻式触摸屏的主要部分是一块与显示器表面非常配合的电阻薄膜屏，这是一种多层的复合薄膜，它以一层玻璃或硬塑料平板作为基层，表面涂有一层透明氧化金属导电层，上面再盖有一层外表面经硬化处理、光滑防擦的塑料层，它的内表面也涂有一层涂层，在它们之间有许多细小的透明隔离点（小于 1/1 000 英寸）把两层导电层隔开绝缘。当手指触摸屏幕时，两层导电层在触摸点位置就有了接触，电阻发生变化，在 X 和 Y 两个方向上产生信号，然后发送给触摸屏控制器。控制器检测到这一接触并计算出 (X, Y) 的位置，再根据获得的位置模拟鼠标的运作方式。

电阻式触摸屏的优点：成本低、抗干扰能力强、稳定性好。

电阻式触摸屏的缺点：不支持多点触摸、透光性不好、容易被划伤。

电阻式触摸屏都需要含有 A/D 转换的一个控制芯片。这种触摸屏的控制芯片有很多，包括 ADS7843、ADS7846、TSC2046、XPT2046 和 AK4182 等。这几款芯片封装完全兼容，软件驱动基本上是一样的，可以认为是同一芯片。

▶▶▶ 6.5.2 电容式触摸屏 ▶▶▶ ▶

电容式触摸屏是目前最主流的触屏技术，几乎所有智能手机包括平板电脑都采用电容式触摸屏。电容式触摸屏利用人体感应进行触点检测控制，不需要直接接触或只需要轻微接触，通过检测感应电流来定位触摸坐标。

电容式触摸屏主要分为以下两种。

（1）表面电容式触摸屏：利用 ITO（铟锡氧化物，是一种透明的导电材料）导电膜，通过电场感应方式感测屏幕表面的触摸行为。表面电容式触摸屏有一些局限性，只能识别一个手指或者一次触摸。

（2）投射式电容触摸屏：利用触摸屏电极发射出静电场。一般利用投射式电容传感技术的电容类型有两种：自我电容和交互电容。

①自我电容：又称绝对电容，是最广为采用的一种电容，通常是指扫描电极与地构成的电容。在玻璃表面有用 ITO 制成的横向与纵向的扫描电极，这些电极和地之间就构成一个电容的两极。当用手或触摸笔触摸的时候就会并联一个电容到电路中去，从而使在该根扫描线上的总体的电容量有所改变。在扫描的时候，控制 IC 依次扫描纵向和横向电极，并根据扫描前后的电容变化来确定触摸点坐标的位置。笔记本电脑触摸输入板就是采用的这种方式，笔记本电脑的输入板采用 $X×Y$ 的传感电极阵列形成一个传感格子，当手指靠近触摸输入板时，在手指和传感电极之间产生一个小量电荷。采用特定的运算法则处理来自行、列传感器的信号来确定手指的位置。

②交互电容：又称跨越电容，它是在玻璃表面的横向和纵向的 ITO 电极的交叉处形成的电容。交互电容的扫描方式就是扫描每个交叉处的电容变化，来判定触摸点的位置。当触摸的时候就会影响到相邻电极的耦合，从而改变交叉处的电容量。交互电容的扫描方式可以侦测到每个交叉点的电容值和触摸后电容的变化，因而它需要的扫描时间比自我电容的扫描时间长，需要扫描检测 $X×Y$ 根电极。目前智能手机或平板电脑等的触摸屏，都采用的是交互电容技术。

交互电容触摸屏采用纵横两列电极组成感应矩阵，来感应触摸，以两个交叉的电极矩阵，即 X 轴电极和 Y 轴电极，来检测每一格感应单元的电容变化，如图 6.20 所示。

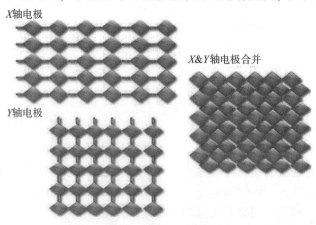

X轴电极

X&Y轴电极合并

Y轴电极

图 6.20 电容式触摸屏电极矩阵示意

图 6.20 中的电极，物理上是透明的，X、Y 轴的透明电极电容屏的精度、分辨率与 X、Y 轴的通道数有关，通道数越多，精度越高。

电容式触摸屏的优点：手感好、无须校准、支持多点触摸、透光性好。

电容式触摸屏的缺点：成本高、精度不高、抗干扰能力差，其对工作环境要求高，在潮湿、多尘、高低温环境下不适合使用。

►►► 6.5.3　触摸屏驱动模块的使用 ►►►►

OTT2001A 是一款电容式触摸屏驱动 IC，最多支持 208 个通道，支持 SPI/IIC 接口。在 IIC 接口模式下，该驱动 IC 与 MCU 的连接仅需要 4 根线：SDA、SCL、RST 和 INT。SDA 和 SCL 是 IIC 通信用的，RST 是复位脚(低电平有效)，INT 是中断输出信号。

OTT2001A 的几个重要的寄存器如下。

(1)手势 ID 寄存器(00H)：用于记录有效点和无效点，该寄存器各位定义如表 6.14 所示。

表 6.14　手势 ID 寄存器位定义

位	bit8	bit6	bit5	bit4
说明	保留	保留	保留	0，(X1，Y1)无效 1，(X1，Y1)有效
位	bit3	bit2	bit1	bit0
说明	0，(X4，Y4)无效 1，(X4，Y4)有效	0，(X3，Y3)无效 1，(X3，Y3)有效	0，(X2，Y2)无效 1，(X2，Y2)有效	0，(X1，Y1)无效 1，(X1，Y1)有效

OTT2001A 支持最多 5 点触摸，所以表中只有 5 个位用来表示对应点坐标是否有效，其余位为保留位(读为 0)。通过读取该寄存器，可以知道哪些点有数据，哪些点无数据，如果读到的全是 0，则说明没有任何触摸。

(2)传感器控制寄存器(0DH)：该寄存器也是 8 位，仅最高位有效，其他位都是保留位。当最高位为 1 的时候，打开传感器(开始检测)；当最高位为 0 的时候，关闭传感器(停止检测)。

(3)坐标数据寄存器：总共有 20 个，每个坐标占用 4 个寄存器，坐标数据寄存器与坐标的对应关系如表 6.15 所示。每个坐标的值，可以通过 4 个寄存器读出，例如读取坐标 1(X1，Y1)，则可以读取 01H~04H，就可以知道当前坐标 1 的具体数值，可以只发送给寄存器 01，然后连续读取 4 个字节，也可以正常读取坐标 1，寄存器地址会自动增加，从而提高读取速度。

表 6.15　坐标数据寄存器与坐标的对应关系

寄存器编号	01H	02H	03H	04H
坐标 1	X1[15：8]	X1[7：0]	Y1[15：8]	Y1[7：0]
寄存器编号	05H	06H	07H	08H
坐标 2	X2[15：8]	X2[7：0]	Y2[15：8]	Y2[7：0]
寄存器编号	10H	11H	12H	13H
坐标 3	X3[15：8]	X3[7：0]	Y3[15：8]	Y3[7：0]

续表

寄存器编号	14H	15H	16H	17H
坐标 4	X4[15：8]	X4[7：0]	Y4[15：8]	Y4[7：0]
寄存器编号	18H	19H	1AH	1BH
坐标 5	X5[15：8]	X5[7：0]	Y5[15：8]	Y5[7：0]

OTT2001A 的初始化流程：复位→延时 100 ms→释放复位→设置传感器控制寄存器的最高位为 1，开启传感器检查。

OTT2001A 有以下两点需要特别注意。

（1）OTT2001A 的寄存器是 8 位的，但是发送的时候要发送 16 位（高 8 位有效）才可以正常使用。

（2）OTT2001A 的输出坐标，默认是以 X 坐标最大值 2 700，Y 坐标最大值 1 500 的分辨率输出的；MCU 在读取到坐标后，必须根据 LCD 分辨率做一个换算，才能得到真实的 LCD 坐标。

本章小结

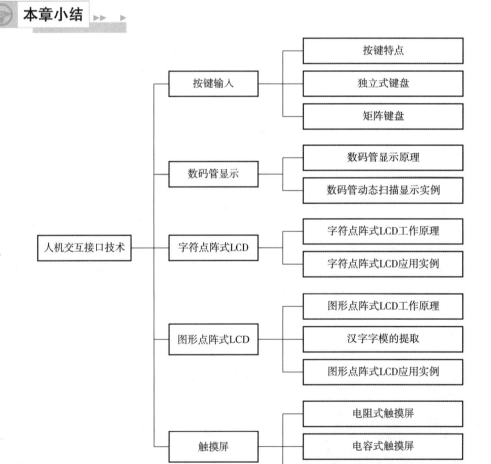

 习 题

一、选择题。

1. 在 LCD1602 模块中 E 端的功能是(　　)。

A. 地　　　　　　　B. 使能信号　　　　　C. 寄存器选择　　　D. 读写操作选择

2. HD44780 引脚信号组合中 RS 为 0、R/W 为 1 时是(　　)功能。

A. 数据寄存器写入　　　　　　　　B. 指令寄存器写入

C. 忙标志和地址计数器读出　　　　D. 数据寄存器读出

3. 字符点阵式 LCD 可以显示(　　)类型数据。

A. ASCII 字符　　　B. 图形　　　　　　　C. 曲线　　　　　　D. 汉字

4. TFTLCD 模块接口为(　　)位。

A. 8　　　　　　　　B. 12　　　　　　　　C. 16　　　　　　　D. 24

5. OTT2001A 的寄存器中传感器控制寄存器(ODH)是(　　)位。

A. 8　　　　　　　　B. 16　　　　　　　　C. 32　　　　　　　D. 64

二、填空题。

1. 按键抖动会引起一次按键被误读多次,为了确保计算机对按键的一次闭合仅做一次处理,必须_____,在按键闭合稳定时取按键状态,并且必须判别到按键释放稳定后再进行处理。

2. LCD 具有_____、_____、_____等优点,特别适用于小型手持式设备。

3. LCD1602 采用标准 16 引脚接口,其中引脚 5 为 R/W(读/写)选择端,高电平时进行_____操作,低电平时进行_____操作。

4. LCD 控制器 HD44780 内有多个寄存器,通过_____和_____引脚共同决定选择哪一个寄存器。

5. 触摸屏主要分为_____和_____。

6. 8080 总线读 16 位数据的过程,CS _____,选中 9341 控制模块,D/C 为_____,读数据,WR 为高,禁止写数据,在 RD 的_____,读线上的数据。

7. 8080 总线写时序的步骤:CS 为低,选中 ILI9341 驱动芯片;RD 为高,禁止操作;D/C 为低,写命令拉低;在 WR 的_____,使数据写入驱动 IC,第一次上升沿_____,第二次上升沿_____;CS 为高,结束一组数据读取。

8. ILI9341 所有的指令都是_____位的。

9. _____读 ID4 指令,用于读取 LCD 控制器的 ID。

10. 电阻式触摸屏是出现最早的触屏技术,利用压力感应进行触点检测控制,需要直接应力接触,通过_____来定位触摸位置。

三、简答题。

1. 按键为什么必须去除抖动?

2. 动态扫描显示与静态显示分别有什么特点?

3. HD44780 集成电路有哪些特点?

4. HD44780 如何决定选择哪种寄存器?

5. 描述 8080 总线读 16 位数据的过程。

第6章习题答案

第7章
通信接口技术

 学习目标 ▶▶ ▶

1. 掌握 STM32 的 UART 通信工作原理与应用编程。
2. 掌握 STM32 的 I^2C 通信工作原理与应用编程。
3. 了解 SPI、USB、CAN、以太网通信原理
4. 了解蓝牙通信原理。

7.1 UART 技术

▶▶ 7.1.1 STM32 的 UART 原理 ▶▶ ▶

串行异步通信(UART)的特点是数据在线路上传输时是以一个字符(字节)为单位,未传输时线路处于空闲状态,空闲线路约定为高电平"1"。传送一个字符又称为一帧信息,传输时每一个字符前加一个低电平的起始位,然后是数据位,数据位可以是 5 ~ 8 位,低位在前,高位在后,数据位后可以带一个奇偶校验位,最后是停止位,**停止位用高电平表示,它可以是1位、1位半或2位**。串行异步通信格式如图7.1所示。

图 7.1　串行异步通信格式

STM32 的 USART 提供了一种灵活的方法与使用工业标准异步串行数据格式的外部设备之间进行全双工数据交换。**USART 利用分数波特率发生器提供宽范围的波特率选择。**

USART 支持同步单向通信和半双工单线通信，也支持局部互联网(Local Interconnect Network，LIN)、智能卡协议和红外数据组织(Infrared Data Association，IrDA)SIRENDEC 规范，以及调制解调器(CTS/RTS)操作。USART 还允许多处理器通信及使用多缓冲器配置的 DMA 方式，可以实现高速数据通信。

STM32 的 USART 结构如图 7.2 所示，接口通过 3 个引脚与其他设备连接在一起。任何 USART 双向通信至少需要两个引脚：接收数据串行输入(RX)和发送数据输出(TX)。

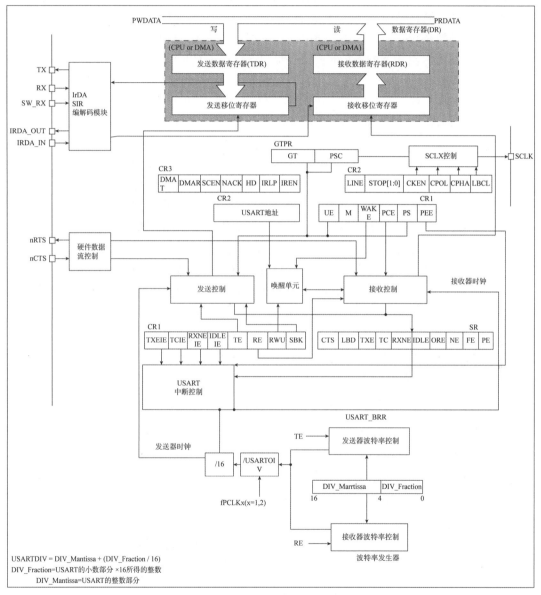

图 7.2　STM32 的 USART 结构

RX：接收数据串行输入。通过采样技术来区别数据和噪声，从而恢复数据。

TX：发送数据输出。当发送器被禁止时，输出引脚恢复到它的 I/O 端口配置。当发送器被激活，并且不发送数据时，TX 引脚处于高电平。在单线和智能卡模式里，此 I/O 口被同时用于数据的发送和接收。

USART 结构特点如下。

（1）总线在发送或接收前应处于空闲状态。

（2）一个起始位，一个数据字（8 或 9 位），最低有效位在前；1 个或 2 个停止位（可配置）。

（3）使用分数波特率发生器——波特率用 12 位整数+4 位小数表示。

（4）一个状态寄存器（USART_SR）、数据寄存器（USART_DR）。

（5）一个波特率寄存器（USART_BRR），存放 12 位的整数和 4 位小数。

（6）一个智能卡模式下的保护时间寄存器（USART_GTPR）。

▶▶▶ 7.1.2 基于标准库的 UART 配置过程 ▶▶ ▶

基于标准库的串口设置步骤如下。

（1）串口时钟使能：串口是挂载在 APB2 下面的外设，所以使能函数为 RCC_APB2PeriphClockCmd（RCC_APB2Periph_USART1）。

（2）串口复位：当外设出现异常的时候可以通过复位设置，实现该外设的复位，然后重新配置这个外设达到让其重新工作的目的。一般在系统刚开始配置外设的时候，都会先执行复位该外设的操作。复位在函数 USART_DeInit 中完成，函数声明如下：

void USART_DeInit（USART_TypeDef * USARTx）

（3）串口参数初始化：通过 USART_Init 函数实现。该函数声明如下：

void USART_Init（USART_TypeDef * USARTx，USART_InitTypeDef * USART_InitStruct）

第一个入口参数是指定初始化的串口标号，例如这里选择 USART1。

第二个入口参数是一个 USART_InitTypeDef 类型的结构体指针，这个结构体指针的成员变量用来设置串口的一些参数，初始化需要设置的参数为波特率、字长、停止位、奇偶校验位、硬件数据流控制、模式（收、发），代码如下：

```
USART_InitStructure.USART_BaudRate=bound; //波特率
USART_InitStructure.USART_WordLength=USART_WordLength_8b;
 //字长为 8 位
USART_InitStructure.USART_StopBits=USART_StopBits_1; //一个停止位
USART_InitStructure.USART_Parity=USART_Parity_No; //无奇偶校验位
USART_InitStructure.USART_HardwareFlowControl
 =USART_HardwareFlowControl_None; //无硬件数据流控制

USART_InitStructure.USART_Mode = USART_Mode_Rx | USART_Mode_
Tx; //设为收发模式
USART_Init(USART1, &USART_InitStructure);    //初始化串口
```

（4）数据发送与接收：通过数据寄存器 USART_DR（这是一个双寄存器，包含了 TDR 和 RDR）来实现。当向该寄存器写数据的时候，串口就会自动发送，当收到数据的时候，

也是存在该寄存器内。STM32 库函数操作 USART_DR 寄存器发送数据的函数为 USART_SendData(USART_TypeDef * USARTx，uint16_t Data)。STM32 库函数操作 USART_DR 寄存器读取串口接收到的数据的函数为 uint16_t USART_ReceiveData(USART_TypeDef * USARTx)。

（5）读取串口状态：串口的状态可以通过状态寄存器 USART_SR 读取。其中的第 5 位 RXNE 被置 1 的时候，表明已经有数据被接收到。其中的第 6 位 TC 被置位时，表示 USART_DR 内的数据已经被发送完成，如果设置了这个位的中断，则会产生中断。读取串口状态的标准库函数是 FlagStatus USART_GetFlagStatus(USART_TypeDef * USARTx，uint16_t USART_FLAG)。

要判断读寄存器是否非空（RXNE），操作库函数的方法为 USART_GetFlagStatus(USART1，USART_FLAG_RXNE)。

判断发送是否完成（TC），操作库函数的方法为 USART_GetFlagStatus(USART1，USART_FLAG_TC)。

（6）串口使能：使用的库函数为 USART_Cmd(USART1，ENABLE)。

（7）开启串口响应中断：使能串口中断的函数为 USART_ITConfig(USART_TypeDef * USARTx，uint16_t USART_IT，FunctionalState NewState)。

第二个入口参数是标示使能串口的类型，使能接收中断的定义为 USART_ITConfig(USART1，USART_IT_RXNE，ENABLE)。使能发送结束中断的定义为 USART_ITConfig(USART1，USART_IT_TC，ENABLE)。

（8）获取相应中断状态：经常在中断处理函数中，要判断该中断是哪种中断，使用的函数为 ITStatus USART_GetITStatus(USART_TypeDef * USARTx，uint16_t USART_IT)。

如果使能了串口发送完成中断，那么当中断发生时，便可以在中断处理函数中调用 USART_GetITStatus(USART1，USART_IT_TC)函数来判断到底是否是串口发送完成中断，如果返回值是 SET，则表明是串口发送完成中断。

▶▶▶ 7.1.3 RS-232 和 RS-485 通信 ▶▶▶

1）RS-232 通信

RS-232 是 MCU 系统与计算机通信的异步串行通信接口，RS-232 接口的全名是"数据终端设备和数据通信设备之间串行二进制数据交换接口技术标准"。该标准规定采用一个 25 脚的 DB25 连接器，对连接器的每个引脚的信号内容加以规定，对各种信号的电平加以规定。在计算机与 MCU 终端的通信中一般只使用 3~9 根引线，目前计算机 COM 口使用的是 9 脚 D 形连接器 DB9，引脚定义如表 7.1 所示。

表 7.1　RS-232 DB9 引脚定义

引脚号	功能	缩写
1	数据载波检测	DCD
2	接收数据	RXD
3	发送数据	TXD
4	数据终端准备	DTR

引脚号	功能	缩写
5	信号地	GND
6	数据设备准备好	DSR
7	请求发送	RTS
8	清除发送	CTS
9	振铃指示	DELL

在 RS-232 中任何一根信号线的电压均为负逻辑关系，即逻辑 1，−5～−15 V；逻辑 0，+5～+15 V。噪声容限为 2 V，即要求接收器能识别低至+3 V 的信号作为逻辑 0，高到−3 V 的信号作为逻辑 1。通常 MCU 系统与计算机连接的 RS-232C 接口中，因为不使用对方的传输控制信号，只需 3 根接口线，即发送数据、接收数据和信号地，所以采用 DB9 的 9 芯插头座，传输线采用屏蔽双绞线。

RS-232 采用串行异步通信协议，与 51MCU 内部的 UART 一致，但由于 MCU 的逻辑电平(1 代表 5 V，0 代表 0 V)与 RS-232 的逻辑电平不一致，因此需要在二者间加电平转换芯片。图 7.3 为典型的 MCU 与计算机进行 RS-232 通信的原理示意，其中 SP232 为电平转换芯片。

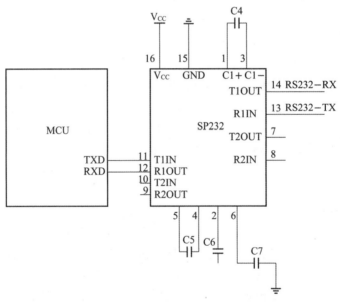

图 7.3　MCU 与计算机进行 RS-232 通信的原理示意

SP232 芯片是专为 RS-232 标准串口设计的单电源电平转换芯片，使用+5 V 单电源供电，引脚功能如下。

第一部分是电荷泵电路：由 1、2、3、4、5、6 引脚和 4 个电容构成。其功能是产生+12 V 和−12 V 两个电源，提供给 RS-232 串口电平的需要。

第二部分是数据转换通道：由 7、8、9、10、11、12、13、14 引脚构成，共两个数据通道。其中，13 引脚(R1IN)、12 引脚(R1OUT)、11 引脚(T1IN)、14 引脚(T1OUT)为第一数据通道；8 引脚(R2IN)、9 引脚(R2OUT)、10 引脚(T2IN)、7 引脚(T2OUT)为第二

数据通道。TTL/CMOS 数据从 11 引脚、10 引脚输入转换成 RS-232 数据，从 14 引脚、7 引脚送到计算机 DB9 插头；DB9 插头的 RS-232 数据从 13 引脚、8 引脚输入转换成 TTL/CMOS 数据后从 12 引脚、9 引脚输出。

第三部分是供电：由 15 引脚(GND)、16 引脚(V_{CC}，+5 V)构成。

由于市场流行的计算机在硬件上已经取消了 RS-232 接口，但是在操作系统上还保留 UART 的驱动接口，所以目前比较常用的计算机与 MCU 串口通信的方案是，在硬件上采用 UART 转 USB 芯片(CH340)，该芯片与计算机在硬件上是 USB 口连接，但在计算机上的软件驱动为串口驱动，计算机的操作系统认为这个设备是串口设备，这样在计算机上编写串口通信应用程序就可以实现与下位机嵌入式板的通信。其原理示意如图 7.4 所示。

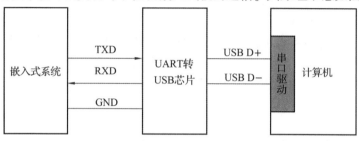

图 7.4 UART 转 USB 原理示意

2)RS-485 通信

RS-232 接口标准在应用中主要有以下不足。

(1)只能是一对一通信，无法形成总线。

(2)传输距离有限，最大传输距离标准值为 15 m。

(3)传输速率较低，在异步传输时，波特率为 20 bit/s。

(4)通信双方形成共地的传输形式，容易产生共模干扰，抗噪声干扰性弱。

(5)接口的信号电平值较高，易损坏接口电路的芯片，又因为与 TTL 电平不兼容，故需使用电平转换电路才能与 TTL 电路连接。

为了克服 RS-232 接口的不足，出现了同样以异步串行通信为基础的 RS-485 接口通信技术。RS-485 串行总线接口标准以差分平衡方式传输信号，具有很强的抗共模干扰的能力，允许一对双绞线上一个发送器驱动多个负载设备，在工业控制领域得到广泛应用。与 RS-232 相比，RS-485 具有以下特点。

(1)最大传输距离标准值为 1.2 km。

(2)最高传输速率为 10 Mbit/s。

(3)差分平衡方式传输形式，抗共模干扰的能力强。

(4)TTL 接口电平。

(5)RS-485 总线可同时挂接多个节点设备。

MCU485 通信电路如图 7.5 所示，MAX485 为 RS-485 总线驱动器，实现 RS-485 半双工通信。其一侧为 MCU 端的 UART 口，另一侧为 RS-485 总线端，当 $\overline{RE}$=0(同时 DE=0)时，MCU 通过 MAX485 接收 RS-485 总线数据；当 $\overline{RE}$=1(同时 DE=1)时，MCU 发送数据经 MAX485 到达 RS-485 总线。

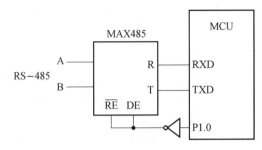

图 7.5 MCU485 通信电路

▶▶▶ 7.1.4 UART 应用实例 ▶▶ ▶

例 7.1 采用标准库编程方式，实现 STM32 与计算机的串口通信，计算机的串口通信软件发送字符，STM32 接收到计算机的字符串后，将字符串回传给计算机，同时将字符串显示到 LCD1602 上。STM32 串口 1 采用中断方式接收数据。其仿真结果如图 7.6 和图 7.7 所示。

例 7.1 运行视频

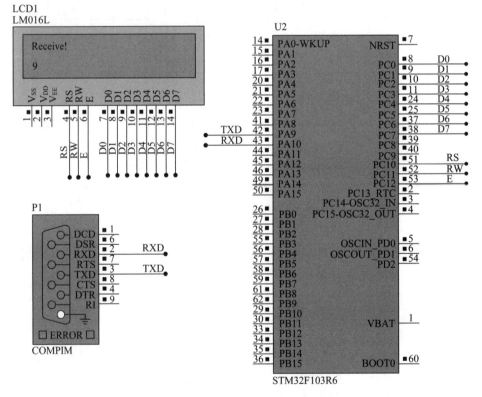

图 7.6 UART 通信——STM32 侧

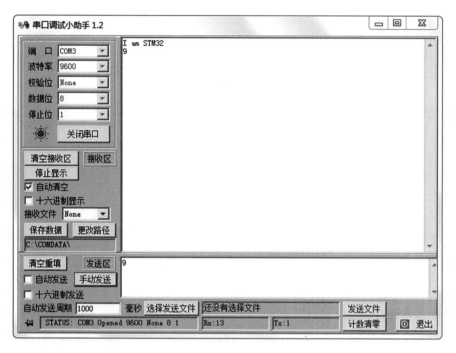

图 7.7 UART 通信——PC 侧

答案与解析：

1）系统拓扑图

系统拓扑图如图 7.8 所示。

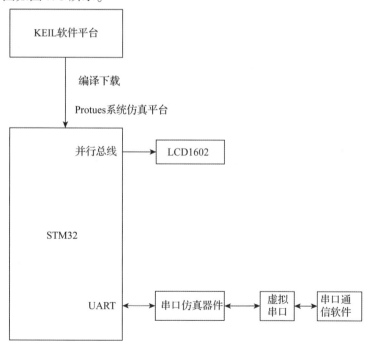

图 7.8 系统拓扑图

2）硬件设计

在实物设计时，UART 与 RS-232 的转换采用芯片 SP232 等。在 Proteus 仿真原理图设计中，用仿真器件 COMPIM 替代，如图 7.9 所示。

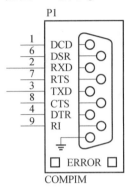

图 7.9　仿真器件 COMPIM

3）仿真环境搭建

本例中涉及两种系统（STM32 嵌入式系统、计算机操作系统），需要在一台计算机上实现对两种系统的同时仿真。利用虚拟串口软件和 Proteus 软件使 RS-232 的 MCU 程序可以在一台装有上述两种软件的计算机上完成仿真调试，具体实现步骤如下。

（1）安装虚拟串口软件 Virtual Serial Port Driver，并运行该软件设置虚拟串口，如图 7.10 所示，设置的一对虚拟串口为 COM2 和 COM3。设置完成后会在计算机的设备管理器界面出现相应结果，如图 7.11 所示

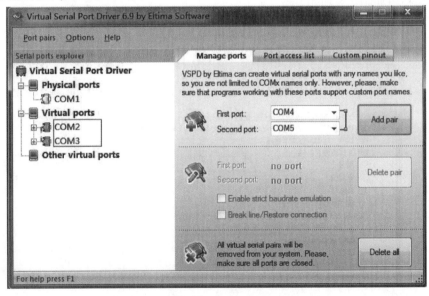

图 7.10　设置虚拟串口

图 7.11　设备管理器界面

（2）运行通用串口通信软件，设置通信参数并打开相应端口，如图 7.12 所示。通信端口为 COM3 口，通信协议参数：波特率 9600、校验位 NONE、数据位 8、停止位 1。该通信软件运行后相当于 RS-232 通信中的计算机端。

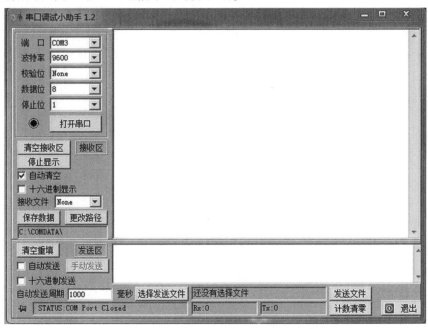

图 7.12　设置通信参数

（3）在 Proteus 软件界面中设计 MCU 电路，其中用串口仿真器件 COMPIM 代替实际电路中的 RS-232 电平转换芯片 SP232。设置 COMPIM 的通信参数，与图 7.12 通用串口通信软件的参数设置一致，其设置结果如图 7.13 所示。

139

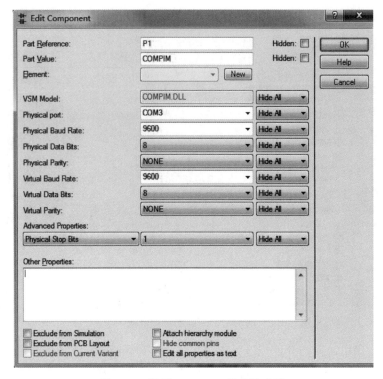

图 7.13　设置 COMPIM 的通信参数

至此，RS-232 通信仿真环境搭建完成，可在 Proteus 中编写程序进行调试。

4）项目文件结构

项目文件结构如图 7.14 所示，在文件 LCD1602. c 中编写 LCD 的驱动程序，在文件 bsp_usart. c 中编写串口的驱动程序，在文件 stm32f10x_it. c 中的串口中断函数位置填写应用逻辑代码，主程序完成所有模块初始化并等待中断。

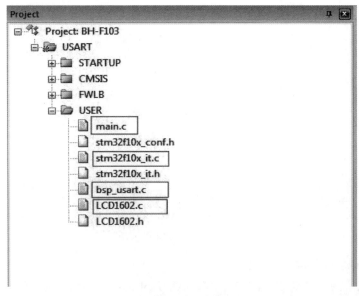

图 7.14　项目文件结构

5) LCD1602 初始化

初始化文件 LCD1602. c 内容见 6. 3. 2 小节。

6) UART 初始化

(1) 在 bsp_usart. h 头文件中，定义串口号、波特率、相关引脚映射、串口中断句柄等。代码如下：

```
// 串口 1-USART1
#define   DEBUG_USARTx                    USART1
#define   DEBUG_USART_CLK                 RCC_APB2Periph_USART1
#define   DEBUG_USART_APBxClkCmd          RCC_APB2PeriphClockCmd
#define   DEBUG_USART_BAUDRATE            9600

//USART GPIO 引脚宏定义
#define   DEBUG_USART_GPIO_CLK            (RCC_APB2Periph_GPIOA)
#define   DEBUG_USART_GPIO_APBxClkCmd     RCC_APB2PeriphClockCmd

#define   DEBUG_USART_TX_GPIO_PORT        GPIOA
#define   DEBUG_USART_TX_GPIO_PIN         GPIO_Pin_9
#define   DEBUG_USART_RX_GPIO_PORT        GPIOA
#define   DEBUG_USART_RX_GPIO_PIN         GPIO_Pin_10
//中断定义
#define   DEBUG_USART_IRQ                 USART1_IRQn
#define   DEBUG_USART_IRQHandler          USART1_IRQHandler
```

(2) 在 bsp_usart. c 文件中，定义多个 UART 重要驱动函数。

①中断控制器 NVIC 配置函数：中断控制器组设为 2，抢占优先级设为 1，子优先级设为 1。代码如下：

```
static void NVIC_Configuration(void)
{
  NVIC_InitTypeDef NVIC_InitStructure;
  NVIC_PriorityGroupConfig(NVIC_PriorityGroup_2);
  //配置 USART 为中断源
  NVIC_InitStructure.NVIC_IRQChannel=DEBUG_USART_IRQ;
  NVIC_InitStructure.NVIC_IRQChannelPreemptionPriority=1;
  NVIC_InitStructure.NVIC_IRQChannelSubPriority=1;
  //使能中断
  NVIC_InitStructure.NVIC_IRQChannelCmd=ENABLE;
  //初始化配置 NVIC
  NVIC_Init(&NVIC_InitStructure);
}
```

②基本串口处理函数：包括发送一个字节函数、发送 8 位的数组函数、发送一个 16 位数函数、发送字符串函数。

③USART 的 GPIO 配置和工作参数配置函数：USART Tx 的 GPIO 配置为推挽复用模式，USART Rx 的 GPIO 配置为浮空输入模式。代码如下：

```
void USART_Config(void)
{GPIO_InitTypeDef GPIO_InitStructure;
USART_InitTypeDef USART_InitStructure;
DEBUG_USART_GPIO_APBxClkCmd(DEBUG_USART_GPIO_CLK, ENABLE);
DEBUG_USART_APBxClkCmd(DEBUG_USART_CLK, ENABLE);
//将 USART Tx 的 GPIO 配置为推挽复用模式
GPIO_InitStructure.GPIO_Pin=DEBUG_USART_TX_GPIO_PIN;
GPIO_InitStructure.GPIO_Mode=GPIO_Mode_AF_PP;
GPIO_InitStructure.GPIO_Speed=GPIO_Speed_50 MHz;
GPIO_Init(DEBUG_USART_TX_GPIO_PORT, &GPIO_InitStructure);
    //将 USART Rx 的 GPIO 配置为浮空输入模式
GPIO_InitStructure.GPIO_Pin=DEBUG_USART_RX_GPIO_PIN;
GPIO_InitStructure.GPIO_Mode=GPIO_Mode_IN_FLOATING;
GPIO_Init(DEBUG_USART_RX_GPIO_PORT, &GPIO_InitStructure);
//配置波特率
USART_InitStructure.USART_BaudRate=DEBUG_USART_BAUDRATE;
//配置 帧数据字长
USART_InitStructure.USART_WordLength=USART_WordLength_8b;
//配置停止位
USART_InitStructure.USART_StopBits=USART_StopBits_1;
//配置校验位
USART_InitStructure.USART_Parity=USART_Parity_No;
//配置硬件流控制
USART_InitStructure.USART_HardwareFlowControl=
USART_HardwareFlowControl_None;
//配置工作模式，收发一起
USART_InitStructure.USART_Mode=USART_Mode_Rx | USART_Mode_Tx;
//完成串口的初始化配置
USART_Init(DEBUG_USARTx, &USART_InitStructure);
//串口中断优先级配置
NVIC_Configuration();
```

```
//使能串口接收中断
USART_ITConfig(DEBUG_USARTx, USART_IT_RXNE, ENABLE);
//使能串口
USART_Cmd(DEBUG_USARTx, ENABLE);
}
```

7）串口中断处理

在 stm32f10x_it.c 中的串口中断函数位置填写应用逻辑代码，实现串口数据的接收，同时将串口数据回传给计算机，代码如下：

```
void USART1_IRQHandler(void)
{ uint8_t temp;
  if(USART_GetITStatus(USART1, USART_IT_RXNE) != RESET){
      temp = USART_ReceiveData(USART1);
      USART_RXBUF[0] = temp;
      USART_SendData(USART1, temp);
      RXOVER = 1; //置位接收完成标志位
  }
}
```

8）主程序功能

在 main.c 的主程序调用 LCD 初始化函数和 UART 初始化函数后（为实现串口仿真，系统时钟设置为 HSI），进入死循环 while(1)等待中断，当串口接收完成标志有效时，在 LCD 显示串口接收数据。代码如下：

```
int main(void)
{ uint8_t i;
  RCC_SYSCLKConfig(RCC_SYSCLKSource_HSI);
  SysTick_Config(SystemCoreClock/100000);
  GPIO_Configuration();
  LCD1602_Init();
  LCD1602_Show_Str(0, 0,"Receive:");
  USART_Config();
  USART_SendString("串口与 PC 通信回显实验：\r\n"); //发送字符串
  USART_SendString("  \r\n"); //发送字符串
  while(1)
  {    if(RXOVER == 1){
       LCD1602_Show_Str(0,2,USART_RXBUF);
       RXOVER = 0;
    } }}
```

7.2 I²C 总线

▶▶ 7.2.1 I²C 总线原理 ▶▶▶

内部集成电路总线(Inter-Integrated Circuit BUS，I²C 总线)采用两根线进行数据传输，接口十分简单，是应用非常广泛的芯片间串行通信总线。

1)主要特点

I²C 总线结构如图 7.15 所示，其主要有以下几个特点。

(1) I²C 总线只有两根线，即串行时钟线(SCL)和串行数据线(SDA)，这在设计中大大减少了硬件接口。

(2)每个连接到 I²C 总线上的器件都有一个用于识别的器件地址，器件地址由芯片内部硬件电路和外部地址引脚同时决定，避免了片选线的连接方法，并建立简单的主从关系，每个器件既可以作为发送器，又可以作为接收器。

(3)同步时钟允许器件以不同的波特率进行通信。

(4)同步时钟可以作为停止或重新启动串行口发送的握手信号。

(5)串行的数据传输位速率在标准模式下可达 100 kbit/s，快速模式下可达 400 kbit/s，高速模式下可达 3.4 Mbit/s。

(6)连接到同一 I²C 总线的集成电路数只受 400 pF 的最大总线电容的限制。

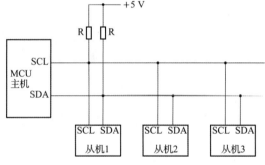

图 7.15　I²C 总线结构

2) I²C 总线工作时序

I²C 总线基本工作时序如图 7.16 所示。

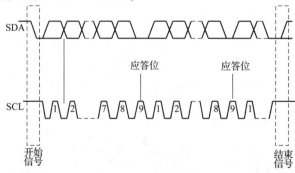

图 7.16　I²C 总线基本工作时序

当 I²C 总线没有进行信息传输时，SDA 和 SCL 都为高电平。当主控制器向某个器件传输信息时，首先应向总线传输开始信号，然后才能传输信息，当信息传输结束时应传输结束信号。启动信号和停止信号规定如下。

启动信号：SCL 为高电平时，SDA 由高电平向低电平跳变，开始传输数据。

停止信号：SCL 为高电平时，SDA 由低电平向高电平跳变，结束传输数据。

启动信号和停止信号之间传输的是信息，信息的字节数没有限制，但每个字节必须为 8 位，高位在前，低位在后。SDA 上每一位信息状态的改变只能发生在 SCL 为低电平期间，因为 SCL 为高电平期间 SDA 状态的改变已经被用来表示开始信号和结束信号。每个字节后面必须接收一个应答信号（ACK），ACK 是从机在接收到 8 位数据后向主机发出的特定的低电平脉冲，用以表示已收到数据。主机接收到 ACK 后，可根据实际情况作出是否继续传递信号的判断。若未收到 ACK，则判断为从机出现故障。

主机每次传输的信息的第一个字节必须是器件地址码，第二个字节为器件单元地址，用于实现选择所操作的器件的内部单元，从第三个字节开始为传输的数据。I²C 器件地址码格式如表 7.2 所示。

表 7.2 I²C 器件地址码格式

地址	D7	D6	D5	D4	D3	D2	D1	D0
格式	器件类型码				片选			R/W

3）I²C 总线主机写流程与数据格式

I²C 总线主机写流程与数据格式如图 7.17 和图 7.18 所示。

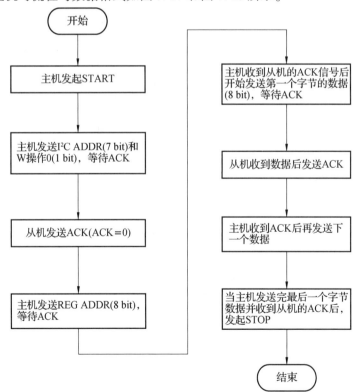

图 7.17 I²C 总线主机写流程

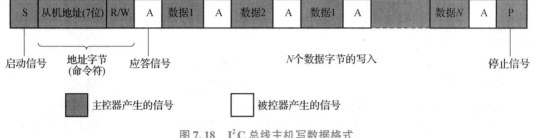

图 7.18 I^2C 总线主机写数据格式

4) I^2C 总线主机读流程与数据格式

I^2C 总线主机读流程与数据格式如图 7.19、图 7.20 所示。

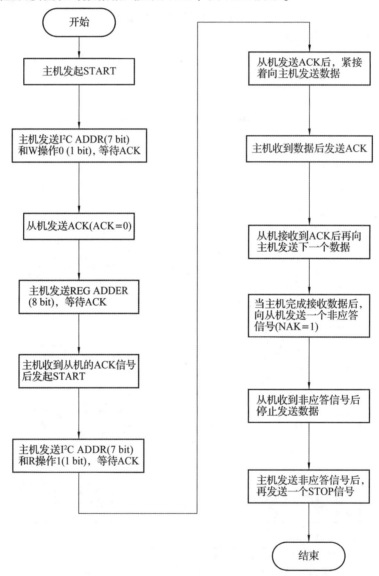

图 7.19 I^2C 总线主机读流程

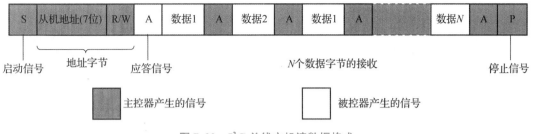

图 7.20 I^2C 总线主机读数据格式

5）STM32 系列芯片内置 I^2C 模块

STM32 内置 I^2C 模块结构如图 7.21 所示。

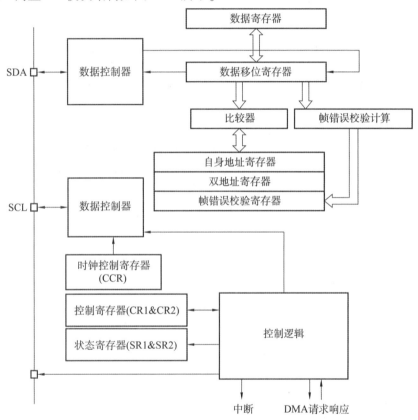

图 7.21 STM32 内置 I^2C 模块结构

其特点如下。

（1）并行/I^2C 总线协议转换器。

（2）多主机功能。该模块既可做主设备也可做从设备。

（3）I^2C 主设备功能。产生时钟，产生启动和停止信号。

（4）I^2C 从设备功能。可编程的 I^2C 地址检测，可响应两个从地址的双地址能力停止位检测。

（5）产生和检测 7 位/10 位地址和广播呼叫。

（6）支持不同的通信速度：标准速度（100 kHz），快速（400 kHz）。

（7）状态标志：发送器/接收器模式标志，字节发送结束标志，I^2C 总线忙标志。

（8）错误标志。主模式时的仲裁丢失，地址/数据传输后的应答（ACK）错误，检测到错位的起始或停止条件，禁止拉长时钟功能时的上溢或下溢。

（9）2 个中断向量。1 个中断用于地址/数据通信成功，1 个中断用于错误。

（10）可选的拉长时钟功能。

（11）具有单字节缓冲器的 DMA。

（12）可配置的 PEC（信息包错误检测）的产生或校验：发送模式中 PEC 值可以作为最后一个字节传输，用于最后一个接收字节的 PEC 错误校验。

（13）兼容 SMBus2.0。25 ms 时钟低超时延时，10 ms 主设备累积时钟低扩展时间，25 ms 从设备累积时钟低扩展时间，带 ACK 控制的硬件 PEC 产生/校验，支持地址分辨协议（Address Resolution Protocol，ARP）。

（14）兼容 SMBus。接口可以下述 4 种模式中的一种运行：

①从发送器模式；

②从接收器模式；

③主发送器模式；

④主接收器模式。

该模块默认工作于从模式，接口在生成起始条件后自动地从从模式切换到主模式；当仲裁丢失或产生停止信号时，则从主模式切换到从模式，允许多主机功能。

主模式时，I^2C 接口启动数据传输并产生时钟信号。串行数据传输总是以起始条件开始并以停止条件结束。起始条件和停止条件都是在主模式下由软件控制产生。

从模式时，I^2C 接口能识别它自己的地址（7 位或 10 位）和广播呼叫地址。软件能够控制开启或禁止广播呼叫地址的识别。

数据和地址按 8 位/字节进行传输，高位在前。跟在起始条件后的 1 或 2 个字节是地址（7 位模式为 1 个字节，10 位模式为 2 个字节）。地址只在主模式发送。

在一个字节传输的 8 个时钟后的第 9 个时钟期间，接收器必须回送一个应答位（ACK）给发送器。STM32 芯片 I^2C 总线协议如图 7.22 所示。

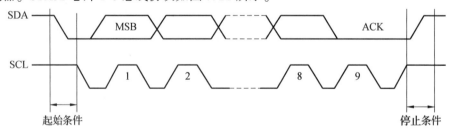

图 7.22　STM32 芯片 I^2C 总线协议

▶▶│7.2.2　I^2C 总线应用实例 ▶▶ ▶

例 7.2　采用 HAL 库编程方式，实现 STM32 对 EEROM 芯片 24C02C 的 I^2C 读写操作，通过 KEY0 按键来写入"STM"，通过按键 KEY1 来读取 24C02C 的值，如果写读均正确的话，则读的值为"STM"。仿真结果如图 7.23 ~ 图 7.25 所示。

例 7.2 运行视频

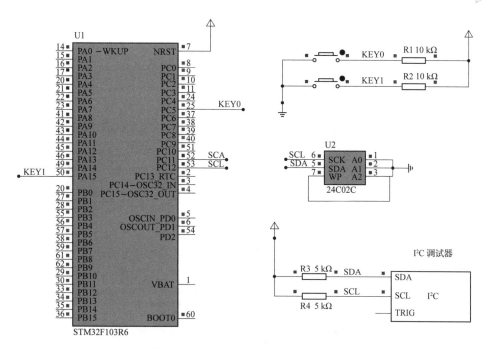

图 7.23 24C02C 的 I^2C 读写仿真电路

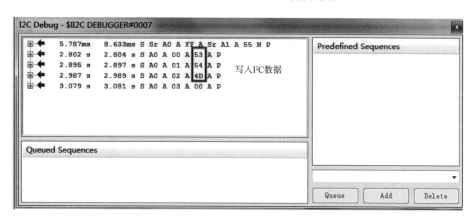

图 7.24 I^2C 写数据

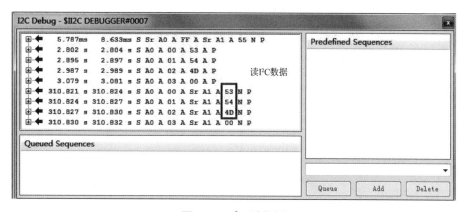

图 7.25 I^2C 读数据

答案与解析：

1）硬件电路设计

在硬件上，没有使用 STM32 内部的 I²C 控制器，而是将 24C02C 芯片的 I²C 引脚接到 STM32 的普通 GPIO 引脚，用软件模拟 I²C 通信时序。在仿真电路上添加了 I²C 调试器，方便查看读写结果。

24C02C 芯片是 2K 位 EEROM 存储器，采用 I²C 通信接口，内部含有 256 个 8 位字节。将 24C02C 的 SCL 及 SDA 引脚连接到 STM32 的普通 GPIO 引脚，结合上拉电阻，构成了 I²C 通信总线。24C02C 芯片的设备地址一共有 7 位，其中高 4 位固定为 1010，低 3 位则由 $A_0/A_1/A_2$ 信号线的电平决定，$A_0/A_1/A_2$ 均接地为 0。由于 I²C 通信时常常是地址跟读写方向连在一起构成一个 8 位数，且当 R/W 位为 0 时，表示写方向，所以加上 7 位地址，其值为"0xA0"，常称该值为 I²C 设备的"写地址"；当 R/W 位为 1 时，表示读方向，加上 7 位地址，其值为"0xA1"，常称该值为 I²C 设备的"读地址"。24C02C 的地址位定义如图 7.26 所示。

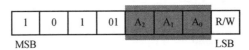

1	0	1	01	A_2	A_1	A_0	R/W

MSB　　　　　　　　　　　　　　　　　　　　　　　LSB

图 7.26　24C02C 的地址位定义

2）项目文件结构

项目文件结构如图 7.27 所示，方框内的文件为用户自定义文件。在 key.c 文件中定义按键的初始化驱动；在主文件 main.c 中实现对 24C02C 的写读操作；在 delay.c 文件中定义微秒级的延时函数，提供模拟 I²C 总线的时序基础延时；在 myiic.c 文件中定义模拟 I²C 总线的各种操作函数；在 24cxx.c 文件中定义 24C02C 芯片的各种读写操作函数。

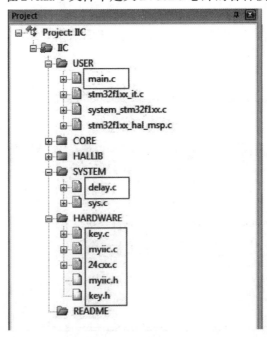

图 7.27　项目文件结构

3）按键的驱动

在文件 key.h 中，定义引脚，通过直接操作 HAL 库函数方式读取 I/O，代码如下：

```
#define KEY0   HAL_GPIO_ReadPin(GPIOC, GPIO_PIN_5)//KEY0 按键 PC5
#define KEY1   HAL_GPIO_ReadPin(GPIOA, GPIO_PIN_15)//KEY1 按键 PA15


#define KEY0_PRES1
#define KEY1_PRES2
```

在文件 key.c 中，定义按键 I/O 口的设置，输入上拉模式，代码如下：

```
void KEY_Init(void)
{
    GPIO_InitTypeDef GPIO_Initure;
    _HAL_RCC_GPIOA_CLK_ENABLE();              //开启 GPIOA 时钟
    _HAL_RCC_GPIOC_CLK_ENABLE();              //开启 GPIOC 时钟
    GPIO_Initure.Mode=GPIO_MODE_INPUT;  //输入
    GPIO_Initure.Pin=GPIO_PIN_15；//PA15
    GPIO_Initure.Pull=GPIO_PULLUP;        //上拉
    HAL_GPIO_Init(GPIOA, &GPIO_Initure);
    GPIO_Initure.Pin=GPIO_PIN_5; //PC5
    GPIO_Initure.Pull=GPIO_PULLUP;        //上拉
    HAL_GPIO_Init(GPIOC, &GPIO_Initure);
}
```

4）模拟 I^2C 时序用的微秒级延时函数

HAL 库提供的延时函数只能到毫秒级，所以在 delay.c 文件里，利用 SysTick 时钟中断，定义了用户延时函数，详见附属资源代码。

5）模拟 I^2C 时序的 I^2C 基本读写函数

模拟 I^2C 时序的 I^2C 基本读写函数在 myiic.c 文件中定义，包括 I^2C 初始化，产生 I^2C 启动信号，产生 I^2C 停止信号，等待应答信号到来，产生 ACK 应答，不产生 ACK 应答，I^2C 发送一个字节，I^2C 读一个字节等函数，详见附属资源代码。

6）24C02C 芯片的各种读写操作

24C02C 芯片的各种读写操作函数在 24cxx.c 文件中定义，包括初始化 24C02C 接口，在 AT24CXX 指定地址读出一个数据，在 AT24CXX 指定地址写入一个数据，在 AT24CXX 里面的指定地址开始写入长度为 Len 的数据，在 AT24CXX 里面的指定地址开始读出长度为 Len 的数据，检查 AT24CXX 是否正常，在 AT24CXX 里面的指定地址开始读出指定个数的数据，在 AT24CXX 里面的指定地址开始写入指定个数的数据等函数，详见附属资源代码。

7)24C02C 的写读操作

在主文件 main. c 中实现 24C02C 的写读操作逻辑，代码如下：

```
int main(void)
{  u8 key;
   u16 i=0;
   u8 datatemp[SIZE];
   HAL_Init();                          //初始化 HAL 库
   Stm32_Clock_Init(RCC_PLL_MUL9);      //设置时钟，72 MHz
   delay_init(72);                      //初始化延时函数
   KEY_Init();                          //初始化按键
   AT24CXX_Init();                      //初始化 I²C
   while(1)
   {key=KEY_Scan(0);
      if(key==KEY1_PRES)                //KEY1 被按下，写入 24C02C
      {AT24CXX_Write(0, (u8 *)TEXT_Buffer, SIZE);}
      if(key==KEY0_PRES)                //KEY0 被按下，读取字符串并显示
      {AT24CXX_Read(0, datatemp, SIZE);}
      i++;
      delay_ms(10);
      if(i==20)
      {LED0 =! LED0;                     //提示系统正在运行
        i=0;
      }
   }
}
```

8)运行结果

在 Proteus 提供的 I²C 调试器显示的界面中，可以看到 STM32 对 24C02C 的读写结果。写的字符串为"STM"，其十六进制 ASCII 码为 53、54、4D。从调试器显示的界面上可以看到，读写均有效。

7.3 SPI 总线

串行外围设备接口(Serial Peripheral Interface，SPI)总线是一种高速的、全双工、同步的通信总线，与 I²C 总线类似，是一种芯片间的串行通信技术，广泛应用在 EEPROM、Flash、RTC、A/D 转换器、DSP 和数字信号解码器之间。其结构如图 7.28 所示。

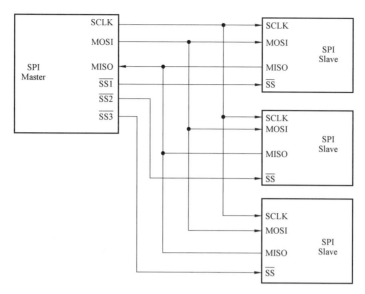

图 7.28　SPI 总线结构

1）SPI 总线工作原理

SPI 的通信以主从方式工作，这种模式通常有一个主设备（Master）和一个或多个从设备（Slave），需要 4 根线（事实上 3 根也可以），即所有基于 SPI 的设备共有的线，它们是SDI（数据输入）、SDO（数据输出）、SCLK（时钟）、SS（片选）。

MOSI（SDO）：主设备数据输出，从设备数据输入。

MISO（SDI）：主设备数据输入，从设备数据输出。

SCLK：时钟信号，由主设备产生。

SS：从设备使能信号，由主设备控制。

只有片选信号为预先规定的使能信号时（高电位或低电位），对此芯片的操作才有效，这就允许在同一总线上连接多个 SPI 设备。需要注意的是，在具体的应用中，当一根 SPI总线上连接有多个设备时，SPI 本身的 CS 有可能被其他的 GPIO 引脚代替，即每个设备的SS 引脚被连接到处理器端不同的 GPIO 口，通过操作不同的 GPIO 口来控制具体的需要操作的 SPI 设备，减少各个 SPI 设备间的干扰。

SPI 是串行通信协议，也就是说，数据是一位一位地从 MSB 或者 LSB 开始传输的，这就是 SCLK 时钟线存在的原因，由 SCLK 提供时钟脉冲，MISO、MOSI 则基于此脉冲完成数据传输。SPI 支持 4 ~ 32 位的串行数据传输，支持 MSB 和 LSB，每次数据传输时，当从设备的大小端发生变化时需要重新设置 SPI 主设备的大小端。SPI 全双工通信流程如图 7.29所示。

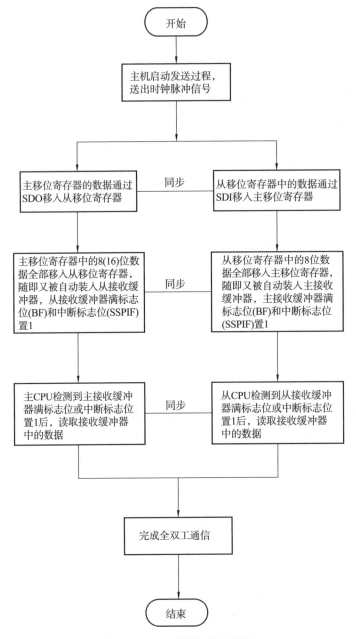

图 7.29　SPI 全双工通信流程

2）STM32 系列芯片的内置 SPI 模块

STM32 内置 SPI 模块结构如图 7.30 所示，该模块提供两个主要功能，支持 SPI 协议或 I²S 音频协议。默认情况下，选择的是 SPI 功能，可通过软件将接口从 SPI 切换到 I²S。

SPI 可与外部设备进行半双工/全双工的同步串行通信。该接口可配置为主模式，在这种情况下，它可为外部从设备提供通信时钟（SCK）。该接口还能够在多主模式配置下工作。它可用于多种用途，包括基于双线的单工同步传输，其中一根可作为双向数据线，或使用 CRC 校验实现可靠通信。

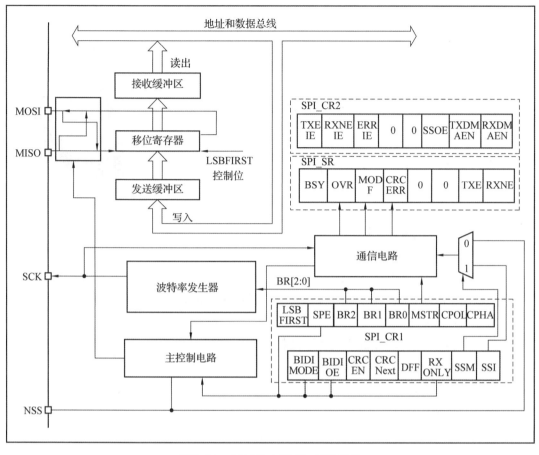

图 7.30 STM32 内置 SPI 模块结构

通常，SPI 通过以下 4 个引脚与外部设备连接。

（1）MISO：主输入/从输出数据。此引脚可用于在从模式下发送数据和在主模式下接收数据。

（2）MOSI：主输出/从输入数据。此引脚可用于在主模式下发送数据和在从模式下接收数据。

（3）SCK：用于 SPI 主设备的串行时钟输出以及 SPI 从设备的串行时钟输入。

（4）NSS：从设备选择。这是用于选择从设备的可选引脚，此引脚用作"片选"。

 # 7.4　USB 通用串行总线

通用串行总线（Universal Serial Bus，USB）的出现是为了解决计算机外围设备的拥挤和提高设备的传输速度，其引脚说明如图 7.31 所示。USB 协议发展至今主要经历了 3 个阶段：USB1.1，USB2.0，USB3.0。新协议是在旧协议上的扩充，同时向下兼容。新协议最显著的扩充是速度的大幅提升。USB 的最大理论传输速率远高于一般的串行总线接口。现有的 USB 外设包括数字照相机、音箱、游戏杆、调制解调器、键盘、鼠标、扫描仪、打印机、光驱、软驱等。USB 接口已经成为计算机的标准配置之一。

USB1.1 传输速率为 12 Mbit/s，支持即插即用，可以满足一般外设的数据要求，如打印机、扫描仪、外部存储设备和各种数码设备。

USB2.0 是对 USB1.1 的扩充，其传输速率达到了 480 Mbit/s，可以基本满足大量数据传输的要求。

USB3.0 是最新的 USB 规范，最大传输速率高达 5.0 Gbit/s，与并行总线速度非常接近，可完全满足视频传输等大量数据传输的要求。

红 白 绿 黑
Vcc−D+D GND
1 2 3 4

图 7.31 USB 引脚说明

1) USB 模块主要特征

USB 模块主要包括以下特征。

(1) 符合 USB2.0 全速设备的技术规范。

(2) 可配置 1～8 个 USB 端点。

(3) CRC(循环冗余校验)生成/校验，反向不归零(NRZI)编码/解码和位填充。

(4) 支持同步传输。

(5) 支持批量/同步端点的双缓冲区机制。

(6) 支持 USB 挂起/恢复操作。

(7) 帧锁定时钟脉冲生成。

2) USB 功能模块描述

USB 模块实现了标准 USB 接口的所有特性，它由以下部分组成。

(1) 串行接口引擎(Serial Interface Engine，SIE)：该部分包括帧头同步域的识别、位填充、CRC 校验、PID 的验证/产生和握手分组处理等功能。它与 USB 收发器交互，利用分组缓冲接口提供的虚拟缓冲区存储局部数据。它也根据 USB 事件和类似于传输结束或一个包正确接收等与端点相关事件生成信号，如帧首(Start of Frame)、USB 复位、数据错误等，这些信号用来产生中断。

(2) 定时器：本部分的功能是产生一个与帧开始报文同步的时钟脉冲，并在 3 ms 内没有数据传输的状态，检测出(主机的)全局挂起条件。

(3) 分组缓冲器接口：此部分管理那些用于发送和接收的临时本地内存单元。它根据 SIE 的要求分配合适的缓冲区，并定位到端点寄存器所指向的存储区地址。它在每个字节传输后，自动递增地址，直到数据分组传输结束。它记录传输的字节数并防止缓冲区溢出。

(4) 端点相关寄存器：每个端点都有一个与之相关的寄存器，用于描述端点类型和当前状态。对于单向和单缓冲器端点，一个寄存器就可以用于实现两个不同的端点。一共 8 个寄存器，可以用于实现最多 16 个单向/单缓冲的端点或者 7 个双缓冲的端点或者这些端点的组合。例如，可以同时实现 4 个双缓冲端点和 8 个单缓冲/单向端点。

(5) 控制寄存器：这些寄存器包含整个 USB 模块的状态信息，用来触发诸如恢复、低功耗等 USB 事件。

(6)中断寄存器：这些寄存器包含中断屏蔽信息和中断事件的记录信息。配置和访问这些寄存器可以获取中断源、中断状态等信息，并能清除待处理中断的状态标志。

3）APB1 接口部件

USB 模块通过 APB1 接口部件与 APB1 总线相连，APB1 接口部件包括以下部分。

(1)分组缓冲区：数据分组缓存在分组缓冲区中，它由分组缓冲接口控制并创建数据结构。应用软件可以直接访问该缓冲区，它的大小为 512 字节，由 256 个 16 位字构成。

(2)仲裁器：该部件负责处理来自 APB1 总线和 USB 接口的存储器请求。它通过向 APB1 提供较高的访问优先权来解决总线的冲突，并且总是保留一半的存储器带宽供 USB 完成传输。它采用时分复用的策略实现了虚拟的双端口 SRAM，即在 USB 传输的同时，允许应用程序访问存储器。此策略也允许任意长度的多字节 APB1 传输。

(3)寄存器映射单元：此部件将 USB 模块的各种字节宽度和位宽度的寄存器映射成能被 APB1 寻址的 16 位宽度的内存集合。

(4)APB1 封装：此部件为缓冲区和寄存器提供了到 APB1 的接口，并将整个 USB 模块映射到 APB1 地址空间。

(5)中断映射单元：将可能产生中断的 USB 事件映射到 3 个不同的 NVIC 请求线上。

7.5 CAN 总线

▶▶▶ 7.5.1 CAN 总线基本原理 ▶▶▶

控制器局域网(Controller Area Network，CAN)总线是国际上应用最广泛的现场总线之一。最初，CAN 被设计为汽车环境中的微控制器通信，在车载各电子控制单元之间交换信息，形成汽车电子控制网络。在发动机管理系统、变速箱控制器、仪表装备和电子主干系统中，均嵌有 CAN 控制装置。

CAN 总线是一种多主方式的串行通信总线，基本设计规范要求有较高的位速率、高抗电磁干扰性，而且能够检测出产生的任何错误。当信号传输距离达到 10 km 时，CAN 总线仍可提供高达 50 kbit/s 的数据传输速率。由于 CAN 总线具有很高的实时性能，因此，其在汽车工业、航空工业、工业控制、安全防护等领域中得到了广泛应用。CAN 总线协议现在有两个版本，分别为 2.0A 和 2.0B。它们的差别只是在地址位数上，2.0A 提供了 11 位地址，而 2.0B 提供了 29 位地址，现在一般都采用 2.0B 协议。

CAN 通信并不是以时钟信号来进行同步的，它是一种异步通信，只具有 CAN_High 和 CAN_Low 两根信号线，这两根信号线共同构成一组差分信号线，以差分信号的形式进行通信。

1）闭环总线网络

图 7.32 中的 CAN 通信网络是一种遵循 ISO 11898 标准的高速、短距离闭环网络，它的总线最大长度为 40 m，通信速率最高为 1 Mbit/s，总线的两端各要求有一个 120 Ω 的电阻。

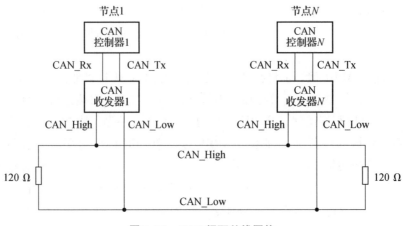

图 7.32　CAN 闭环总线网络

2）开环总线网络

图 7.33 是遵循 ISO 11519-2 标准的低速、远距离开环网络，它的最大传输距离为 1 km，最高通信速率为 125 kbit/s，两根总线是独立的、不形成闭环，要求每根总线上各串联有一个 2.2 kΩ 的电阻。

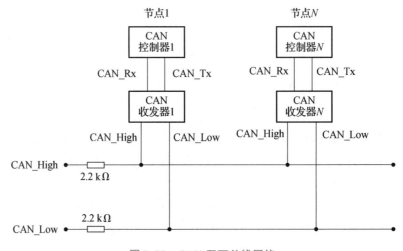

图 7.33　CAN 开环总线网络

3）通信节点

从 CAN 通信网络图可了解到，CAN 总线上可以挂载多个通信节点，节点之间的信号经过总线传输，实现节点间通信。由于 CAN 通信协议不对节点进行地址编码，而是对数据内容进行编码，所以网络中的节点个数理论上不受限制，只要总线的负载足够即可。可以通过中继器增强负载。

CAN 通信节点由一个 CAN 控制器及 CAN 收发器组成，控制器与收发器之间通过 CAN_Tx 及 CAN_Rx 信号线相连，收发器与 CAN 总线之间使用 CAN_High 及 CAN_Low 信号线相连。其中，CAN_Tx 及 CAN_Rx 使用普通的类似 TTL 逻辑信号，而 CAN_High 及 CAN_Low 是一对差分信号线，使用比较特别的差分信号。

当 CAN 节点需要发送数据时，控制器把要发送的二进制编码通过 CAN_Tx 信号线发送到收发器，然后由收发器把这个普通的逻辑电平信号转化成差分信号，再通过 CAN_High 和 CAN_Low 信号线输出到 CAN 总线网络。而通过收发器接收总线上的数据到控制器时，则是相反的过程，收发器把总线上收到的 CAN_High 及 CAN_Low 信号转化成普通的逻辑电平信号，通过 CAN_Rx 输出到控制器中。

4）CAN 的波特率及位同步

由于 CAN 属于异步通信，没有时钟信号线，所以连接在同一个总线网络中的各个节点会像串口异步通信那样，节点间使用约定好的波特率进行通信。特别地，CAN 还会使用"位同步"的方式来抗干扰、吸收误差，实现对总线电平信号的正确采样，确保通信正常。

5）报文的种类

CAN 一共规定了 5 种类型的帧，其类型及用途说明如表 7.3 所示。

表 7.3　CAN 帧类型

帧	帧用途
数据帧	用于节点向外传输数据
遥控帧	用于向远端节点请求数据
错误帧	用于向远端节点通知校验错误，请求重新发送上一个数据
过载帧	用于通知远端节点：本节点尚未做好接收准备
帧间隔	用于将数据帧及遥控帧与前面的帧分离开来

▶▶ 7.5.2　STM32 的 CAN 模块 ▶▶▶

STM32 片内含有 bxCAN 模块，bxCAN 是基本扩展 CAN(Basic Extended CAN)的缩写，它支持 CAN 协议 2.0A 和 2.0B，波特率最高可达 1 Mbit/s。

1）特点

(1)发送：3 个发送邮箱，发送报文的优先级特性可软件配置，记录发送 SOF 时刻的时间戳。

(2)接收：3 级深度的两个接收 FIFO，14 个位宽可变的过滤器组，标识符列表，FIFO(First Input First Output，先进先出)溢出处理方式可配置，记录接收 SOF 时刻的时间戳。

(3)时间触发通信模式：禁止自动重传模式，16 位自由运行定时器，可在最后两个数据字节发送时间戳。

(4)管理：中断可屏蔽，邮箱占用单独 1 块地址空间，便于提高软件效率。

2）工作方式

bxCAN 有 3 个主要的工作模式：初始化、正常和睡眠模式。在硬件复位后，bxCAN 工作在睡眠模式以节省电能，同时 CANTX 引脚的内部上拉电阻被激活。软件通过对 CAN_MCR 寄存器的 INRQ 或 SLEEP 位置 1，可以请求 bxCAN 进入初始化或睡眠模式。一旦进入了初始化或睡眠模式，bxCAN 就对 CAN_MSR 寄存器的 INAK 或 SLAK 位置 1 来进行确认，同时内部上拉电阻被禁用。当 INAK 和 SLAK 位都为 0 时，bxCAN 就处于正常模式。

在进入正常模式前，bxCAN 必须跟 CAN 总线取得同步；为取得同步，bxCAN 要等待 CAN 总线达到空闲状态，即在 CANRX 引脚上监测到 11 个连续的隐性位。

3）中断

bxCAN 占用 4 个专用的中断向量。通过设置 CAN 中断允许寄存器（CAN_IER），每个中断源都可以单独允许和禁用。

7.6 以太网接口

以太网（Ethernet）是应用最广泛的局域网通信方式，同时也是一种协议。以太网协议定义了一系列软件和硬件标准，从而将不同的计算机设备连接在一起。以太网设备组网的基本元素有交换机、路由器、集线器、光纤和普通网线，以及以太网协议和通信规则。以太网中网络数据连接的端口就是以太网接口。

1）以太网接口协议 TCP/IP

以太网协议定义了一系列软件和硬件标准，从而将不同的计算机设备连接在一起，下面将介绍以太网接口协议 TCP/IP。

整个通信网络的任务可以划分成不同的功能块，即抽象成所谓的"层"。用于互联网的协议可以比照 TCP/IP 参考模型进行分类。TCP/IP 栈起始于第三层协议 IP（互联网协议），如图 7.34 所示。

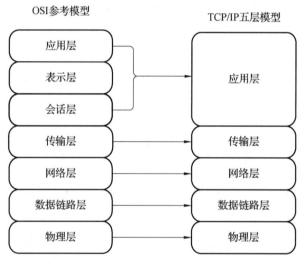

图 7.34 TCP/IP 栈

2）以太网接口在嵌入式系统上的实现

由于 TCP/IP 比较复杂，很少集成到 MCU 内部，所以一般采用专用集成电路与 MCU 共同实现以太网通信，典型以太网接口芯片 W5500 介绍如下。

W5500 芯片是一款集成全硬件 TCP/IP 栈的嵌入式以太网控制器，同时也是一款工业级以太网控制芯片。W5500 支持高速标准 4 线 SPI 接口与主机进行通信，该 SPI 速率理论上可以达到 80 MHz。其内部还集成了以太网数据链路层（Media Access Control，MAC）和

10BaseT/100BaseTX 以太网物理层(Physical Layer, PHY),支持自动协商(10/100-Based 全双工/半双工)、掉电模式和网络唤醒功能。与传统软件协议栈不同,W5500 内嵌的 8 个独立硬件 Socket(套接字)可以进行 8 路独立通信,该 8 路 Socket 的通信效率互不影响,可以通过 W5500 片上 32 KB 的收/发缓存灵活定义各个 Socket 的大小。

W5500 提供了 SPI 作为外设主机接口,有 SCSN、SCLK、MOSI、MISO 共 4 路信号,且作为 SPI 从机工作。

W5500 的工作模式分为可变数据长度模式和固定数据长度模式,在可变数据长度模式中,W5500 可以与其他 SPI 设备共用 SPI 接口。但是,一旦将 SPI 接口指定给 W5500 之后,则不能再与其他 SPI 设备共用。W5500 与 MCU 连接图(可变数据长度模式)如图 7.35 所示。

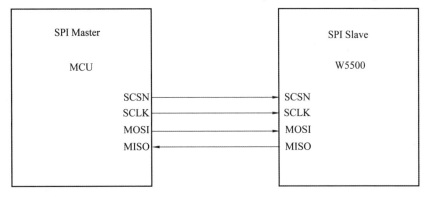

图 7.35 W5500 与 MCU 连接图(可变数据长度模式)

 ## 7.7 蓝 牙
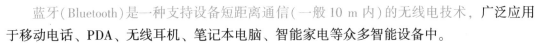

蓝牙(Bluetooth)是一种支持设备短距离通信(一般 10 m 内)的无线电技术,广泛应用于移动电话、PDA、无线耳机、笔记本电脑、智能家电等众多智能设备中。

蓝牙采用分散式网络结构,以及快跳频和短包技术,支持点对点及点对多点通信,工作在全球通用的 2.4 GHz ISM 频段。其数据速率为 1 Mbit/s,采用时分双工传输方案实现。全双工传输蓝牙 4.0 是蓝牙 3.0+HS 规范的补充,专门面向对成本和功耗都有较高要求的无线方案,是一个双模的标准。它包含传统蓝牙部分和低功耗蓝牙部分,主要应用于智能设备领域。

蓝牙技术的无线电收发器的链接距离可达 10 m,不限制在直线范围内,甚至设备不在同一间房内也能相互链接;并且可以连接多个设备,最多可达 7 个,能够把用户身边的设备都链接起来,形成一个"个人领域的网络"(Personal Area Network)。

7.7.1 蓝牙技术的工作原理

1)蓝牙通信的主从关系

蓝牙主从结构如图 7.36 所示。

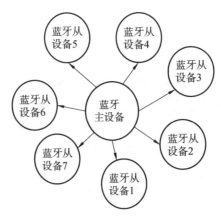

图 7.36 蓝牙主从结构

　　蓝牙技术规定每一对设备之间进行蓝牙通信时，必须一个为主角色，另一个为从角色，这样才能进行通信，通信时必须由主端进行查找，发起配对，配对成功后，双方即可收发数据。理论上一个蓝牙主设备，可同时与 7 个蓝牙从设备进行通信。一个具备蓝牙通信功能的设备，可以在两个角色间切换，平时工作在从模式，等待其他主设备来连接，需要时转换为主模式，向其他设备发起呼叫。一个蓝牙设备以主模式发起呼叫时，需要知道对方的蓝牙地址、配对密码等信息，配对完成后，可直接发起呼叫。

　　2）蓝牙的呼叫过程

　　蓝牙呼叫过程如图 7.37 所示。

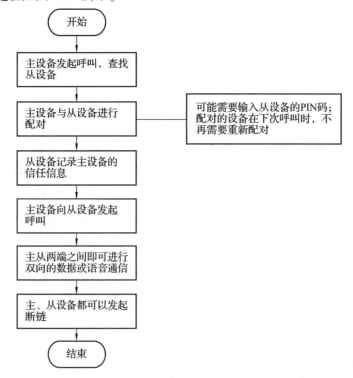

图 7.37 蓝牙呼叫过程

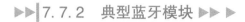

▶▶▌7.7.2　典型蓝牙模块 ▶▶ ▶

蓝牙数据传输应用中，一对一串口数据通信是最常见的应用之一，蓝牙设备在出厂前即提前设置好两个蓝牙设备之间的配对信息，主设备预存有从设备的 PIN 码、地址等，两端设备加电即自动建链，透明串口传输，无须外围电路干预。一对一应用中从设备可以设为两种类型，一是静默状态，即只能与指定的主端通信，不被别的蓝牙设备查找；二是开发状态，既可被指定主端查找，也可以被别的蓝牙设备查找建链。图 7.38、图 7.39 为分别用计算机和开发板 I/O 扩展口挂接 ATK-HC05 模块，实现两个蓝牙模块的主从对接通信的系统框架和通信流程。

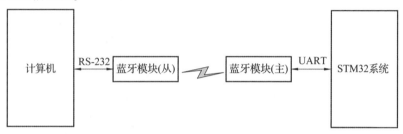

图 7.38　蓝牙模块主从对接通信的系统框架

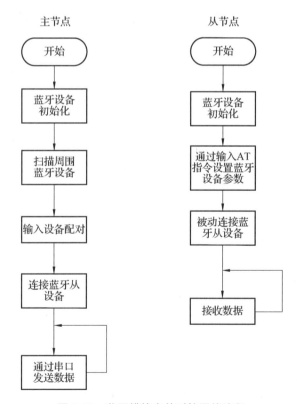

图 7.39　蓝牙模块主从对接通信流程

蓝牙模块选用 LSD4BT-L74MLSP2，如图 7.40 所示，其特点是基于 Bluetooth SIG 发布的 Bluetooth Low Energy 标准设计的标准低功耗蓝牙(Bluetooth Low Energy，BLE)透传模块，

通过串口和 PWR_CTL 引脚进行控制，同时也支持通过主机端进行无线控制，工程师无须关注复杂的蓝牙协议栈，就可在短期内开发出标准低功耗蓝牙(BLE)产品。通过串口控制建立连接后，可以在 BLE 主机和从机之间实现双向数据传输。

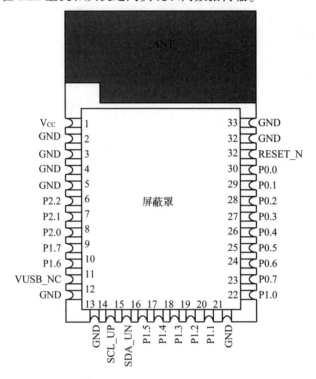

图 7.40　LSD4BT-L74MLSP2

主要指标如下。

(1)射频 2.4 GHz。

(2)发射功率：0 dBm(最大)、-6dBm、-23 dBm 三个等级，可命令配置。

(3)睡眠功耗(电流) 0.5 μA(蓝牙关闭，MCU 睡眠)，最小工作功耗(电流)11 μA。

功能概述如下。

(1)支持完全透明传输。

(2)支持串口命令修改和获取模块设置。

(3)功耗和性能可自主权衡选择。

(4)最快单向通信速率可超过 3 kbit/s。

(5)支持最大 200 字节的串口大数据包，模块自主缓存分包。

(6)可为串口或主机配置(或读取)波特率、连接间隔、设备名称、配对加密功能、广播间隔等参数。

(7)具有丰富的 I/O 控制、状态指示功能，可更简单实时地控制模块和获取模块状态。

(8)更简单的软硬件设计需求。

LSD4BT-L74MLSP2 引脚功能如表 7.4 所示。

表 7.4 LSD4BT-L74MLSP2 引脚功能

端口	功能	方向	备注说明
—	VCC	—	典型 3.3 V
—	GND	—	接地
P1.4	UART_RX	I	模块串口接收端
P1.5	UART_TX	O	模块串口发送端
P1.7	BRT	I	休眠控制引脚(不可悬空) 置低:唤醒模块,并且不允许模块进入休眠状态 置高:允许模块进入休眠状态
P0.0	BRE	O	休眠状态指示引脚 高电平:指示模块此时处于休眠状态 低电平:指示模块此时处于激活状态
P0.2	BTT	O	数据指示引脚 高电平:指示模块此时没有数据要发送给 MCU 低电平:指示模块即将或正有数据发送给 MCU
P0.1	BT_CTL	I	蓝牙控制引脚(不可悬空) 置高:关闭蓝牙功能,停止广播或断开连接 置低:开始蓝牙广播,使它可以被主机(手机)发现
P1.2	MODE_CTL	I	模式控制引脚(不可悬空) 置高:进入并保持透传模式 置低:进入并保持命令模式
P1.6	CONN_STAT	O	连接状态指示引脚 高电平:指示模块处于连接状态 低电平:指示模块处于未连接状态
—	RESET_N	I	模块复位引脚 高电平:模块正常运行 低电平:模块保持复位
P1.0	STAT_INDY	O	状态指示,上电之后拉高 2 s 该引脚要保持悬空
P0.3	BUSY	O	数据拥塞指示(透传模式下才有意义,命令模式下无意义) 高电平:指示 MCU 可以继续向模块写入不超过 200 字节的数据 低电平:指示 MCU 不应该继续向模块写入数据
—	NC	—	不连接

7.8 Wi-Fi

802.11 标准是 IEEE 制定的一个无线局域网标准,用于解决办公室局域网和校园网中用户与用户终端的无线接入，业务主要限于数据存取。Wi-Fi 标准为 IEEE 802.11b/g/n，工作频段是 2.4 ~ 2.483 5 GHz 的 ISM(Industrial, Scientific and Medical，工业、科学和医疗) 免牌照频段，传输速率分别可达 11 Mbit/s、54 Mbit/s、600 Mbit/s。

　　Wi-Fi 的主要特性：速度快，可靠性高，在开放性区域，通信距离可达 300 m，在封闭性区域，通信距离为 76 ~ 122 m，方便与现有的有线以太网整合，工业上也常用透传 Wi-Fi 作为无线数据传输。Wi-Fi 网络结构如图 7.41 所示。

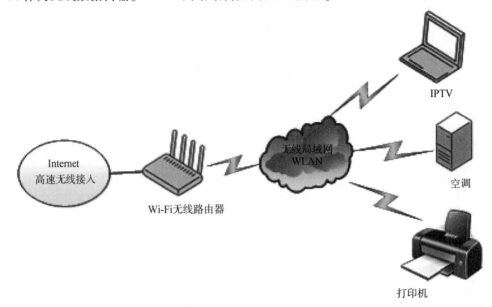

图 7.41　Wi-Fi 网络结构

　　ATK-ESP8266 Wi-Fi 模块是 ALIENTEK 推出的一款高性能的 UART-Wi-Fi(串口-无线 Wi-Fi)模块，ATK-ESP8266 板载 ai-thinker 公司的 ESP8266 模块，该模块通过 FCC、CE 认证。ATK-ESP8266 模块采用串口(LVTTL)与 MCU(或其他串口设备)通信，内置 TCP/IP 栈，能够实现串口与 Wi-Fi 之间的转换。ATK-ESP8266 模块支持 LVTTL 串口，兼容 3.3 V 和 5 V MCU 系统，可以很方便地与产品进行连接。该模块支持串口转 Wi-Fi STA、串口转 AP 和 Wi-Fi STA+Wi-Fi AP 的模式，从而快速构建串口-无线 Wi-Fi 数据传输方案，方便设备使用互联网传输数据。

　　ESP-8266 相关参数如表 7.5 所示，ESP-8266 模块引脚如表 7.6 所示，ESP-8266 命令 AT 指令(是应用于终端设备与 PC 应用之间的连接与通信的指令)如表 7.7 所示。

表 7.5　ESP-8266 相关参数

产品型号	ESP-8266 Wi-Fi
工作温度	-40 ~ 125 ℃
工作湿度	10% ~ 90% RH
频率范围	2.412 GHz ~ 2.484 GHz
发射功率	11 ~ 18 dBm

续表

网络标准	无线标准：IEEE 802.11b、IEEE 802.11g
工作电压	3.3~5 V
传输速率	802.11b：最高可达 11 Mbit/s；802.11g：最高可达 54 Mbit/s
尺寸	19 mm×29 mm

表 7.6   ESP-8266 模块引脚

引脚	定义
Pin1	V$_{\mathrm{CC}}$ 电源(3.3~5 V)
Pin2	GND 接地端
Pin3	TXD 模块串口发送引脚(TTL 电平，不能直接接 RS-232 电平)
Pin4	RXD 模块串口接收引脚(TTL 电平，不能直接接 RS-232 电平)
Pin5	RST 复位(低电平有效)
Pin6	IO_0 选择固件模式，低电平为烧写模式，高电平为运行模式(默认)

表 7.7   ESP-8266 命令 AT 指令

指令关键字	指令作用	响应
AT	测试指令	OK
AT+RST	重启模块指令	OK
AT+GMR	查看版本信息	AT version，SDK version，company，date，OK
ATE	开关回显功能，ATE 关闭回显，ATE 开启回显	OK
AT+RESTORE	恢复出厂设置	OK
AT+UART	设置串口配置	OK
AT+CWMODE=mode	设置 Wi-Fi 应用模式	OK
AT+CWMODE?	响应返回当前模块的模式	+CWMODE：mode；OK
AT+CWLIF	查看已接入设备的 IP	已连接所有设备的 IP 地址
AT+CIPMUX	启动多连接	OK
AT+CWJAP	加入 AP	OK
AT+CWQAP	退出与 AP 的连接	OK
AT+CWSMARTSTART	启动智能连接	OK 或者 ERROR
AT+CWSMARTSTOP	停止智能连接	OK 或者 ERROR

本章小结

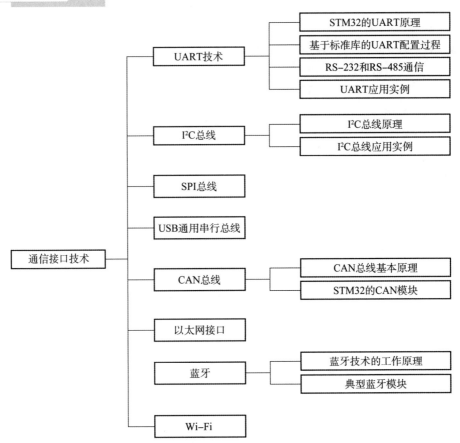

习 题

一、选择题。

1. UART 技术的特点是数据在线路上传输时是以一个字符(字节)为单位,未传输时线路处于(　　)状态。

　A. 空闲　　　　　　B. 监听　　　　　　C. 读取　　　　　　D. 写入

2. 任何 USART 双向通信至少需要(　　)个引脚。

　A. 1　　　　　　　B. 2　　　　　　　C. 3　　　　　　　D. 4

3. SPI 总线中由(　　)引脚产生时钟信号。

　A. SCLK　　　　　B. MOSI(SDO)　　　C. MISO(SDI)　　　D. CS

4. USB 模块中(　　)部分功能是产生一个与帧开始报文同步的时钟脉冲。

　A. SIE　　　　　　　　　　　　　　B. 端点相关寄存器

　C. 定时器　　　　　　　　　　　　D. 分组缓冲器接口

5. CAN 一共规定了 5 种类型的帧,其中数据帧的用途为(　　)。

　A. 用于节点向外传输数据

　B. 用于向远端节点请求数据

C. 用于向远端节点通知校验错误，请求重新发送上一个数据

D. 用于通知远端节点：本节点尚未做好接收准备

二、填空题。

1. STM32 的 USART 提供了一种灵活的方法与使用工业标准异步串行数据格式的外部设备之间进行_____数据交换。

2. UART 的特点是数据在线路上传输时是以一个字符（字节）为单位，未传输时线路处于_____，空闲线路约定为_____。

3. 任何 USART 双向通信至少需要两个引脚：_____和_____。

4. I²C 总线采用_____和_____两根线进行数据传输，接口十分简单，是应用非常广泛的芯片间串行通信总线。

5. I²C 总线开始信号：SCL 为_____，SDA 为_____，开始传输数据。

6. I²C 总线结束信号：SCL 为_____，SDA 为_____，结束传输数据。

7. SPI 的_____引脚用于 SPI 主设备的串行时钟输出及 SPI 从设备的串行时钟输入。

8. SPI 的_____引脚用于从设备选择，这是用于选择从设备的可选引脚。

9. USB3.0 是最新的 USB 规范，最大传输带宽高达_____，与并行总线速度非常接近，可完全满足视频传输等大量数据传输的要求。

10. SIE：该模块包括_____、_____、_____、_____和_____等。

三、简答题。

1. 简述 UART 通信的特点。

2. 简单说明 USART 结构特点。

3. 简述 I²C 总线的原理及优点。

4. 描述 SPI 总线原理。

5. 简述 USB 模块的主要特征。

第7章习题答案

第 8 章
嵌入式测控系统接口技术

 学习目标 ▶▶ ▶

1. 理解嵌入式测控系统结构。
2. 掌握 STM32 的片内 A/D 工作原理与应用编程。
3. 掌握典型数字量输出传感器接口的软硬件设计。
4. 掌握典型模拟量输出传感器接口的软硬件设计。
5. 掌握 STM32 的 PWM 输出控制原理与应用编程。

 ## 8.1 嵌入式测控系统概述

　　典型嵌入式测控系统如图 8.1 所示。检测对象包括各种非电量信号，如温湿度、光、烟雾、振动等，非电量信号经过传感器转化为电信号，如果是数字传感器，则输出的是数字信号，可直接进入 MCU；如果是模拟传感器，则输出的是模拟信号，要经过 ADC 转换成数字信号再进入 MCU，MCU 对输入的传感信号进行处理后，按照具体控制逻辑，输出控制信号(一般为 PWM)，再经过功率放大，输出到如电动机等各种执行机构，控制执行机构的动作。

　　目前来讲，模拟传感器模块化、数字化的趋势越来越明显，但由于受工作环境(如高温等)和电子工艺水平的限制，有些场合还使用模拟传感器。

　　很多中高挡的 MCU 在芯片上集成了模数转换(Analogue to Digital，A/D)和数模转换(Digital to Analogue，D/A)模块，进一步简化了系统的硬件设计。STM32 内部含有 A/D 和 D/A 转换模块。

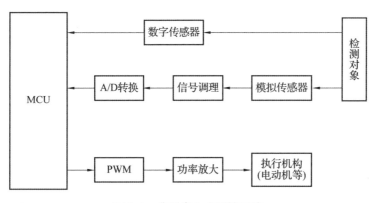

图8.1 典型嵌入式测控系统

8.2 传感器概述

1）定义

传感器是一种检测装置，能感受到被测量的信息（如温度、血压、湿度、速度等），并能将感受到的信息，按一定规律变换成电信号或其他所需形式的信息输出，以满足信息的传输、处理、存储、显示、记录和控制等要求。

2）类型

传感器根据属性分类如下。

温度传感器：热敏电阻、热电偶、电阻温度检测器（Resistance Temperature Detector，RTD）、集成电路（Integrated Circuit，IC）传感器等。

压力传感器：光纤、真空、弹性液体压力计、线性可变差动变压器（Linear Variable Displacement Transducer，LVDT）。

流量传感器：电磁、压差、位置位移、热质量传感器等。

液位传感器：压差、超声波射频、雷达、热位移传感器等。

接近和位移传感器：LVDT、光电传感器、电容传感器、磁传感器、超声波传感器。

生物传感器：共振镜、电化学传感器、表面等离子体共振传感器、光寻址电位测量传感器。

图像：电荷耦合器件、CMOS。

气体和化学传感器：半导体、红外、电导、电化学传感器。

加速度传感器：陀螺仪、加速度计。

其他：湿度传感器、速度传感器、质量传感器、倾斜传感器、力传感器、黏度传感器。

根据传感器的电源或能量供应要求进行如下分类。

有源传感器：需要电源的传感器，如激光雷达（光探测和测距）、光电导单元。

无源传感器：不需要电源的传感器，如辐射计、胶片摄影。

根据应用分类如下。

工业用途：工业过程控制、测量和自动化传感器。

非工业用途：飞机、医疗产品、汽车、消费电子产品及其他类型的传感器。

8.3　STM32 内部 A/D 模块

▶▶ 8.3.1　A/D 转换主要指标 ▶▶ ▶

1）分辨率

ADC 的分辨率以输出二进制数的位数来表示，表明 ADC 对输入信号的分辨能力。如 A/D 模块 C0809 芯片是 8 位输出，其分辨率为 8 位。n 位输出的 ADC 能区分 $2n$ 个不同等级的输入模拟电压，能区分输入电压的最小值为满量程输入的 $1/2n$。在最大输入电压（参考电压）一定时，输出位数越多，分辨率越高。例如，ADC 输出为 8 位二进制数，输入信号最大值为 5 V，那么这个转换器应能区分出输入信号的最小电压为 5/256 V = 19.53 mV。ADC 的输出数字量与其对应的输入模拟电压之间的关系：输出数字量/2n = 输入模拟电压/参考电压。

2）转换误差

转换误差通常是以输出误差的最大值形式给出的。它表示 ADC 实际输出的数字量和理论上输出的数字量之间的差别，常用最低有效位的倍数表示。例如，给出相对误差 $\leqslant \pm LSB/2$，这就表明实际输出的数字量和理论上应得到的输出数字量之间的误差小于或等于最低位的半个字。

3）转换时间

转换时间是指 ADC 从转换控制信号到来开始，到输出端得到稳定的数字信号所用的时间。ADC 的转换时间与转换电路的类型有关。不同类型的转换器的转换速度相差甚远。其中，并行比较 ADC 的转换速度最高，8 位二进制输出的单片集成 ADC 的转换时间可小于 50 ns，逐次比较型 ADC 次之，其转换时间为 10 ~ 50 μs，间接 ADC 的转换速度最慢，如双积分 ADC 的转换时间在几十毫秒至几百毫秒之间。

▶▶ 8.3.2　内部 A/D 模块特点 ▶▶ ▶

STM32F103 系列有 3 个 ADC，精度为 12 位，每个 ADC 最多有 16 个外部通道。其中，ADC1 和 ADC2 都有 16 个外部通道，ADC3 根据 CPU 引脚的不同通道数也不同，一般有 8 个外部通道。STM32 内部 A/D 模块结构如图 8.2 所示，其 ADC 引脚如表 8.1 所示。

表 8.1　STM32 的 ADC 引脚

名称	信号类型	注解
V_{REF+}	输入，模拟参考正极	ADC 使用的正极参考电压，2.4 V $\leqslant V_{REF+} \leqslant V_{DDA}$
V_{DDA}	输入，模拟电源	模拟电源 2.4 V $\leqslant V_{DDA} \leqslant V_{DD}$
V_{REF-}	输入，模拟参考负极	ADC 使用的负极参考电压，一般直接连接 V_{SSA}
V_{SSA}	输入，模拟电源地	模拟电源地
ADC_IN[15：0]	模拟输入信号	16 个模拟输入通道

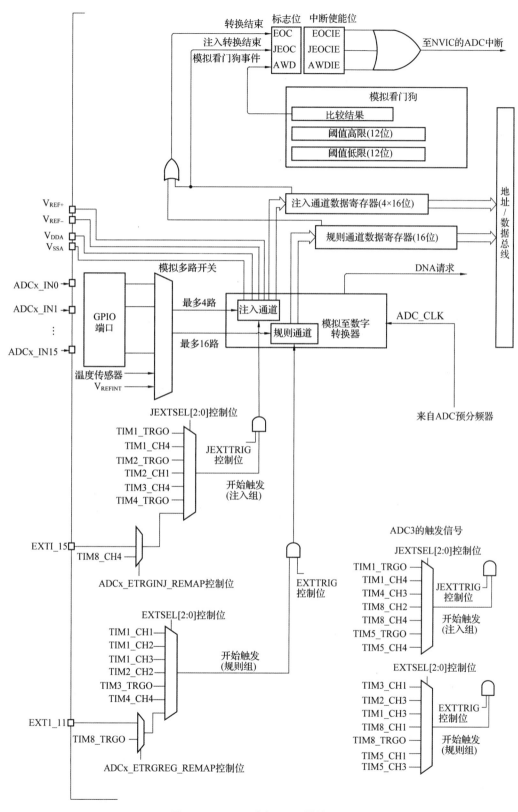

图 8.2　STM32 内部 A/D 模块结构

根据图 8.2，说明如下。

（1）电压输入范围。ADC 电压输入范围：$V_{REF-} \leqslant V_{IN} \leqslant V_{REF+}$。其由 V_{REF-}、V_{REF+}、V_{DDA}、V_{SSA} 这 4 个外部引脚决定。V_{SSA} 和 V_{REF-} 接地，把 V_{REF+} 和 V_{DDA} 接 3 V 电压，得到 ADC 的输入电压范围为 0~3.3 V。在 64 脚以下的 CPU 中，没有 V_{REF-} 和 V_{REF+} 这两个引脚，ADC 电压输入范围直接由 V_{DDA} 和 V_{SSA} 决定。

（2）输入通道。STM32 的 ADC 多达 18 个通道，其中外部的 16 个通道就是图 8.2 中的 ADCx_IN0、ADCx_IN1、…、ADCx_IN5。这 16 个通道对应着不同的 I/O 口，其中 ADC1/2/3 还有内部通道：ADC1 的通道 16 连接到了芯片内部的温度传感器，V_{REFINT} 连接到了通道 17。ADC2 的模拟通道 16 和 17 连接到了内部的 V_{SS}。ADC3 的模拟通道 9、14、15、16 和 17 连接到了内部的 V_{SS}。

外部的 16 个通道在转换的时候又分为规则通道和注入通道，其中规则通道最多有 16 路，注入通道最多有 4 路。

①规则通道：按照规则序列寄存器里的值进行转换的通道。

②注入通道：一种在规则通道转换的时候强行插入要转换的通道。如果在规则通道转换过程中，有注入通道插队，那么就要先转换完注入通道，等注入通道转换完成后，再回到规则通道的转换流程。这种机制类似于中断。注入通道只有在规则通道存在时才会出现。

（3）转换顺序。

①规则序列：规则序列寄存器有 3 个，分别为 SQR3、SQR2、SQR1。SQR3 控制着规则序列中的第 1~6 个转换；SQR2 控制着规则序列中的第 7~12 个转换；SQR1 控制着规则序列中的第 13~16 个转换。

②注入序列：注入序列寄存器 JSQR 只有一个，最多支持 4 个通道，具体多少个由 JSQR 的 JEXTSEL[2：0] 决定。

（4）触发源。ADC 转换可以由 ADC 控制寄存器 2（ADC_CR2）的 ADON 位来控制，这是最常规的触发方式；ADC 还支持触发转换，这个触发包括内部定时器触发和外部 I/O 触发。

（5）转换时间。

①ADC 时钟。ADC 输入时钟 ADC_CLK 由 PCLK2 经过分频产生，最大是 14 MHz，分频因子由 RCC 时钟配置寄存器 RCC_CFGR 的位 15：14 设置，可以是 2/4/6/8 分频，一般设置 PCLK2=HCLK=72 MHz。

②采样时间。ADC 使用若干个 ADC_CLK 周期对输入的电压进行采样，采样的周期数可通过 ADC 采样时间寄存器 ADC_SMPR1 和 ADC_SMPR2 中的 SMP[2：0] 位设置，ADC_SMPR2 控制的是通道 0~9，ADC_SMPR1 控制的是通道 10~17。每个通道可以分别用不同的时间采样。其中，采样周期最小是 1.5 个 ADC_CLK。

ADC 的转换时间跟 ADC 的输入时钟和采样时间有关，公式：$Tconv$＝采样时间+12.5 个周期。当 ADCLK=14 MHz（最高），采样时间设置为 1.5 周期（最快）时，总的转换时间（最短）$Tconv$=1.5 周期+12.5 周期=14 周期=1 μs。一般设置 PCLK2=72 MHz，经过 ADC 预分频器能分频到最大的时钟只能是 12 MHz，采样周期设置为 1.5 个周期，最短的转换时间为 1.17 μs。

③数据寄存器。ADC 转换后的数据根据转换组的不同，存放的位置不同，规则组的数

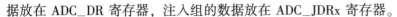

据放在 ADC_DR 寄存器，注入组的数据放在 ADC_JDRx 寄存器。

（6）中断。

①转换结束中断。数据转换结束后，可以产生转换结束中断，这是常规中断，有相应的中断标志位和中断使能位，可以根据中断类型写相应配套的中断服务程序。

②DMA 请求。规则和注入通道转换结束后，还可以产生 DMA 请求，把转换好的数据直接存储在内存里面。只有 ADC1 和 ADC3 可以产生 DMA 请求。

（7）电压转换。小容量的 STM32 芯片没有外部参考电压引脚，ADC 的参考电压直接取自 V_{DDA}，也就是 3.3 V。模拟电压经过 ADC 转换后，是一个 12 位的数字值，需要把数字电压转换成模拟电压，一般把 ADC 的输入电压范围设定在 0～3.3 V，因为 ADC 是 12 位的，所以 12 位满量程对应的就是 3.3 V，12 位满量程对应的数字值是 2^{12}。数值 0 对应的就是 0 V。如果转换后的数值为 X，X 对应的模拟电压为 Y，那么会有这么一个等式成立：$2^{12}/3.3=X/Y$，最后的转换公式为 $Y=(3.3X)/2^{12}$。

▶▶▶ 8.3.3　基于标准库的 A/D 配置过程 ▶▶▶

本小节介绍 STM32 的单次转换模式下的相关设置，用标准库的库函数来设定 ADC1 的通道 1 进行 A/D 转换。使用到的库函数位于 stm32f10x_adc. c 文件和 stm32f10x_adc. h 文件中。

（1）开启 PA 口和 ADC1 时钟，设置 PA1 为模拟输入。STM32F103R6 的 ADC 通道 1 在 PA1 上，使能 PORTA 时钟，然后设置 PA1 为模拟输入。使能 GPIOA 和 ADC 时钟用 RCC_APB2PeriphClockCmd 函数，设置 PA1 的输入方式用 GPIO_Init 函数。

（2）复位 ADC1，同时设置 ADC1 分频因子。ADC 时钟复位的库函数是 ADC_DeInit（ADC1），将 ADC1 的全部寄存器重设为默认值；通过 RCC_CFGR 设置 ADC1 的分频因子。分频因子要确保 ADC1 的时钟（ADC_CLK）不超过 14 MHz。如果设置分频因子为 6，则时钟为 72/6 MHz＝12 MHz，调用的库函数为 RCC_ADCCLKConfig（RCC_PCLK2_Div6）。

（3）初始化 ADC1 参数，设置 ADC1 的工作模式及规则序列的相关信息。调用的库函数为 ADC_Init（ADC_TypeDef ＊ ADCx，ADC_InitTypeDef ＊ ADC_InitStruct）。第一个参数用来指定 ADC 号；第二个参数是通过设置结构体成员变量的值来设定参数，代码如下：

```
typedef struct
{
uint32_t ADC_Mode;
FunctionalState ADC_ScanConvMode;
FunctionalState ADC_ContinuousConvMode;
uint32_t ADC_ExternalTrigConv;

uint32_t ADC_DataAlign;
uint8_t ADC_NbrOfChannel;
}ADC_InitTypeDef;
```

①参数 ADC_Mode 用来设置 ADC 的模式，选择独立模式 ADC_Mode_Independent。

②参数 ADC_ScanConvMode 用来设置是否开启扫描模式，单通道模式选择不开启，值为 DISABLE。

③参数 ADC_ContinuousConvMode 用来设置是否开启连续转换模式，单次转换模式选择不开启，值为 DISABLE。

④参数 ADC_ExternalTrigConv 用来设置启动规则转换组转换的外部事件，选择软件触发，值为 ADC_ExternalTrigConv_None。

⑤参数 ADC_DataAlign 用来设置 ADC 数据对齐方式是左对齐还是右对齐，选择右对齐方式，值为 ADC_DataAlign_Right。

⑥参数 ADC_NbrOfChannel 用来设置规则序列的长度，只开启一个通道，值为 1。

最终的设置如下。

```
ADC_InitTypeDef ADC_InitStructure;
ADC_InitStructure.ADC_Mode=ADC_Mode_Independent;
//ADC 工作模式：独立模式
ADC_InitStructure.ADC_ScanConvMode=DISABLE; //A/D 单通道模式
ADC_InitStructure.ADC_ContinuousConvMode=DISABLE;
//A/D 单次转换模式
ADC_InitStructure.ADC_ExternalTrigConv = ADC_ExternalTrigConv_
None;
//转换由软件而不是外部触发启动
ADC_InitStructure.ADC_DataAlign=ADC_DataAlign_Right;
//ADC 数据右对齐
ADC_InitStructure.ADC_NbrOfChannel=1;
//顺序进行规则转换的 ADC 通道的数目为 1
ADC_Init(ADC1, &ADC_InitStructure);
//根据指定的参数初始化外设 ADCx
```

(4)使能 ADC 并校准。

使能 ADC 的函数：ADC_Cmd(ADC1, ENABLE)。

执行复位校准的函数：ADC_ResetCalibration(ADC1)。

执行 ADC 校准的函数：ADC_StartCalibration(ADC1)。

每次进行校准之后要等待校准结束，通过获取校准状态来判断校准是否结束。复位校准和 A/D 校准的等待结束的函数为 ADC_GetResetCalibrationStatus(ADC1)和 ADC_GetCalibrationStatus(ADC1)。

(5)读取 ADC 值。设置规则序列 1 里面的通道、采样顺序及通道的采样周期，然后启动 ADC 转换。在转换结束后，读取 ADC 转换结果。设置规则序列通道及采样周期的函数是 ADC_RegularChannelConfig(ADC_TypeDef * ADCx, uint8_t ADC_Channel, uint8_t Rank, uint8_t ADC_SampleTime)。

规则序列中的第 1 个转换，同时采样周期为 239.5 个周期，所以设置为 ADC_RegularChannelConfig(ADC1, ch, 1, ADC_SampleTime_239Cycles5)。

软件开启 ADC 转换的函数为 ADC_SoftwareStartConvCmd(ADC1，ENABLE)。

开启转换之后，就可以获取 ADC 转换结果数据，函数为 ADC_GetConversionValue(ADC1)。

在 A/D 转换中，还需要根据状态寄存器的标志位来获取 A/D 转换的各个状态信息。获取 A/D 转换的状态信息的函数是 FlagStatus ADC_GetFlagStatus(ADC_TypeDef * ADCx, uint8_t ADC_FLAG)。

判断 ADC1 的转换是否结束的函数为 ADC_GetFlagStatus(ADC1，ADC_FLAG_EOC)。

▶▶▎8.3.4 A/D 模块应用实例 ▶▶ ▶

例 8.1 采用标准库编程方式，利用 STM32 内部的 A/D 模块，完成对直流电压的检测，并在 LCD(1602)上显示测量结果。其仿真结果如图 8.3 所示。

例 8.1 运行视频

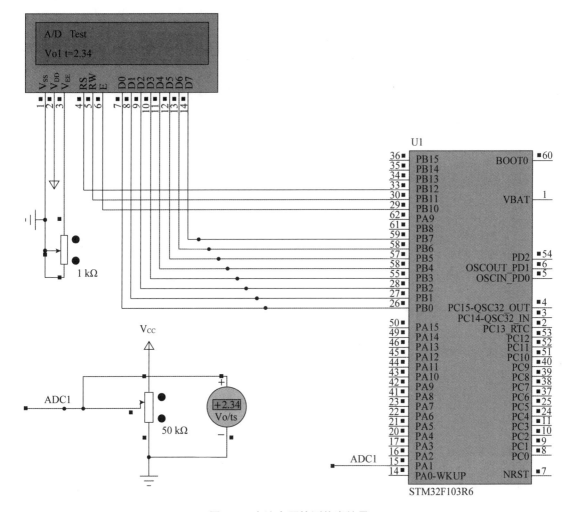

图 8.3 直流电压检测仿真结果

答案与解析：

1）硬件设计

将可调电阻的两个固定端分别接 3.3 V 电源和地，可调电阻的滑动端连接到 STM32 的 A/D 输入引脚 PA1，检查滑动端的电压值变化。在可调电阻的滑动端和地之间，还挂接了一个标准电压表，用于和 MCU 实际检测的电压值进行对比，衡量 MCU 的检测精度。

2）项目文件结构

项目文件结构如图 8.4 所示，方框中的文件需要用户自行设计，LCD1602 的驱动设计和延时函数的设计参见 7.1.4 小节。

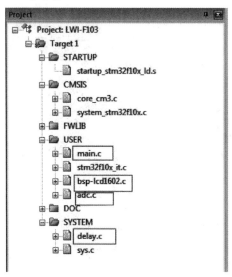

图 8.4　项目文件结构

3）A/D 模块的驱动设计

A/D 模块的驱动设计在文件 adc.c 中实现。配置 PA1 口为模拟输入，使能 ADC1、GPIOC 时钟函数的代码如下：

```
void ADC1_GPIO_Config(void){
    GPIO_InitTypeDef GPIO_InitStructure;
    RCC_APB2PeriphClockCmd(RCC_APB2Periph_GPIOA | RCC_APB2Periph_
ADC1, ENABLE);

    GPIO_InitStructure.GPIO_Pin=GPIO_Pin_1;
    GPIO_InitStructure.GPIO_Mode=GPIO_Mode_AIN; //模拟输入
    GPIO_Init(GPIOA, &GPIO_InitStructure);
}
```

同时，配置 A/D 模块并启动转换：转换通道为 1，ADC 转换工作在连续模式，由软件控制转换，转换数据右对齐，ADC1 选择信道 1，规则采样顺序值为 1，采样周期为 55.5

个周期。函数代码如下：

```
void ADC_Config(void)
{  ADC_InitTypeDef ADC_InitStructure;
   ADC_InitStructure.ADC_Mode=ADC_Mode_Independent;
   ADC_InitStructure.ADC_ScanConvMode=DISABLE;  //使能扫描
   ADC_InitStructure.ADC_ContinuousConvMode=ENABLE;  //连续模式
   ADC_InitStructure.ADC_ExternalTrigConv=ADC_ExternalTrigConv_
None;
   ADC_InitStructure.ADC_DataAlign=ADC_DataAlign_Right;
   //转换数据右对齐
   ADC_InitStructure.ADC_NbrOfChannel=1;  //转换通道为1
   ADC_Init(ADC1, &ADC_InitStructure);  //初始化ADC
   //ADC1选择信道1，规则采样顺序值为1，采样周期55.5个周期
   ADC_RegularChannelConfig(ADC1, ADC_Channel_1, 1, C_SampleTime_
55Cycles5);
   ADC_Cmd(ADC1, ENABLE);  //使能ADC1
   ADC_ITConfig(ADC1, ADC_IT_EOC, ENABLE);
   ADC_SoftwareStartConvCmd(ADC1, ENABLE);  //启动转换
}
```

4）主程序功能

在主程序main.c中，首先进行LCD初始化和A/D的初始化并启动A/D，然后在while(1)中循环检测A/D值并显示到LCD中。

（1）电压值与A/D转换后数值的关系式：电压值=转换数×(3.3/4 096)，其中3.3为参考电压值(电源电压)，A/D转换是12位，满量程是2^{12}=4 096。

（2）由于在循环中，处理A/D后把结果送到LCD显示的耗用时间比较长，大于A/D转换周期，所以没有进行A/D中断处理，直接采用查询方式。

8.4 典型数字量输出传感器接口

▶▶▶ 8.4.1 温湿度传感器DHT11应用实例 ▶▶▶

DHT11是一款含有已校准数字信号输出的温湿度复合传感器，如图8.5所示。DHT11包括一个电阻式感湿元件和一个NTC测温元件，通过一根数据线输出温湿度信息，具有品质卓越、超快响应、抗干扰能力强、性价比极高等优点。单线制串行接口，使系统集成变得简易快捷。超小的体积、极低的功耗，信号传输距离大于20 m，使其成为各类应用甚至最为苛刻的应用场合的最佳选择。其测量范围：湿度20% ~90% RH，温度0~60 ℃。

图 8.5　温湿度传感器 DHT11

温湿度模块与 MCU 接口电路如图 8.6 所示。DHT11 的串行接口 DATA 用于微处理器与 DHT11 之间的通信和同步，采用单总线数据格式，一次通信时间为 4 ms 左右，数据分为小数部分和整数部分。

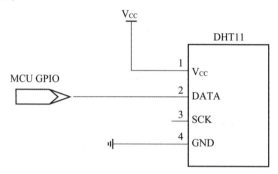

图 8.6　温湿度模块与 MCU 接口电路

一次完整的数据传输为 40 bit，高位先出。DHT11 数据传输包格式如表 8.2 所示。

表 8.2　DHT11 数据传输包格式

位数	8 位	8 位	8 位	8 位	8 位
说明	湿度整数数据	湿度小数数据	温度整数数据	温度小数数据	校验和

数据传输正确时，校验和数据等于"8 位湿度整数数据+8 位湿度小数数据+8 位温度整数数据+8 位温度小数数据"所得结果的末 8 位。

DHT11 数据发送流程如图 8.7 所示

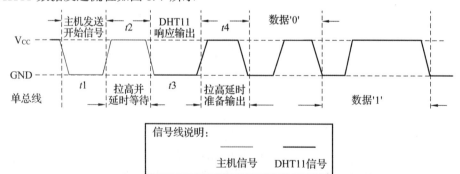

图 8.7　DHT11 数据发送流程

首先主机发送开始信号，即拉低数据线，保持 $t1$（至少 18 ms）时间，然后拉高数据线，保持 $t2$（20～40 μs）时间，读取 DHT11 的响应，如果读取正常，则 DHT11 会拉低数据线，保持 $t3$（40～50 μs）时间，作为响应信号，最后 DHT11 拉高数据线，保持 $t4$（40～50 μs）时间后，开始输出数据。

例 8.2　采用标准库编程方式，设计基于 DHT11 温湿度传感器的温湿度检测系统，MCU 检测到温湿度后，显示在点阵式 LCD 上，同时将数据从串口传输到 PC，仿真结果如图 8.8 所示。图 8.9 为 PC 串口界面显示的十六进制温湿度数值，十六进制的"19"相当于十进制的 25，十六进制的"1A"相当于十进制的 26。

例 8.2 运行视频

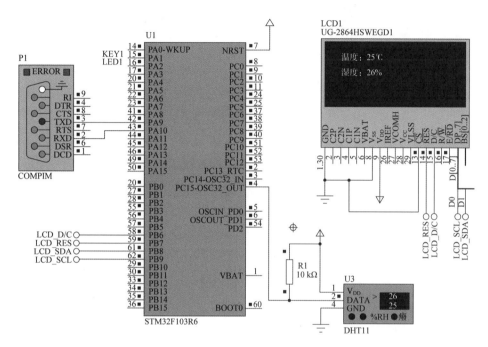

图 8.8　DHT11 温湿度传感器检测仿真结果

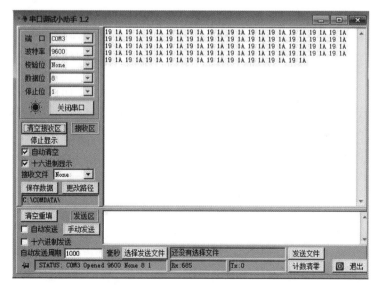

图 8.9　PC 串口界面显示的温湿度数据

答案与解析：

1) 硬件设计

DHT11 的数据线接 MCU 的 I/O 口，图形点阵式 LCD(参见 UG2864 用户手册)以 I²C 方式与 MCU 通信。

2) 项目文件结构

项目文件结构如图 8.10 所示，方框内的文件为用户自定义文件。LCD 的驱动参见 UG2864 用户手册，具体细节请参考附属资源，UART 的驱动见例 7.1。

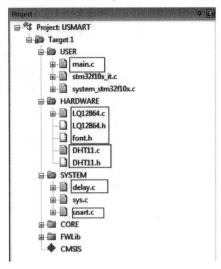

图 8.10　项目文件结构

3) DTH11 的驱动

在 DHT11.h 文件中，定义了 DHT11 的 I/O 引脚，代码如下：

```
#define IO_DHT11          GPIO_Pin_15
#define GPIO_DHT11        GPIOC
#define DHT11_DQ_High     GPIO_SetBits(GPIO_DHT11, IO_DHT11)
#define DHT11_DQ_Low      GPIO_ResetBits(GPIO_DHT11, IO_DHT11)
```

在 DHT11.c 文件中，定义了 DHT11 的各种函数。其功能包括 DHT11 的引脚配置、复位 DHT11、初始化 DHT11、检测 DHT11 的回应、从 DHT11 读取一个位、从 DHT11 读取一个字节、从 DHT11 读取一次数据等。由于 DHT11 是单总线通信，一个 I/O 口需要在输入和输出之间直接切换，因此输入设置成悬空输入，输出设置为推挽输出。其配置函数代码如下：

```
void DHT11_IO_IN(void)              //温湿度模块 I/O 口输入定义
{   GPIO_InitTypeDef GPIO_InitStructure;
    GPIO_InitStructure.GPIO_Pin = IO_DHT11;
    GPIO_InitStructure.GPIO_Mode = GPIO_Mode_IN_FLOATING;
    GPIO_Init(GPIO_DHT11, &GPIO_InitStructure);
}
```

```
void DHT11_IO_OUT(void)          //温湿度模块 I/O 口输出定义
{   GPIO_InitTypeDef GPIO_InitStructure;
    GPIO_InitStructure.GPIO_Pin=IO_DHT11;
    GPIO_InitStructure.GPIO_Speed=GPIO_Speed_50 MHz;
    GPIO_InitStructure.GPIO_Mode=GPIO_Mode_Out_PP;
    GPIO_Init(GPIO_DHT11, &GPIO_InitStructure);
}
```

从 DHT11 读取一次数据的函数代码如下：

```
u8 DHT11_Read_Data(u8 *temp, u8 *humi)
{   u8 buf[5];
    u8 i;
    DHT11_Rst();
    if(DHT11_Check()==0)
    {for(i=0; i<5; i++)//读取40位数据
        {buf[i]=DHT11_Read_Byte();}
        if((buf[0]+buf[1]+buf[2]+buf[3])==buf[4])
        {*humi=buf[0]; *temp=buf[2];}
    }else return 1;
    return 0;
}
```

4）主程序功能

主程序在完成 LCD、DHT11 和 UART 的初始化后，进入 while(1) 循环，在该循环中，接收 DHT11 的数据，将数据在 LCD 显示的同时，通过串口上传到 PC。代码如下：

```
int main(void)
{   u8 t, len;
    u16 times=0;
    RCC_SYSCLKConfig(RCC_SYSCLKSource_HSI);
    delay_init()
    uart_init(9600);
    LCD_Init();
    DHT11_Init();
    while(1)
    {   delay_ms(2000);
        DHT11_Read_Data(&wd, &sd);
        Display();
        USART_SendData(USART1, wd);
```

```
        USART_SendData(USART1, sd);
    }
}
```

▶▶ 8.4.2　温湿度传感器 SHT21 应用实例 ▶▶▶ ▶

SHT21 是一款超小尺寸的精密数字湿度和温度传感器，元件尺寸缩小至 3 mm×3 mm，采用 DFN3-0 封装方式，如图 8.11 所示。除了湿度感应区域，该芯片的封装全部采用包塑成型工艺，具有优异的抗老化和抵抗周围环境不良影响（如冷凝和其他恶劣条件等）的特性，从而保证产品的长期稳定性。传感器经过完全标定，提供 I²C 数字接口，便于客户使用。正常工作状态下，功耗在 3 μW 以内，如果延长测量间隔，则功耗还可进一步降低。传感器典型湿度精度为 ±2% RH，检测范围为 20%~80% RH；温度精度为 ±0.3 ℃，检测范围为 25~42 ℃。

图 8.11　SHT21 温湿度传感器

传感器内部设置的默认分辨率为相对湿度 12 位和相对温度 14 位。SDA 的输出数据被转换成两个字节的数据包，高字节 MSB 在前（左对齐），能够接收的命令种类如表 8.3 所示。

表 8.3　SHT21 命令字

命令	释义	代码
触发温度测量	保持主机	11100011
触发湿度测量	保持主机	11100101
触发温度测量	非保持主机	11110011
触发湿度测量	非保持主机	11110101
写用户寄存器		11100110
读用户寄存器		11100111
软复位		11111110

湿度转换的转换公式为

$$RH = SRH * 125.00/65\ 536 - 6.00（根据实测误差可微调）$$

其中，SRH 为传感器输出湿度值。

温度转换的转换公式为

$$T = ST * 0.002\ 681\ 27 - 46.85（根据实测误差可微调）$$

其中，ST 为传感器输出温度值。

例 8.3　采用标准库编程方式，设计基于 SHT21 温湿度传感器的温湿度检测系统，MCU 检测到湿度后，将其显示在字符型 LCD（1602）上，仿真结果如图 8.12 所示。

例 8.3 运行视频

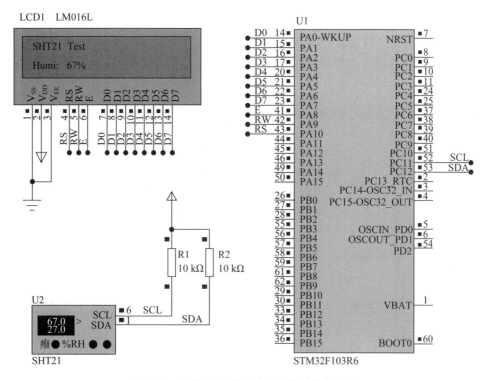

图 8.12   SHT21 温湿度传感器检测仿真结果

答案与解析：

1）硬件设计

I^2C 通信没有使用 STM32 内部的硬件 I^2C 模块，采用模拟总线的方式，SHT21 的 I^2C 引脚连接到 MCU 的普通 I/O 口，LCD 以并口方式连接到 MCU。

2）项目文件结构

项目文件结构如图 8.13 所示。方框内的文件为用户自定义文件。模拟 I^2C 总线时序的文件 bsp_i2c.c 和 LCD 的驱动文件的内容见例 6.2。

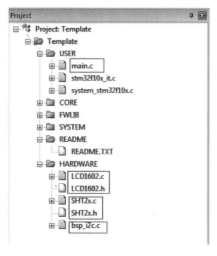

图 8.13   项目文件结构

3）SHT21 的驱动

SHT21 的驱动在文件 SHT2x.c 中实现，各种函数功能包括 SHT2x 初始化、SHT2x 复位、SHT2x 的 CRC 校验、SHT2x 温度检测、SHT2x 湿度检测等。SHT2x 温度检测的函数代码如下：

```c
float SHT2x_GetTempPoll(void)
{   float TEMP;
    u8 ack, tmp1, tmp2;
    u16 ST;
    u16 i=0;
    IIC_Start();                          //发送 I²C 开始信号
    IIC_Send_Byte(I²C_ADR_W);    //I²C 发送一个字节
        ack=IIC_Wait_Ack();
        IIC_Send_Byte(TRIG_TEMP_MEASUREMENT_POLL);
        ack=IIC_Wait_Ack();
        do {
            delay_ms(100);
            IIC_Start();                  //发送 I²C 开始信号
            IIC_Send_Byte(I²C_ADR_R);
            i++;
            ack=IIC_Wait_Ack();
            if(i==100)break;
    } while(ack! =0);
    tmp1=IIC_Read_Byte();
    tmp2=IIC_Read_Byte();
    IIC_Read_Byte();
    IIC_Stop();
    ST=(tmp1 << 8)|(tmp2 << 0);
    ST &= ~0x0003;
    TEMP=((float)ST * 0.00268127)-46.85;
    return(TEMP);
}
```

SHT2x 湿度检测的函数代码如下：

```c
float SHT2x_GetHumiPoll(void)
{   float HUMI;
```

```
    u8 ack, tmp1, tmp2;
    u16 SRH;
    u16 i=0;
    IIC_Start(); //发送 I²C 开始信号
    IIC_Send_Byte(I²C_ADR_W); //I²C 发送一个字节
    ack=IIC_Wait_Ack();
    IIC_Send_Byte(TRIG_HUMI_MEASUREMENT_POLL);
    ack=IIC_Wait_Ack();
    do {
        delay_ms(100);
        IIC_Start(); //发送 I²C 开始信号
        IIC_Send_Byte(I²C_ADR_R);
        i++;
        ack=IIC_Wait_Ack();
        if(i==100)break;
    } while(ack! =0);
    tmp1=IIC_Read_Byte();
    tmp2=IIC_Read_Byte();
    IIC_Read_Byte();
    IIC_Stop();
    SRH=(tmp1 << 8)|(tmp2 << 0);
    SRH &= ~0x0003;
    HUMI=(float)SRH *125.00/65536-6.00;
    return(HUMI);
}
```

4）主程序功能

主程序完成 LCD 和 SHT21 的初始化后，进入 while(1)循环，在循环中接收 SHT21 的湿度数据，并显示在 LCD 上，代码如下：

```
int main(void)
{
    float temp=0, Humi=0;
    delay_init();                    //延时函数初始化
    LCD1602_Init();
    SHT2x_Init();                    //SHT2x 初始化
```

```
delay_ms(100);
while(1)
{
    delay_ms(1000);
    sprintf(Str_Buf,"SHT21 Test");
    LCD1602_DISPLAY_STRING(1, (u8 *)Str_Buf);
    Humi=SHT2x_GetHumiPoll();    //获取 SHT21 湿度
    sprintf(Str_Buf2,"Humi:% 4. 0f% % ", Humi);
    LCD1602_DISPLAY_STRING(2, (u8 *)Str_Buf2);
}
}
```

▶▶ 8.4.3　三轴加速度传感器 LIS3DH ▶▶ ▶

三轴加速度传感器 LIS3DH 是一款宽电压、超低耗的加速度传感器，最低功耗电流为 2 μA，支持 I²C/SPI 等通信接口，支持单击、双击、自由落体、运动/位置检测等工作模式，广泛应用于物联网设备，如图 8.14 所示。这款尺寸加速度传感器非常适合运动感应功能、空间和功耗均受限的应用设计，如手机、遥控器以及游戏机。在 $\pm 2g/\pm 4g/\pm 8g/\pm 16g$ 全量程范围内，LIS3DH 可提供非常精确的测量数据输出，在额定温度和长时间工作下，仍能保持卓越的稳定性。LIS3DH 加速计芯片内置一个温度传感器和三路模数转换器，可简单地整合陀螺仪等伴随芯片。LIS3DH 还可实现多种功能，包括鼠标单击/双击识别、4D/6D 方向检测以及省电睡眠到唤醒模式。在睡眠模式下，检测链路保持活动状态，当一个事件发生时，传感器将从睡眠模式唤醒，自动提高输出数据速率。其他重要特性还包括一个可编程的 FIFO 存储器模块和两个可编程中断信号输出引脚，可立即向主处理器通知动作检测、单击/双击事件等其他状况。其引脚说明如表 8.4 所示。

图 8.14　三轴加速度传感器 LIS3DH

表 8.4　LIS3DH 引脚

引脚号	名称	功能
1	V_{DD}_IO	I/O 电源
2	NC	空脚
3	NC	空脚
4	SCL(SPC)	多功能引脚：SCL-I^2C 时钟，SPC-SPI 时钟
5	GND	地
6	SDA(SDI、SDO)	多功能引脚： SDA-I^2C 数据 SDI-SPI 数据输入 SDO-三线接口数据输出
7	SDO(SA0)	多功能引脚： SDO-SPI 数据输出 SA0-I^2C 设备地址位
8	CS	多功能引脚： SPI 使能 I^2C/SPI 模式选择
9	INT2	惯性中断 2
10	RES	复位接地
11	INT1	惯性中断 1
12	GND	地
13	ADC3	A/D 输入 3
14	V_{DD}	电源
15	ADC2	A/D 输入 2
16	ADC1	A/D 输入 1

 ## 8.5　典型模拟量输出传感器接口

▶▶| 8.5.1　MPX4250 压力传感器应用实例 ▶▶ ▶

MPX4250 是一种线性度极强的模拟量输出压力传感器，它的线性范围为 20 ~ 250 kPa，测量范围也比较广泛，适用于大多数场合的压力检测。MPX4250 使用的是一种耐用的环氧材料，一体化封装，其研发目的是检测相关气压值的大小，并且以此来计算其中所需值的数目。MPX4250 因功能丰富而受到相关部门的喜爱，其在 0 ~ 85 ℃ 范围内的最大误差为 1.5%，温度补偿范围为 -40 ~ 125 ℃。其中，用电压换算出压力的公式如下：

$$Pressure\_value = (int)((AD\_result * 3.3/4\ 096/5.1 - 0.04)/0.003\ 69 + 1.99)$$

其中，Pressure_value 表示压力值；AD_result 表示转换值(数字量)。

MPX4250 压力传感器电压输出曲线如图 8.15 所示。

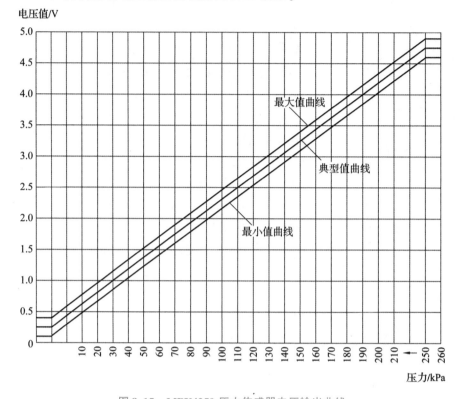

图 8.15　MPX4250 压力传感器电压输出曲线

MPX4250 的典型电路如图 8.16 所示

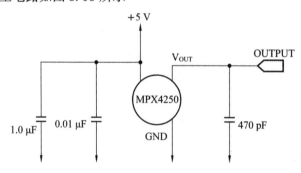

图 8.16　MPX4250 的典型电路

例 8.4　以标准库编程方式，利用 STM32 和压力传感器 MPX4250 设计压力检测系统，压力值显示在 LCD 上，仿真结果如图 8.17 所示，给出了 24 Pa 和 83 Pa 的检测结果，说明 MPX4250 具有良好的线性输出。

例 8.4 运行视频

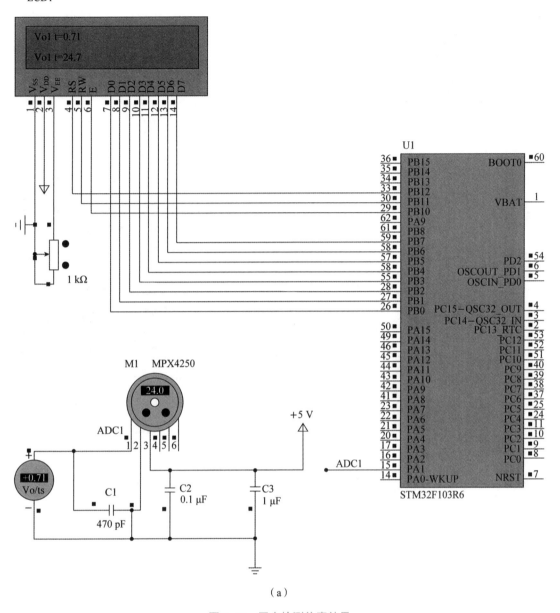

（a）

图 8.17　压力检测仿真结果

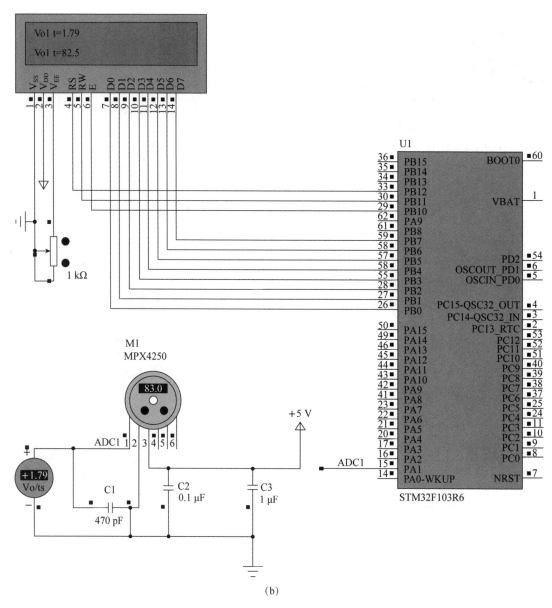

(b)

图 8.17 压力检测仿真结果(续)

(a)压力检测 24 Pa; (b)压力检测 83 Pa

答案与解析:

1)硬件设计

MPX4250 的电压输出端连接到 MCU 的 A/D 输入引脚,LCD 并口连到 MCU。注意:由于 MPX4250 是 5 V 供电,输出的电压值范围为 0 ~ 5 V,但 STM32 的 A/D 参考电源为 3.3 V,只能检测 3.3 V 以下电压,所以在实际电路中要考虑电压适配。另外,实际电路中 MPX4250 的输出需要经过调理电路进行滤波后,才能进入 MCU 的 A/D 引脚。

2）项目文件结构

项目文件结构与例 8.1 相同，唯一的区别是，例 8.1 显示的是电压值，与 A/D 转换之后的数值之间是按照电压转换公式（电压值＝转换数 * （3.3/4 096））计算的。而在本例中，显示的压力值按照公式：Pressure_value = (int) ((AD_result * 3. 3/4 096/5. 1 − 0. 04)/0. 003 69 + 1. 99)计算。

3）ADC 初始化

ADC 初始化流程如图 8. 18 所示，其中电压值范围为 0 ~ 3. 3 V，数字范围为 0 ~ 4 096。

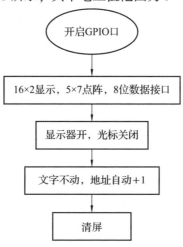

图 8. 18　ADC 初始化流程

初始化代码如下：

```
void ADC_Config(void)
{ ADC_InitTypeDef ADC_InitStructure;
//ADC1 和 ADC2 工作在独立模式
ADC_InitStructure.ADC_Mode=ADC_Mode_Independent;
ADC_InitStructure.ADC_ScanConvMode=DISABLE; //使能扫描
ADC_InitStructure.ADC_ContinuousConvMode=ENABLE;
//ADC 转换工作在连续模式
ADC_InitStructure.ADC_ExternalTrigConv = ADC_ExternalTrigConv_
None;
//由软件控制转换，不使用外部触发
ADC_InitStructure.ADC_DataAlign=ADC_DataAlign_Right;
//转换数据右对齐
ADC_InitStructure.ADC_NbrOfChannel=1; //转换通道为1
ADC_Init(ADC1, &ADC_InitStructure); //初始化 ADC
//ADC1 选择信道14，规则采样顺序值为1，采样周期55.5 个周期
ADC_RegularChannelConfig ( ADC1, ADC_Channel_1, 1, ADC_Sample-
Time_55Cycles5);
```

```
ADC_Cmd(ADC1, ENABLE);  //使能 ADC1
ADC_ITConfig(ADC1, ADC_IT_EOC, ENABLE);
ADC_SoftwareStartConvCmd(ADC1, ENABLE);
```

4) LCD1602 的初始化

LCD1602 初始化流程如图 8.19 所示。

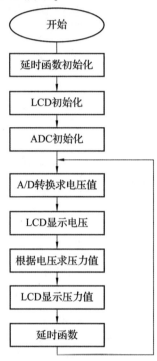

图 8.19　LCD1602 初始化流程

初始化代码如下：

```
void LCD_ShowNum(uint8_t x, uint8_t y, uint8_t num)
{
    LCD1602_SetCursor(x, y);
    LCD_ShowChar(x, y, num+0);
}
void LCD1602_Init(void)
{
    LCD1602_GPIO_Config();       //开启 GPIO 口
    LCD1602_WriteCmd(0X38);      //16×2 显示, 5×7 点阵, 8 位数据接口
    LCD1602_WriteCmd(0x0C);      //显示器开, 光标关闭
    LCD1602_WriteCmd(0x06);      //文字不动, 地址自动+1
    LCD1602_WriteCmd(0x01);      //清屏
}
```

5）主程序流程

主程序流程如图 8.20 所示。

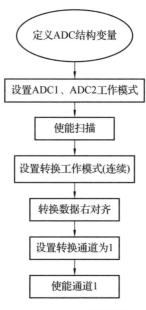

图 8.20 主程序流程

▶▶ 8.5.2 光敏传感器应用实例 ▶▶ ▶

光敏传感器是利用光敏元件（电容型、电阻型）将光信号转换为电信号的传感器，它的敏感波长在可见光波长附近，包括红外线波长和紫外线波长。对于光敏电阻而言，光照越强，阻值越小，输出的电压值越小。光敏电阻与 MCU 的接口电路如图 8.21 所示，光敏电阻与一般电阻组成串联回路。光敏电阻一端接地，另一端也接到 MCU 的 A/D 引脚。当光强（光的强度）变化时，A/D 引脚的输入电压会发生变化，进而能够检测光的强度。

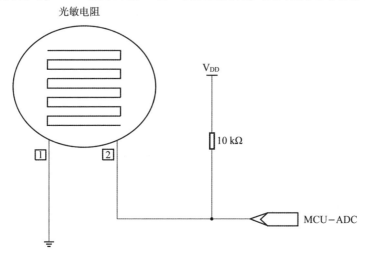

图 8.21 光敏电阻与 MCU 的接口电路

例 8.5　本例为室内窗帘自动控制系统的光强检测模块，采用标准库编程方式，利用光敏电阻检测室内光的强度，并将结果显示在 LCD 上，仿真结果如图 8.22 所示。

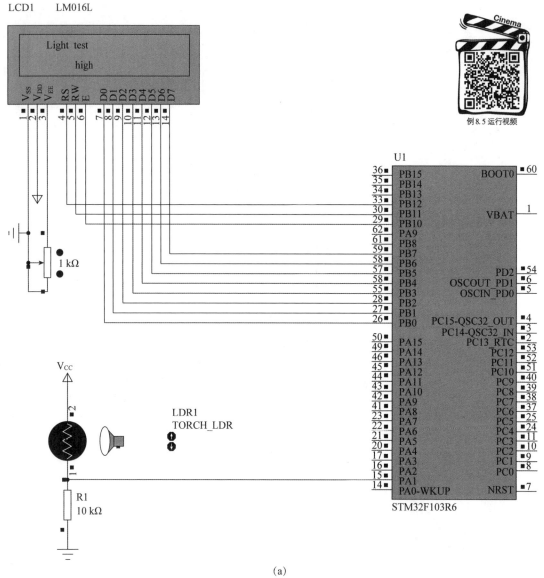

(a)

图 8.22　光敏电阻检测光强仿真结果

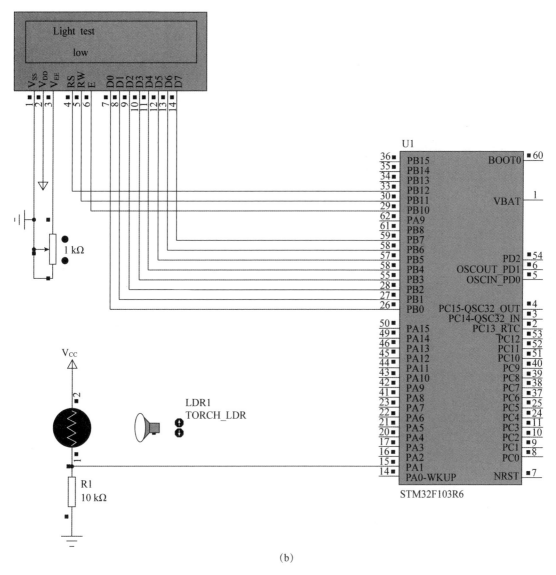

(b)

图 8.22 光敏电阻检测光强仿真结果(续)

(a)光强高;(b)光强低

答案与解析:

光敏电阻使用了仿真器件 LDR,通过调节 LDR 光源与光敏电阻的距离,改变光强,进而改变光敏电阻阻值,反映到 MCU 的 A/D 输入电压值变化。MCU 检测到电压值后,根据预先设定的门槛,显示光的强度为 low 和 high 两挡。A/D 检测的软件设计与例 8.1 类似,参见教材附属资源。

▶▶| 8.5.3 酒精传感器及接口 ▷▷ ▶

酒精传感器可以从气体中将酒精检测出来，如图 8.23 所示。气体中的酒精浓度越大，检测到的信号越强。酒精传感器一般有 3 个引脚，其两侧是加热电极，中间是检测电极，从中间这个电极到任意一个加热电极的电阻都与酒精的浓度有关。因此，检测这个电阻的阻值就可以检测酒精的浓度。

由于检测电极与加热电极之间是电气联通的，因此受加热电极上电压的影响，需要从此电极连接一个检测电阻到任意一个加热电极上，检测电极上的电压即为传感器输出。酒精传感器应用电路如图 8.24 所示。

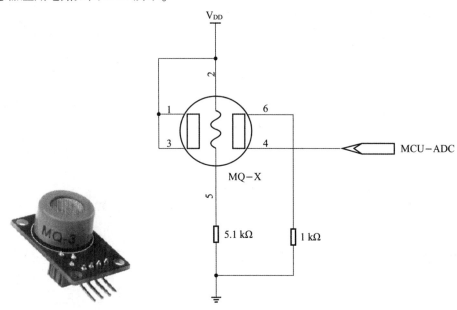

图 8.23　酒精传感器　　　　　　图 8.24　酒精传感器应用电路

MCU 通过 ADC 来读取酒精传感器输出的值，当检测到附近有酒精气体时，ADC 转换的值会发生变化。

8.6　典型开关量输出传感器接口

▶▶| 8.6.1 超声波传感器及接口 ▷▷▷ ▶

超声波发射器向某一方向发射超声波，在发射的同时开始计时，超声波在空气中传播，途中碰到障碍物就立即返回来，超声波接收器收到反射波就立即停止计时。超声波在空气中的传播速度为 340 m/s，根据计时器记录的时间 t，就可以计算出发射点距障碍物的距离 s，即 $s = 340t/2$。

SRF05 超声波测距模块可以提供 2 ~ 450 cm 的非接触式距离感测功能，测距精度可达到 3 mm；模块包括超声波发射器(发射头)、接收器(接收头)与控制电路。SRF05 超声波传感器如图 8.25 所示。

图 8.25 SRF05 超声波传感器

SRF05 采用 I/O 口 TRIG 触发测距,给至少 10 μs 的高电平信号;模块自动发送 8 个 40 kHz 的方波,自动检测是否有信号返回;如果有信号返回,则通过 I/O 口 ECHO 输出一个高电平,高电平持续的时间就是超声波从发射到返回的时间;测试距离 = (高电平时间 * 声速)/2。SRF05 超声波传感器应用原理如图 8.26 所示。

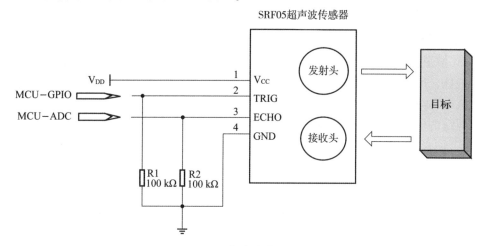

图 8.26 SRF05 超声波传感器应用原理

8.6.2 人体红外传感器及接口

普通人体会发射 10 μm 左右的特定波长红外线,人体红外传感器可以针对性地检测这种红外线存在与否,当人体红外线照射到传感器上后,因热释电效应将向外释放电荷,后续电路经检测处理后就能产生控制信号。

红外线传感器常用于无接触温度测量、气体成分分析和无损探伤,在医学、军事、空间技术和环境工程等领域得到广泛应用。红外线传感器头如图 8.27 所示。

人体红外传感器检测到有人体活动时,其输出的 I/O 值发生变化。当传感器模块检测到有人入侵时,会返回一个高电平信号;无人入侵时,返回一个低电平信号,通过读取 I/O 口的状态判断是否有人体活动。人体红外传感器模块与 MCU 接口电路如图 8.28 所示。

图 8.27　红外线传感器头

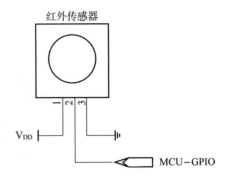

图 8.28　人体红外传感器模块与 MCU 接口电路

 ## 8.7　执行机构接口

▶▶8.7.1　STM32 片内 PWM 输出 ▶▶▶

1）PWM 原理

PWM 波形图及其原理如图 8.29 所示。改变直流电动机的转速以调节电枢供电电压的方式为最佳，PWM 调压原理如下：当开关接通时，直流电源加到电动机上；当开关断开时，直流电源与电动机断开，电动机经二极管续流，两端电压近似为 0。如此反复循环，电动机两端的电压波形如图 8.29(a) 所示。电动机得到的平均电压为

$$V_d = ton * E/T = \sigma * E$$

其中，T 为开关元件的开关周期；ton 为开关元件的开通时间；$\sigma = ton/T$ 为开关占空比。

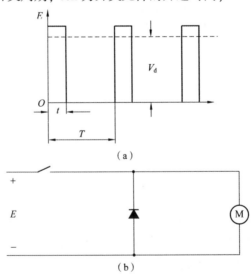

图 8.29　PWM 波形图及其原理

(a)PWM 波形图；(b)PWM 原理

这种在开关频率不变的条件下，通过改变开关的导通时间来控制平均输出电压大小的方式称为 PWM。

2) STM32 定时器的 PWM 原理

如图 8.30 所示，假定定时器工作在向上计数 PWM2 模式（极性为正）。当 CNT 值小于 CCRx 的时候，I/O 输出高电平（1），当 CNT 值大于或等于 CCRx 的时候，I/O 输出低电平（0），当 CNT 达到 ARR 值的时候，重新归零，然后重新向上计数，依次循环。改变 CCRx 的值，就可以改变 PWM 输出的占空比（占空比＝CCRx/ARR+1）；改变 ARR 的值，就可以改变 PWM 输出的频率。具体应用见例 8.6。

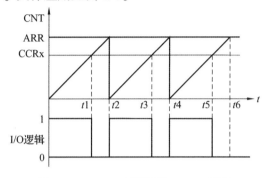

图 8.30　STM32 定时器的 PWM 原理

3) 标准库函数编程定时器 TIMER1 输出 PWM 的步骤

（1）开启 TIM1 时钟，配置 PWM 输出 I/O 口为复用输出，代码如下：

```
RCC_APB1PeriphClockCmd(RCC_APB1Periph_TIM1, ENABLE);
GPIO_InitStructure.GPIO_Mode=GPIO_Mode_AF_PP;
```

（2）设置 TIM1 的 ARR 和 PSC。通过设置 ARR 和 PSC 两个寄存器的值来控制输出 PWM 的周期。通过 TIM_TimeBaseInit 函数实现，代码如下：

```
TIM_TimeBaseStructure.TIM_Period=arr; //设置自动重装载值
TIM_TimeBaseStructure.TIM_Prescaler=psc; //设置预分频值
TIM_TimeBaseStructure.TIM_ClockDivision=0; //设置时钟分割
TDTS=Tck_tim TIM_TimeBaseStructure;
TIM_CounterMode=TIM_CounterMode_Up; //向上计数模式
TIM_TimeBaseInit(TIM1, &TIM_TimeBaseStructure);
//根据指定的参数初始化 TIMx
```

（3）设置 TIM1_CH1 的 PWM 模式及通道方向，使能 TIM1 的 CH1 输出。

通过配置 TIM1_CCMR1 的相关位来控制 TIM1_CH1 的模式。在库函数中，PWM 通道设置是通过函数 TIM_OC1Init ~ TIM_OC4Init 来设置的，不同的通道设置的函数不一样，使用的是通道 1，所以使用的函数为 TIM_OC1Init(TIM_TypeDef * TIMx, TIM_OCInitTypeDef * TIM_OCInitStruct)。其中，结构体 TIM_OCInitTypeDef 的定义如下：

```
typedef struct
{
    uint16_t TIM_OCMode;
    uint16_t TIM_OutputState;
```

```
    uint16_t TIM_OutputNState;
    uint16_t TIM_Pulse;
    uint16_t TIM_OCPolarity;
    uint16_t TIM_OCNPolarity;
    uint16_t TIM_OCIdleState;
    uint16_t TIM_OCNIdleState;
} TIM_OCInitTypeDef;
```

①TIM_OCMode：比较输出模式选择，总共有 8 种，常用的为 PWM1/PWM2，用来设定 CCMRx 寄存器 OCxM[2：0]位的值。

②TIM_OutputState：比较输出使能，决定最终的输出比较信号 OCx 是否通过外部引脚输出，用来设定 TIMx_CCER 寄存器 CCxE/CCxNE 位的值。

③TIM_OutputNState(高级定时器独有)：比较互补输出使能，决定 OCx 的互补信号 OCxN 是否通过外部引脚输出，用来设定 CCER 寄存器 CCxNE 位的值。

④TIM_Pulse：比较输出脉冲宽度，用来设定比较寄存器 CCR 的值，决定脉冲宽度，可设置范围为 0 ~ 65 535。

⑤TIM_OCPolarity：比较输出极性，可选 OCx 为高电平有效或低电平有效，决定着定时器通道有效电平，用来设定 CCER 寄存器 CCxP 位的值。

⑥TIM_OCNPolarity(高级定时器独有)：比较互补输出极性，可选 OCxN 为高电平有效或低电平有效，用来设定 TIMx_CCER 寄存器 CCxNP 位的值。

⑦TIM_OCIdleState(高级定时器独有)：空闲状态时通道输出电平设置，可选输出 1 或输出 0，即在空闲状态(BDTR_MOE 位为 0)时，经过死区时间后定时器通道输出高电平或低电平，用来设定 CR2 寄存器 OISx 位的值。

⑧TIM_OCNIdleState(高级定时器独有)：空闲状态时互补通道输出电平设置，可选输出 1 或输出 0，即在空闲状态(BDTR_MOE 位为 0)时，经过死区时间后定时器互补通道输出高电平或低电平，设定值必须与 TIM_OCIdleState 相反，用来设定 CR2 寄存器 OISxN 位的值。

(4)使能 TIM1，使用 TIM_Cmd(TIM1，ENABLE)函数。

(5)设置 MOE 输出，使能 PWM 输出。普通定时器在完成以上设置之后，就可以输出 PWM 了，但是高级定时器还需要使能刹车和死区寄存器(TIM1_BDTR)的 MOE 位，以使能整个 OCx(即 PWM)输出。库函数为 TIM_CtrlPWMOutputs(TIM1，ENABLE)。

(6)修改 TIM1_CCR1 来控制占空比。在经过以上设置之后，已经可以产生 PWM 输出，但是其占空比和频率都是固定的，通过修改 TIM1_CCR1 可以控制 CH1 的输出占空比。使用的库函数为 TIM_SetCompare1(TIM_TypeDef * TIMx，uint16_t Compare1)。

▶▶▶ ∥8.7.2　PWM 控制直流电动机实例 ▶▶▶ ▶

例 8.6　采用标准库编程方式，利用 STM32 的 PWM 控制直流电动机的转动，仿真结果如图 8.31 所示。

例 8.6 运行视频

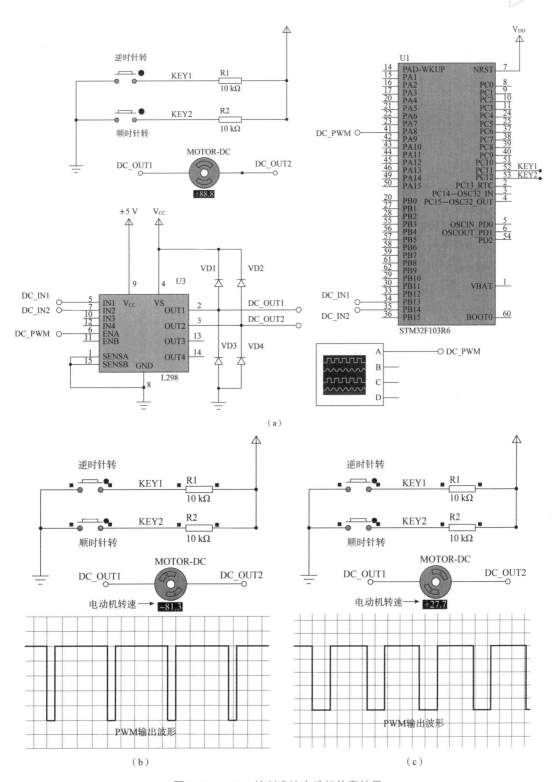

图 8.31　PWM 控制直流电动机仿真结果

(a)PWM 控制直流电动机电路原理；(b)PWM 控制直流电动机占空比 800/900(逆时针转)运行结果；

(c)PWM 控制直流电动机占空比 600/900(顺时针转)运行结果

答案与解析：

1）硬件设计

（1）功率器件 L298 内部包含 4 通道逻辑驱动电路，是一种电动机专用驱动器，内含两个 H 桥的高电压、大电流双全桥驱动器，接收标准 TTL 逻辑电平信号，可驱动 46 V、2A 以下的电动机。L298 引脚如表 8.5 所示，其控制逻辑如表 8.6 所示。

表 8.5　L298 引脚

引脚号	功能	说明
9	TTL 逻辑供应电压，通常为 5 V	
4	驱动部分输入电压，范围为 4.5 ~ 36 V	
8	地	
1	输出电流反馈端，无须检测时可接地	A 组控制信号
2	OUT1 输出端，接 2 相电动机	
3	OUT2 输出端，接 2 相电动机	
5	IN1 电动机转向控制	
7	IN2 电动机转向控制	
6	ENA 电动机转动使能控制，接 PWM 控制信号	
15	输出电流反馈端，无须检测时可接地	B 组控制信号
13	OUT3 输出端，接 2 相电动机	
14	OUT4 输出端，接 2 相电动机	
10	IN3 电动机转向控制	
12	IN4 电动机转向控制	
11	ENB 电动机转动使能控制。接 PWM 控制信号	

表 8.6　L298 控制逻辑

ENA（B）	IN1（IN3）	IN2（IN4）	电动机状态
0	X	X	停止
1	1	0	正转
1	0	1	反转
1	1	1	刹停
1	0	0	停止

（2）本例采用了 12 V 直流电动机，其参数——线圈电阻设为 1 Ω，可以使仿真时电动机速度到达稳定值的时间比较短，便于观察结果。

（3）为便于较快观察到仿真结果，STM32 的晶振频率设为 1 MHz，原理图增加示波器。

2）项目文件结构

项目文件结构如图 8.32 所示，用户需要编写定时器 TIM1 的 PWM 驱动文件（pwm. c）、电动机的驱动文件(motor.c)、按键的驱动文件(bsp_key.c)、LED 的驱动文件(led.c)。

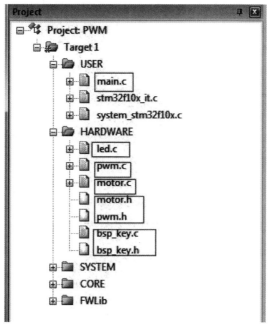

图 8.32 项目文件结构

3) PWM 的驱动

在 pwm.c 文件的函数 TIM1_PWM_Init(u16 arr, u16 psc)中，对 PWM 的输出引脚进行了定义，对定时器 TIM1 的 PWM 功能进行了初始化：设置在下一个更新事件装入活动的自动重装载寄存器周期的值=80；设置用来作为 TIMx 时钟频率除数的预分频值=不分频；设置时钟分割 TDTS=Tck_tim；设置 TIM 向上计数模式；初始化 TIMx 的时间基数单位；选择定时器模式为 TIM 脉冲宽度调制模式 2(PWM2)；设置待装入捕获比较寄存器的脉冲值=0；输出极性=TIM 输出比较极性为高；MOE 主输出使能；使能 TIM1 等，代码如下：

```
void TIM1_PWM_Init(u16 arr, u16 psc)
{  GPIO_InitTypeDef GPIO_InitStructure;
   TIM_TimeBaseInitTypeDef  TIM_TimeBaseStructure;
   TIM_OCInitTypeDef  TIM_OCInitStructure;
   RCC_APB2PeriphClockCmd(RCC_APB2Periph_TIM1, ENABLE);
   RCC_APB2PeriphClockCmd(RCC_APB2Periph_GPIOA, ENABLE);
   GPIO_InitStructure.GPIO_Pin=GPIO_Pin_8; //TIM_CH1
   GPIO_InitStructure.GPIO_Mode=GPIO_Mode_AF_PP;
   GPIO_InitStructure.GPIO_Speed=GPIO_Speed_50 MHz;
   GPIO_Init(GPIOA, &GPIO_InitStructure);
   TIM_TimeBaseStructure.TIM_Period=arr;
```

```
    TIM_TimeBaseStructure.TIM_Prescaler=psc;
    TIM_TimeBaseStructure.TIM_ClockDivision=0;
    TIM_TimeBaseStructure.TIM_CounterMode=TIM_CounterMode_Up;
    TIM_TimeBaseInit(TIM1, &TIM_TimeBaseStructure);
    TIM_OCInitStructure.TIM_OCMode=TIM_OCMode_PWM2;
    TIM_OCInitStructure.TIM_OutputState=TIM_OutputState_Enable;
    TIM_OCInitStructure.TIM_Pulse=0;
    TIM_OCInitStructure.TIM_OCPolarity=TIM_OCPolarity_High;
    TIM_OC1Init(TIM1, &TIM_OCInitStructure);
    TIM_CtrlPWMOutputs(TIM1, ENABLE);
    TIM_OC1PreloadConfig(TIM1, TIM_OCPreload_Enable);
    TIM_ARRPreloadConfig(TIM1, ENABLE);
    TIM_Cmd(TIM1, ENABLE);
}
```

4）电动机 I/O 口的初始化

在文件 motor. c 中，完成 MCU 对 L298 的控制输出引脚的定义。如果 PB. 14 和 PB. 13 的输出取反，则电动机方向改变，代码如下：

```
void Motor_Init(void) //电动机 GPIO 初始化
{
    GPIO_InitTypeDef GPIO_InitStructure;
    RCC_APB2PeriphClockCmd(RCC_APB2Periph_GPIOB, ENABLE);
    //使能 PB 端口时钟

    GPIO_InitStructure.GPIO_Mode=GPIO_Mode_Out_PP;
    GPIO_InitStructure.GPIO_Pin=GPIO_Pin_13 | GPIO_Pin_14;
    GPIO_InitStructure.GPIO_Speed=GPIO_Speed_50MHz;
    GPIO_Init(GPIOB, &GPIO_InitStructure); //初始化 GPIOB13、14
    GPIO_SetBits(GPIOB, GPIO_Pin_13); //PB.14 输出高
    GPIO_ResetBits(GPIOB, GPIO_Pin_14); //PB.13 输出低
}
```

5）主程序功能

在主程序的主函数中，根据按键改变 PB. 14 和 PB. 13 引脚的输出逻辑，控制电动机的转动方向，调用 TIM_SetCompare1（TIM1，uint16_t Compare1）函数，按照此占空比输出 PWM。

在主函数中，已经设定 PWM 的周期长度为 899（ARR），所以占空比= Compare1/899+1=Compare1/900。在逆时针转动时设置 Compare1=800，则占空比=800/900；在顺时针转动时设置 Compare1=600，则占空比=600/900。从运行结果可以看出，不同的占空比，产

生不同的电动机转速，占空比越高，转速越快。主函数代码如下：

```
int main(void)
 {
    u16 led0pwmval=0;
    u8 dir=1;
    delay_init();        //延时函数初始化
    Key_GPIO_Config();
    Motor_Init();
    TIM1_PWM_Init(899, 0); //不分频。PWM 频率=9000/(899+1)=10 kHz
    while(1)
    {
        if( Key_Scan(KEY1_GPIO_PORT, KEY1_GPIO_PIN) == KEY_ON)
        {
          GPIO_SetBits(GPIOB, GPIO_Pin_14);
          GPIO_ResetBits(GPIOB, GPIO_Pin_13);
        TIM_SetCompare1(TIM1, 800);     //逆时针转，899 时转速最大
        }
        if( Key_Scan(KEY1_GPIO_PORT, KEY2_GPIO_PIN) == KEY_ON)
        {
          GPIO_SetBits(GPIOB, GPIO_Pin_13);
          GPIO_ResetBits(GPIOB, GPIO_Pin_14);
        TIM_SetCompare1(TIM1, 600);     //顺时针转，899 时转速最大
        }
    }
 }
```

▶▶▶ 8.7.3 步进电动机控制 ▶▶ ▶

1）直流四相步进电动机原理

四相步进电动机结构示意如图 8.33 所示，转子由一个永久磁铁构成，定子分别由 4 组绕组构成，每组绕组的公共端 COM 接直流电源正端，另外一端接控制逻辑。控制逻辑为 0 时，该绕组导通，转子转到一定角度。绕组依次导通时，转子连续转动。转动方向取决于绕组导通的次序，当绕组导通次序为 Φ1-Φ2-Φ3-Φ4 时，电动机正转；当绕组导通次序为 Φ4-Φ3-Φ2-Φ1 时，电动机反转。转动速度取决于绕组导通的时间。

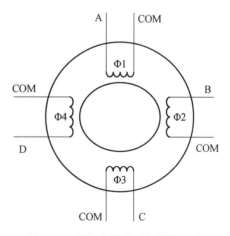

图 8.33 四相步进电动机结构示意

四相步进电动机按照通电顺序的不同，转动控制可分为单4拍、双4拍、8拍3种工作方式。单4拍正向的控制逻辑为A-B-C-D；双4拍正向的控制逻辑为AB-BC-CD-DA；8拍正向的控制逻辑为A-AB-B-BC-C-CD-D-DA。单4拍与双4拍的步距角相等，但单4拍的转动力矩小。8拍工作方式的步距角是单4拍与双4拍的一半，既可以保持较高的转动力矩又可以提高控制精度。

2）MCU控制步进电动机原理

STM32控制步进电动机的原理示意如图8.34所示。4个通用I/O口通过延时产生PWM脉冲，经ULN2003A大电流驱动模块控制步进电动机。

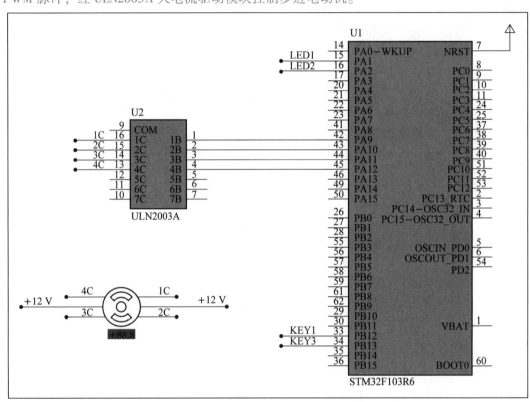

图8.34　STM32控制步进电动机的原理示意

ULN2003电流放大的7非门电路，输出集电极开路。ULN2003内部结构如图8.35所示，ULN是集成达林顿管IC，内部还集成了一个消线圈反电动势的二极管，可用来驱动继电器。其最大驱动电压为50 V，电流为500 mA，输入电压为5 V，适用于TTL COMS，由达林顿管组成驱动电路。采用集电极开路输出，输出电流大，故可直接驱动继电器或固体继电器，也可直接驱动低压灯泡、直流步进电动机。通常MCU控制ULN2003时，上拉2 kΩ的电阻较为合适，同时COM引脚应该悬空或接地。

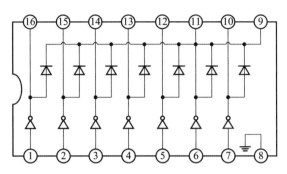

图 8.35 ULN2003 内部结构

由于绕组控制端有效逻辑为低电平，而 ULN2003 的输入、输出关系为反逻辑（非门），所以 MCU 控制端口为正逻辑控制。本电路中 MCU 控制步进电动机相序如表 8.7 所示。

表 8.7 MCU 控制步进电动机相序

步	单 4 拍(A-B-C-D)				8 拍(A-AB-B-BC-C-CD-D-DA)			
	P1.3(D)	P1.2(C)	P1.1(B)	P1.0(A)	P1.3(D)	P1.2(C)	P1.1(B)	P1.0(A)
1	0	0	0	1	0	0	0	1
2	0	0	1	0	0	0	1	1
3	0	1	0	0	0	0	1	0
4	1	0	0	0	0	1	1	0
5					0	1	0	0
6					1	1	0	0
7					1	0	0	0
8					1	0	0	1

▶▶▶| 8.7.4 继电器接口 ▶▶ ▶

控制系统的执行机构往往是大电流、高电压，直接连接小电流、直流电压的嵌入式系统，容易对 MCU 系统产生干扰，需要在 MCU 系统中设计使用光电耦合器、继电器等接口器件屏蔽干扰。下面结合实例进行说明。

例 8.7　开关控制 220 V 灯泡的 MCU 系统如图 8.36 所示，光电耦合器作为开关量输入接口，继电器作为开关量输出接口，实现开关导通时灯泡亮，开关断开时灯泡灭的效果。

例 8.7 运行视频

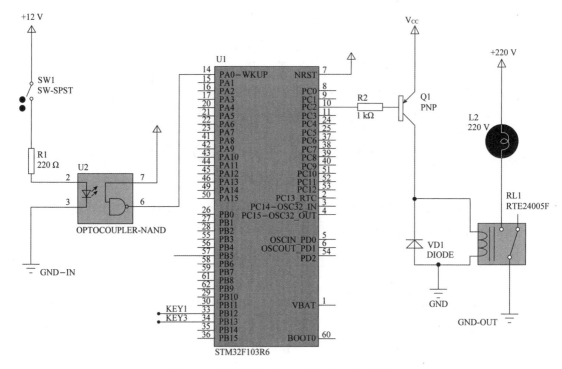

图 8.36　开关控制 220 V 灯泡的 MCU 系统

答案与解析：

（1）图中开关为 SW1，灯泡为 L2，对应 MCU，输入的接口器件为光电耦合器 U2，输出的接口器件为继电器 RL1。

（2）光电耦合器输入侧是一个发光二极管（接 2、3 脚），输出侧是光敏与非门（外接 6、7 脚），当输入侧发光二极管导通时，输出侧的光敏与非门通过感光导通，6 脚输出低电平"0"；当输入侧发光二极管截止时，输出侧的光敏与非门不导通，6 脚输出高电平"1"。

（3）光电耦合器输入、输出之间依靠光辐射产生关联，无电路连接，其输入端和输出端是独立的供电系统。因此，光电耦合器输入、输出之间不会产生电路信号干扰。

（4）MCU 的 PC2 脚控制开关三极管 Q1 的导通和截止，进而控制继电器线圈的通断。

（5）继电器的输入侧是线圈，右侧是磁感应开关，当线圈不导通时，开关断开；线圈导通时，开关闭合。输入端和输出端无电路连接，二者也是独立电源供电，因此输入、输出之间不会产生电路信号干扰。

（6）完整的控制逻辑：SW1 通→U2 的 6 脚输出低电平→MCU PC2 脚输出低电平→Q1 导通→RL1 线圈导通→RL1 开关闭合→灯泡亮；SW1 断→U2 的 6 脚输出高电平→MCU PC2 脚输出高电平→Q1 截止→RL1 线圈断开→RL1 开关断开→灯泡灭。

（7）软件设计采用 HAL 库方式，参考例 5.2。区别在于例 5.2 采用弹开式按键，检测时需要等待按键释放；本例采用刀闸开关，检测时不需要这个过程。代码如下：

```
uint8_t Key_Scan(GPIO_TypeDef * GPIOx, uint16_t GPIO_Pin)
{    //HAL 库函数, 检测是否有按键被按下
  if(HAL_GPIO_ReadPin(GPIOx, GPIO_Pin) = = KEY_ON )
  {  return KEY_ON;
  }
  else
     return KEY_OFF;
}
```

本章小结

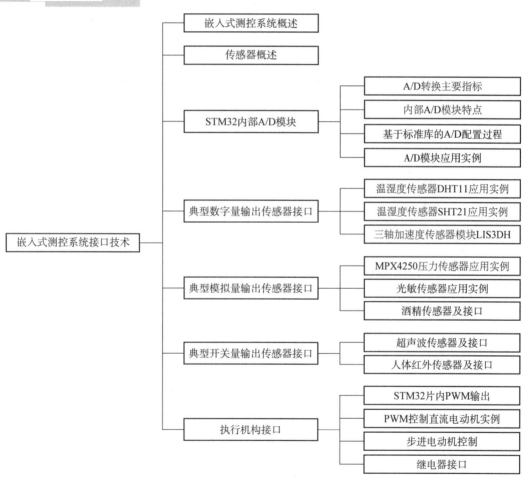

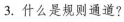

习 题

一、选择题。

1. (　　)不是 ADC 转换的主要指标。

A. 分辨率　　　　　B. 注入通道　　　　C. 转换时间　　　　D. 转换误差

2. STM32F103 系列有(　　)个 ADC。

A. 5　　　　　　　B. 4　　　　　　　C. 3　　　　　　　D. 2

3. 每个 ADC 最多有(　　)个外部通道。

A. 15　　　　　　B. 16　　　　　　C. 17　　　　　　D. 14

4. 注入序列寄存器 JSQR 只有一个，最多支持(　　)个通道。

A. 1　　　　　　　B. 2　　　　　　　C. 3　　　　　　　D. 4

5. ADC 转换后的数据根据转换组的不同，规则组的数据放在(　　)寄存器。

A. ADC_DR　　　　B. ADC_JDRx　　　C. ADC_SMPR1　　D. ADC_SMPR2

二、填空题。

1. ADC 的分辨率以输出的_____表示。

2. 转换误差通常是以输出误差的_____形式给出。

3. 转换时间是指 ADC 从转换控制信号到来开始，到输出端得到稳定的_____所用的时间。

4. ADC 的转换时间与_____的类型有关。

5. 外部的 16 个通道在转换的时候又分为_____和_____。

6. 规则序列寄存器有 3 个，分别为_____、_____、_____。

7. 规则和注入通道转换结束后，还可以产生 DMA 请求，把转换好的数据直接存储在_____里面。

8. 注入通道只有在_____存在时才会出现。

9. 外部的 16 个通道在转换的时候又分为规则通道和注入通道，其中规则通道最多有_____路，注入通道最多有_____路。

10. 如果是数字传感器，则输出的是_____，直接进入 MCU。

三、简答题。

1. 什么是传感器？传感器的类型有哪些？

2. 如果采用标准库编程的方式，则利用 STM32 内部的 A/D 模块，完成对直流电压的检测，其硬件部分可以怎样设计？

3. 什么是规则通道？

4. 什么是注入通道？

5. 使用标准库函数编程定时器 TIMER1 输出 PWM 的步骤有哪些？

第 8 章习题答案

第9章
嵌入式应用——物联网节点设计

学习目标 ▶▶ ▶

1. 理解物联网层次结构。
2. 掌握 ZigBee 物联网节点的软硬件设计技术。
3. 掌握 LoRa 物联网节点的软硬件设计技术。
4. 掌握 NB-IoT 物联网节点的软硬件设计技术。

 ## 9.1 物联网技术概述

物联网(Internet of Things，IoT)是新一代信息技术的重要组成部分，也是信息化时代的重要标志。互联网把人连在一起，物联网把物、人连在一起。物联网把传感器装备到铁路、桥梁、隧道、公路、建筑、大坝、油气管道及家用电器等各种真实物体上，通过各种网络连接起来，并运行特定的程序，实现人与物体的沟通和对话，从而给物体赋予"智能"。物联网被称为继计算机、互联网之后，世界信息产业的第三次浪潮，广泛应用于消费性电子设备、家庭和楼宇自动化、工业控制、农业自动化、医疗等领域，如图 9.1 所示。

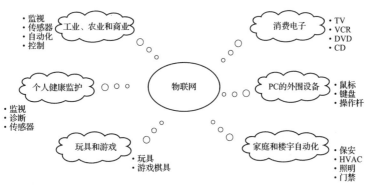

图 9.1　物联网应用领域

▶▶▌9.1.1　物联网层次结构 ▶▶▶ ▶

　　物联网系统包含感知层、网络层、平台层和应用层四级结构，如图9.2所示。其中，感知层由传感器节点和控制器组成，用于识别、监测、执行动作、采集数据和数据处理，是物联网系统的核心所在；网络层是数据在不同网络下传输的协议规范，如内部无线网络、TCP/IP互联网络等；平台层完成数据的整合处理，为应用层提供标准的数据平台；应用层面对物联网的终端用户，是物联网系统与人直接交互的窗口，用户使用应用层软件感知物体信息状态，并下达命令控制感知层设备。

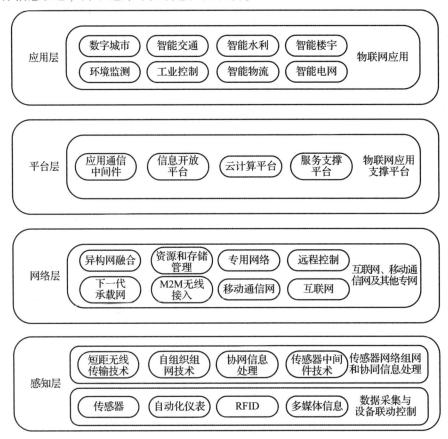

图9.2　物联网层次结构

▶▶▌9.1.2　典型物联网技术 ▶▶▶ ▶

　　各种典型物联网技术性能比较如图9.3所示。

　　1）蓝牙

　　蓝牙是一种支持设备短距离通信（一般10 m内）的无线电技术，能在移动电话、无线耳机、笔记本电脑、相关外设等众多设备之间进行无线信息交换。

　　蓝牙采用分散式网络结构以及快跳频和短包技术，支持点对点及点对多点通信，工作在全球通用的2.4 GHz ISM频段，其数据速率为1 Mbit/s。

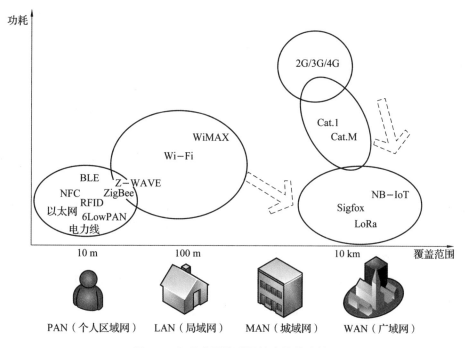

图 9.3　各种典型物联网技术性能比较

2）Wi-Fi

IEEE 802.11b/g/n 即为 Wi-Fi 标准，工作频段在 2.4~2.483 5 GHz，传输速率分别可达 11 Mbit/s、54 Mbit/s、600 Mbit/s。

Wi-Fi 的主要特性：速度快，可靠性高；在开放性区域，通信距离可达 300 m；在封闭性区域，通信距离为 76~122 m，方便与现有的有线以太网络整合。

3）ZigBee

ZigBee 是 IEEE 802.15.4 协议的代名词。根据这个协议规定的技术是一种短距离、低功耗的无线通信技术。其特点是近距离、低复杂度、自组织、低功耗、低数据速率、低成本。ZigBee 可工作在 2.4 GHz（全球流行）、868 MHz（欧洲流行）和 915 MHz（美国流行）3个频段上，分别具有最高 250 kbit/s、20 kbit/s 和 40 kbit/s 的传输速率，它的传输距离为 50~200 m，可以继续增加。

4）LoRa

LoRa 是基于 LPWAN（低功耗广域网）的一种新型通信技术，由 Semtech 公司发布。其接收灵敏度达到了−148 dBm，与业界其他先进水平的 sub-GHz 芯片相比，最高的接收灵敏度改善了 20 dB 以上，这确保了网络连接的可靠性。LoRa 采用 LoRaWAN 协议，该协议是 LoRa 联盟推出的一个基于开源的 MAC 层协议的低功耗广域网标准。LoRa 主要在全球免费频段运行（即非授权频段），包括 433 MHz、868 MHz、915 MHz 等。

5）NB-IoT

NB-IoT 是一种基于蜂窝数据连接的 LPWAN（低功耗广域网），其只消耗大约 180 kHz 的带宽，可直接部署于 GSM 网络、UMTS 网络或 LTE 网络，以降低部署成本、实现平滑

升级。各种物联网通信技术对比如表9.1所示。

表 9.1　各种物联网通信技术对比

性能指标	LoRa	Wi-Fi	ZigBee	蓝牙	NB-IoT
应用标准	无	IEEE 802.11 b	IEEE 802.15.4	IEEE 802.15.1	NB
工作频段	433/868/915 MHz	2.4 GHz	2.4 GHz	2.4 GHz	2.4 GHz
通信距离	2~20 km	15~100 m	30~1 000 m	10 m	10 km 以上
通信速率	300 kbit/s	11 Mbit/s	250 kbit/s	120 kbit/s	300 kbit/s
低功耗	低功耗	不支持	低功耗	低功耗	不支持
数据加密	AES128 加密	SSID 加密	AES 加密	AES 加密	支持加密
成本	低	中低	中低	中低	高

如上表所示，Wi-Fi 和蓝牙是近距离通信，Wi-Fi 的通信距离最高是 100 m，而蓝牙通常只有 10 m；ZigBee 都是短距离通信，ZigBee 通信距离最高可到 1 000 m；LoRa 和 GSM、CDMA2000 属于中远距离通信。

9.2　ZigBee 物联网节点设计

▶▶▶ 9.2.1　ZigBee 网络概述 ▶▶▶ ▶

ZigBee，即 IEEE 802.15.4 协议，是一种短距离、低功耗的无线通信技术。这一名称来源于蜜蜂的八字舞，蜜蜂(Bee)是靠飞翔和"嗡嗡"(Zig)地抖动翅膀的"舞蹈"来向同伴传递花粉所在方位信息的。也就是说，蜜蜂依靠这样的方式构成了群体中的通信网络。其特点是近距离、低复杂度、自组织、低功耗、低数据速率、低成本。ZigBee 技术比较成熟，已广泛应用于工业控制、家庭和楼宇自动化、农业自动化等领域，如图9.4所示。

ZigBee 可工作在 2.4 GHz(全球流行)、868 MHz(欧洲流行)和915 MHz(美国流行)3 个频段上，分别具有最高 250 kbit/s、20 kbit/s 和 40 kbit/s 的传输速率，它的传输距离为 50~200 m，而且还可以通过中继器继续增加。

1)ZigBee 网络层次结构

ZigBee 网络层次结构如图9.5所示，由 ZigBee 联盟所主导的标准，定义了网络层(Network Layer)、安全层(Security Layer)、应用层(Application Layer)及各种应用支持子层；而由电气与电子工程师协会(Institute of Electrical and Electronics Engineers，IEEE)所制订的 802.15.4 标准，则定义了物理层(PHY Layer)及 MAC 层(MAC Layer)。

ZigBee 堆栈是在 IEEE 802.15.4 标准基础上建立的，从下往上依次是物理层、MAC 层、网络层、安全层、应用支持子层、应用层。

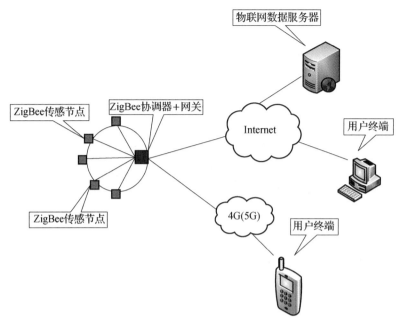

图 9.4　ZigBee 技术的应用领域

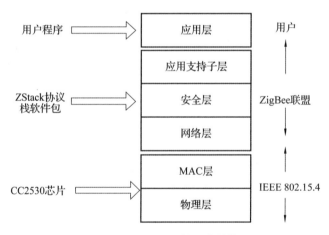

图 9.5　ZigBee 网络层次结构

物理层：协议的最底层，承担着和外界直接作用的任务，主要目的是控制射频（Redio Frequency，RF）收发器工作。

MAC 层：负责设备间无线数据链路的建立、维护和结束，确认模式的数据传输和接收。

网络/安全层：建立新网络，保证数据的传输；对数据进行加密，保证数据的完整性。

应用支持子层：根据服务和需求使多个器件之间进行通信。

应用层：主要根据具体应用由用户开发。

CC2530 芯片实现了 ZigBee 网络的物理层和 MAC 层，包括以下内容。

（1）频率和信道的设置。

（2）IEEE 802. 15. 4—2006 调制格式。

（3）IEEE 802.15.4—2006 帧格式，芯片的 PPDU 单元实现物理层，芯片的 MPDU 单元实现 MAC 层。

（4）AES 协处理器实现 IEEE 802.15.4 的全部安全机制。

ZigBee 网络在物理层和 MAC 层之上的协议，由 ZStack 协议栈实现。

2）典型 ZigBee 物联网系统

典型的 ZigBee 物联网系统如图 9.6 所示。

（1）数据上行通道。多个 ZigBee 终端节点的传感器数据通过 ZigBee 无线网络到达 ZigBee 协调器节点，再经 ZigBee 网关，转换成 TCP/IP 数据格式，进入标准互联网，用户在移动终端（手机 App）或 PC 终端（Web 浏览器）能够查看终端的各种传感信息。

（2）数据下行通道。用户根据上行数据信息，在应用程序界面做出各种控制指令（也可以由智能软件自行做出指令），通过标准互联网到达 ZigBee 网关与协调器，再由协调器通过 ZigBee 无线网络到达终端节点，控制终端节点的执行部件（如继电器、电动机）产生动作。

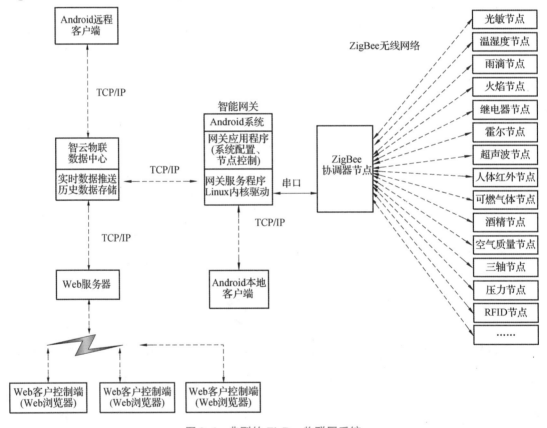

图 9.6 典型的 ZigBee 物联网系统

▶▶▌9.2.2 ZigBee 节点硬件设计 ▶▶▶

1）CC2530 微控制器

CC2530 是基于 2.4 GHz IEEE 802.15.4、ZigBee、ZigBee PRO 和 ZigBeeRF4CE 的一个片上系统解决方案。CC2530 芯片集成增强型 8051 CPU，内置高性能 RF 收发器，内置可

编程闪存(32~256 KB)和 8 KB RAM，并集成多种典型外设模块。CC2530 具有多种运行模式，能满足超低功耗系统的要求。同时，CC2530 运行模式之间的转换时间很短，使其进一步降低能源消耗。

CC2530 提供了一个 IEEE 802.15.4 兼容无线收发器。RF 内核控制模拟无线模块。另外，它提供了 MCU 和无线设备之间的一个接口，这使 MCU 可以发出命令、读取状态、自动操作和确定无线设备事件的顺序。无线设备还包括一个数据包过滤和地址识别模块。

CC2530 芯片内含 MAC 地址，这个 64 位的地址是一个全球唯一的地址，一经分配就将跟随设备一生。此类地址通常由制造商或者用户在安装时设置，由 IEEE 来维护和分配。

CC2530 与 8051 的主要区别如表 9.2 所示。

(1) CC2530 内置无线射频模块，全面实现 IEEE 802.15.4 的物理层和 MAC 层。

(2) CC2530 内置 ADC 模块，提高了对传感器信号的采集效率。

(3) CC2530 的 CPU 速度提高(单时钟指令)，内存增加(8 KB 的 RAM，256 KB 的 ROM)，更好地支持传感器信号采集和无线通信。

(4) CC2530 具有更低功耗。

表 9.2　CC2530 和 8051 的主要区别

类型	RF 模块	ADC 模块	主频	指令速度	RAM	ROM
8051	无	无	12 MHz	12CLOCK	256 B	8 KB
CC2530	有	有	32 MHz	1CLOCK	8 KB	256 KB

2) 节点硬件设计

终端节点以 CC2530 为主控制器，连接传感器和执行机构，数字传感器直接进入 MCU 的 I/O 口，模拟传感器信号经信号处理后进入 MCU 的内部 A/D 引脚，如图 9.7 所示。

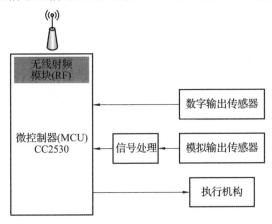

图 9.7　ZigBee 终端节点电路

协调器节点不需要连接传感器和执行机构，CC2530 通过串口与网关相连，如图 9.8 所示。

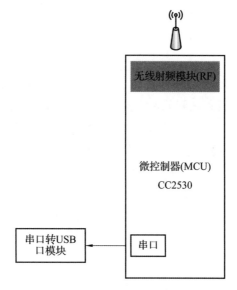

图 9.8　ZigBee 协调器节点电路

▶▶|9.2.3　ZStack 协议栈 ▶▶▶

ZStack 是 ZigBee 协议栈，也是一种操作系统，**并且经过了 ZigBee 联盟的认可而被全球众多开发商广泛采用。ZStack 采用操作系统的思想来构建，采用事件轮循机制，当各层初始化之后，系统进入低功耗模式；当事件发生时，唤醒系统，开始进入中断处理事件，结束后继续进入低功耗模式；如果同时有几个事件发生，则判断优先级，逐次处理事件。这种软件架构可以极大地降低系统的功耗。**

1）项目框架

对于软件设计者而言，ZStack 是一个完整的软件项目框架，软件设计者在这个框架之内填写应用程序。**ZStack 的项目框架如图 9.9 所示。**

图 9.9　ZStack 的项目框架

整个 ZStack 采用分层的软件结构。

(1) App(Application Programming)应用层：这是用户创建各种不同工程的区域，在这个目录中包含了应用层的内容和这个项目的主要内容，在协议栈里面一般是以操作系统的任务实现的。

(2) HAL(Hardware Abstraction Layer)：硬件层目录，包含有与硬件相关的配置和驱动及操作函数。

(3) MAC：包含 MAC 层的参数配置文件及 MAC 层 LIB 库的函数接口文件。

(4) MT(Monitor Test)：实现通过串口控制各层，与各层进行直接交互。

(5) NWK(ZigBee Network Layer)：网络层目录，包含网络层配置参数文件及网络层库的函数接口文件，APS 层库的函数接口文件。

(6) OSAL(Operating System(OS) Abstraction Layer)：协议栈的操作系统。

(7) Profile：AF(Application Work)层目录，包含 AF 层处理函数文件。

(8) Security：安全层目录，包含安全层处理函数，如加密函数等。

(9) Services：地址处理函数目录，包含地址模式的定义及地址处理函数。

(10) Tools：工程配置目录，包括空间划分及 ZStack 相关配置信息。

(11) ZDO(ZigBee Device Objects)：ZDO 目录。

(12) ZMac：MAC 层目录，包括 MAC 层参数配置及 MAC 层 LIB 库函数回调处理函数。

(13) ZMain：主函数目录，包括入口函数及硬件配置文件。

(14) Output：输出文件目录，这个是 EW8051 IDE 自动生成的。

2) 节点类型的选择

ZigBee 无线通信中一般含有 3 种节点类型，分别是协调器节点、路由节点和终端节点。打开教材附属资源中的"ZigBee 节点设计"项目工程文件，可以在 IAR 开发环境下的 Workspace 下拉列表中选择设备类型，可以选择设备类型为协调器、路由器或终端节点，如图 9.10 所示。

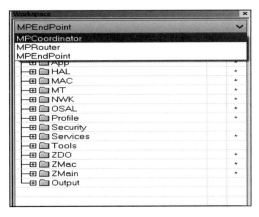

图 9.10 在工程中选择节点类型

3) 地址分配

ZStack 中定义了两种地址，64 位的扩展地址(IEEE 地址)和 16 位的网络短地址。

（1）扩展地址是全球唯一的，就像网卡地址，可由厂家设置或者用户烧写进芯片。

（2）网络短地址是加入 ZigBee 网时，由协调器动态分配的，其在特定的网络中是唯一的，但是不一定每次都一样，只是和其他同网设备相区别，作为标识符。ZStack 的网络短地址分配由 3 个参数决定，这 3 个参数分别是 MAX_DEPTH、MAX_CHILDREN 和 MAX_ROUTERS。

MAX_DEPTH 代表网络最大深度，协调器为 0 级深度，它决定了物理上网络的长度。

MAX_CHILDREN 决定了一个协调器或路由器能拥有几个子节点。

MAX_ROUTERS 决定了一个协调器或路由器能拥有几个具有路由功能的节点。

4）配置文件

ZStack 源码工程内提供了一些配置文件，所处位置如图 9.11 所示。

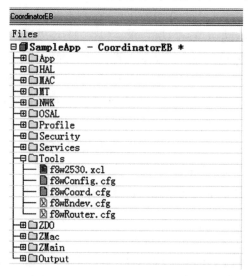

图 9.11　配置文件所处位置

这些文件的作用如下。

（1）f8w2530. xcl：CC2530 处理器的链接脚本文件。

（2）f8wConfig. cfg：ZStack 通用配置文件。

①DZIGBEEPRO：启用 ZigBee Pro 协议栈。

②DREFLECTOR：允许绑定。

③DDEFAULT_CHANLIST：选择默认频道，通过在 f8wConfig. cfg 里面解除注释对应的行来选择不同的频道。

④DZDAPP_CONFIG_PAN_ID：通过改变 PAN_ID 来识别同一个频道里的不同 ZigBee 网络。

⑤DRFD_RCVC_ALWAYS_ON=FALSE #：当这个选项为 FALSE 时，允许终端节点睡眠；否则不允许。

（3）f8wCoord. cfg：协调器的基本配置文件。

（4）f8wEndev. cfg：终端的基本配置文件。

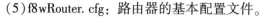

（5）f8wRouter. cfg：路由器的基本配置文件。

5）ZStack 工作流程

ZStack 协议栈是一个基于轮转查询式的操作系统，它的 main 函数一共做了两件事，一件是系统初始化，即由启动代码来初始化硬件系统和软件架构需要的各个模块，另外一件就是开始启动操作系统实体。整个 ZStack 的主要工作流程，大致分为系统启动、驱动初始化、OSAL 初始化和启动、进入任务轮循，如图 9.12 所示。

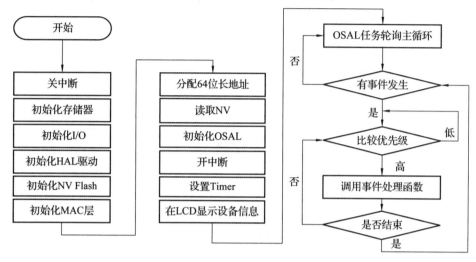

图 9.12　ZStack 工作流程

（1）系统事件：每个默认的任务对应着的是协议的层次。这些任务从上到下的顺序反映出了任务的优先级，**代码如下：**

```
macTaskInit(taskID=0, event)
nwk_event_loop(taskID=1, event)
hal_ProcessEvent(taskID=2, event)
MT_ProcessEvent(taskID=3, event)
APS_event_loop(taskID=4, event)
ZDApp_event_loop(taskID=5, event)
SAPI_ProcessEvent(taskID=6, event)
```

（2）用户自定义事件：除了系统事件，用户也可以自定义事件，用户事件值只能设置为 0x0000 ~ 0x00FF，**大于 0x00FF 的是系统事件。**通过 osal_start_timerEx(uint8 taskID，uint16 event_id, uint16 timeout_value)函数产生用户自定义事件，代码如下：

```
#define MY_REPORT_TEMP_EVT 0x0002
...
//5 000 ms 后启动 MY_REPORT_TEMP_EVT 事件
osal_start_timerEx(sapi_TaskID, MY_REPORT_TEMP_EVT, 5000);
```

9.2.4 ZigBee 节点软件设计

1)项目背景

ZigBee 星形网络测温系统如图 9.13 所示。终端节点周期性向协调器节点发送自身的温度传感器检测数据,协调器节点将终端数据汇总后发给 PC 网关,PC 的串口软件能够接收和显示网络拓扑与数据。网络模式为星形(源代码见配套资源)。

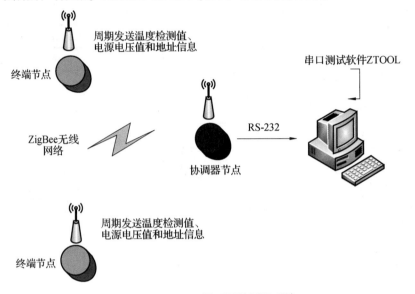

图 9.13 ZigBee 星形网络测温系统

2)终端节点及协调器节点工作流程

ZigBee 终端节点及协调器节点工作流程如图 9.14 所示。协调器处于主导地位,组建网络,终端节点(路由节点)申请加入。

3)在协调器项目文件中配置网络参数

网络参数的配置,均在协调器项目文件中进行。ZigBee 有 3 种网络拓扑,即星形、树形和网状网络。星形网络中,所有节点只能与协调器进行通信,而它们相互之间的通信是禁止的;树形网络中,终端节点只能与它的父节点通信,路由节点可与它的父节点和子节点通信;网状网络中,全部功能节点之间是可以相互通信的。一般的参数配置如下。

(1)星形网络:NWK_MODE 设置为 NWK_MODE_STAR。

CskipRtrs[MAX_NODE_DEPTH+1] = {5, 0, 0, 0, 0, 0}, (nwk_globals.c)

CskipChldrn[MAX_NODE_DEPTH+1] = {10, 0, 0, 0, 0, 0}

代表只有协调器允许节点加入,且协调器最多允许 10 个子节点加入,其中最多 5 个路由节点,剩余的为终端节点。

(2)树形网络:NWK_MODE 设置为 NWK_MODE_TREE。

CskipRtrs[MAX_NODE_DEPTH+1] = {1, 1, 1, 1, 1, 0}

CskipChldrn[MAX_NODE_DEPTH+1] = {2, 2, 2, 2, 2, 0}

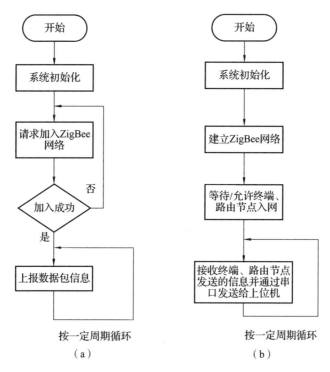

图 9.14 ZigBee 终端节点及协调器节点工作流程

（a）终端节点；（b）协调器节点

（3）网状网络：NWK_MODE 设置为 NWK_MODE_MESH。

CskipRtrs[MAX_NODE_DEPTH+1] = {6, 6, 6, 6, 6, 0}

CskipChldrn[MAX_NODE_DEPTH+1] = {20, 20, 20, 20, 20, 0}

协议栈默认。

通过图形界面方式修改工程中的选项进行网络模式的设置，如图 9.15、图 9.16 所示。

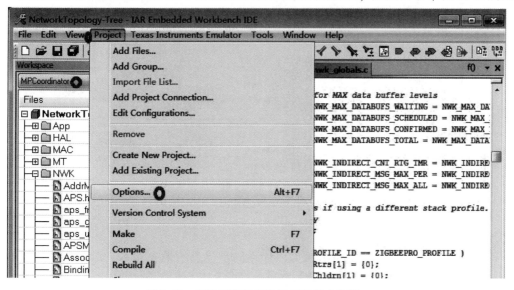

图 9.15 修改工程选项选择网络模式步骤 1

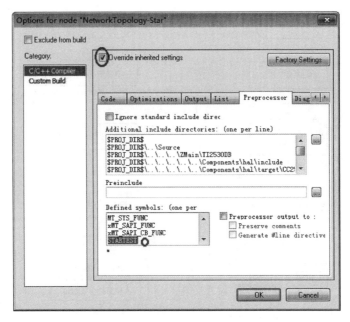

图 9.16　修改工程选项选择网络模式步骤 2

然后使用代码方式修改 HOME_CONTROLS(在 nwk_globals. h 文件中定义)的网络模式
(NWK_MODE)，来选择不同的网络拓扑，如图 9.17 所示。

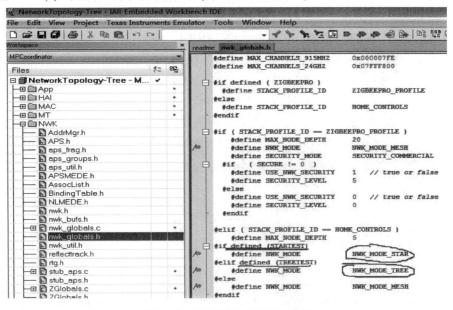

图 9.17　代码方式设置网络模式

在 nwk_globals. c 文件中设定数组 CskipRtrs 和 CskipChldrn 的值，从而进一步控制网络的形式。

CskipChldrn 数组的值代表每一级可以加入的子节点的最大数目，CskipRtrs 数组的值代表每一级可以加入的路由节点的最大数目，如图 9.18 所示。

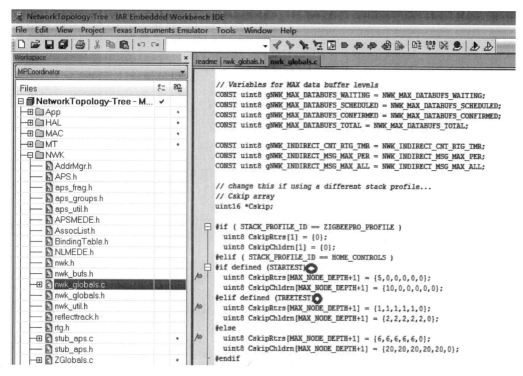

图 9.18 配置子节点数和路由节点数

4）终端节点应用程序设计

（1）流程。ZStack 的终端节点流程如图 9.19 所示。关键的点是在 zb_HandleOsalEvent 函数中处理 MY_REPORT_EVT 事件，调用 sendReport 函数实现。

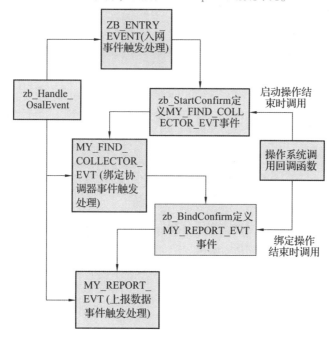

图 9.19 ZStack 的终端节点流程

（2）**触发用户事件。**在 zb_BindConfirm 函数中触发 MY_REPORT_EVT 用户事件，代码如下：

```
void zb_BindConfirm(uint16 commandId, uint8 status)
{if(status==ZB_SUCCESS)
  {appState=APP_REPORT;
      //Start reporting
    osal_set_event(sapi_TaskID, MY_REPORT_EVT);
  }
  else
  { osal_start_timerEx(sapi_TaskID, MY_FIND_COLLECTOR_EVT,
  myBindRetryDelay);
  }
}
```

（3）**处理 MY_REPORT_EVT 事件。**在 zb_HandleOsalEvent 函数中处理 MY_REPORT_EVT 事件，调用 sendReport 函数实现，伪代码如下：

```
void zb_HandleOsalEvent(uint16 event)
{...
if(event & ZB_ENTRY_EVENT)//ZigBee 入网事件
{...}
if(event&MY_REPORT_EVT)//MY_REPORT_EVT 事件触发处理
{if(appState==PP_REPORT)
{sendReport();
osal_start_timerEx(sapi_TaskID, MY_REPORT_EVT, myReportPeri-
od);
}
if(event&MY_FIND_COLLECTOR_EVT)
{...
//Find and bind to a collector device
zb_BindDevice(TRUE, SENSOR_REPORT_CMD_ID, (uint8 *)NULL);
}}}
```

（4）**数据包发送给协调器。**在函数 sendReport 中，把温度检测数据和自身地址打包，调用 ZStack 的系统函数 zb_SendDataRequest，将数据包发送到 RF 模块，进而通过无线网络发送给协调器。其中，temp 为获取的传感器温度值（获取函数略），伪代码如下：

```
static void sendReport(void)
{...
    //上报过程中 LED 灯闪烁一次
    HalLedSet(HAL_LED_1, HAL_LED_MODE_OFF);
    HalLedSet(HAL_LED_1, AL_LED_MODE_BLINK);
    pData[SENSOR_TEMP_OFFSET]=temp; //取温度值
    pData[SENSOR_PARENT_OFFSET]=HI_UINT16(parentShortAddr);
    pData[SENSOR_PARENT_OFFSET+1]=LO_UINT16(parentShortAddr);
    ...
    //将数据包发送给协调器(协调器的地址为 0xFFFE)
    zb_SendDataRequest(0xFFFE, SENSOR_REPORT_CMD_ID, SENSOR_
REPORT_LENGTH, pData, 0, txOptions, 0);
}
```

5）协调器节点程序设计

协调器节点程序流程如图 9.20 所示。

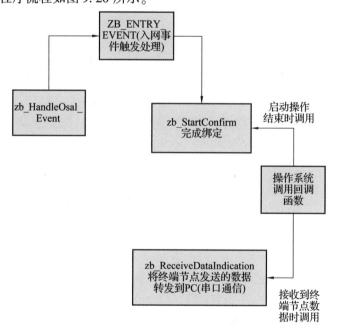

图 9.20　协调器节点程序流程

当协调器接收到终端节点的数据后，系统自动调用 ZStack 库函数 zb_ReceiveDataIndication 处理接收数据，该函数对接收的数据进行格式处理，并发送给网关，**代码如下：**

```
    void zb_ReceiveDataIndication ( uint16 source, uint16 command,
uint16 len, uint8 *pData)
    {//处理数据格式
        gtwData.parent = BUILD_UINT16 ( pData [ SENSOR_PARENT_OFFSET +
1], pData [ SENSOR_PARENT_OFFSET ]);
        gtwData.source = source;
        gtwData.temp = *pData;
        gtwData.voltage = *(pData+1);
        //FlashLED1 once to indicate data reception
        //接收到数据之后 LED 灯闪烁 1 次
        HalLedSet(HAL_LED_1, HAL_LED_MODE_OFF);
        HalLedSet(HAL_LED_1, HAL_LED_MODE_BLINK);
        //发送网关数据 sendGtwReport(&gtwData);
    }
```

在 sendGtwReport 函数中，调用了系统函数 HalUARTWrite，把数据通过串口传送给网关，伪代码如下：

```
    static void sendGtwReport(gtwData_t *gtwData)
    {...
        //Data
        pFrame [ FRAME_DATA_OFFSET + ZB_RECV_DATA_OFFSET ] = gtwData ->
temp;
         pFrame [ FRAME_DATA_OFFSET + ZB_RECV_DATA_OFFSET + 1 ] =
gtwData->voltage;
         pFrame [ FRAME_DATA_OFFSET + ZB_RECV_DATA_OFFSET + 2 ] = LO_
UINT16(gtwData->parent);
         pFrame [ FRAME_DATA_OFFSET + ZB_RECV_DATA_OFFSET + 3 ] = HI_
UINT16(gtwData->parent);
        //Frame Check Sequence
        pFrame [ ZB_RECV_LENGTH - ] = calcFCS ( &pFrame [ FRAME_LENGTH_
OFFSET], (ZB_RECV_LENGTH-2));
        //Write report to UART
        HalUARTWrite(HAL_UART_PORT_0, pFrame, ZB_RECV_LENGTH);
    }
```

6）运行结果

系统运行结果如图 9.21 所示，路由节点只显示节点地址，终端节点显示温度和地址。

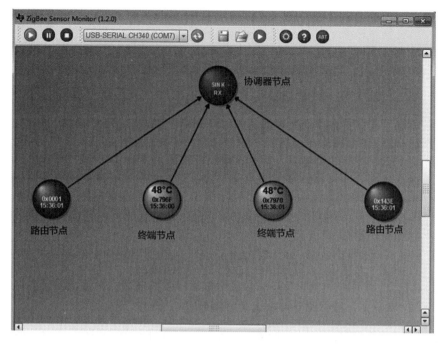

图 9.21 系统运行结果

 ## 9.3 LoRa 物联网节点设计

▶▶ 9.3.1 LoRa 网络概述 ▶▶▶ ▶

LoRa(Long Range Radio，远距离无线电)是 LoRa 联盟推出的一个基于扩频技术和开源的 MAC 层协议的低功耗广域网(Low Power Wide Area Network，LPWAN)标准，在国外已广泛应用于农业信息化、环境监测、智能抄表等领域。LoRa 最大的特点就是可以实现远距离、低功耗传输，与其他无线通信技术相比，在传输条件和功耗相同的条件下，LoRa 传输距离更远。目前，LoRa 主要在全球免费频段运行，包括 433 MHz、868 MHz、915 MHz 等(中国频段 410～525 MHz)。目前 LoRa 联盟在全球拥有超过 500 个会员，并在全球超过100 个国家布置了 LoRa 网络，如美国、加拿大、巴西、中国、俄罗斯、印度、马来西亚、新加坡等。

1)网络结构

LoRaWAN 整体网络结构分为终端节点、网关、网络服务、应用服务等，如图 9.22 所示。一般来说，LoRa 终端节点和网关之间可以通过 LoRa 无线技术进行数据传输，而网关和核心网或广域网之间的交互可以通过 TCP/IP 实现，可以是有线连接的以太网，亦可以是 3G/4G 类的无线连接。为了保证数据的安全性、可靠性，LoRaWAN 采用了长度为 128 bit 的对称加密算法(Advanced Encryption Standard，AES)进行完整性保护和数据加密。

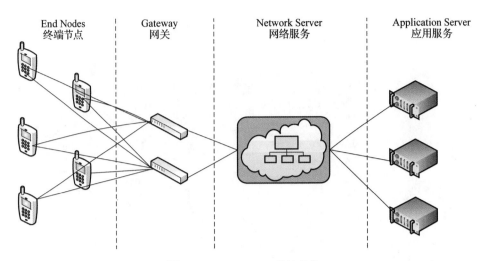

图 9.22　LoRaWAN 系统架构

2）特点

LoRa 接收灵敏度非常高（-148 dBm），采用线性调频扩频调制技术，既保持低功耗特性，又增加了通信距离，同时提高了网络效率。LoRa 集中器/网关能够并行接收并处理多个节点的数据，大大扩展了系统容量。LoRa 的特点如图 9.23 所示。

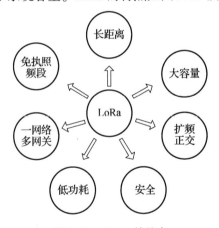

图 9.23　LoRa 的特点

3）协议种类

LoRaWAN 网络将终端设备划分成 A/B/C 三类。

A 类：双向通信终端设备。这一类的终端设备允许双向通信，每一个终端设备上行传输会伴随着两个下行接收窗口。终端设备的传输时隙基于其自身通信需求，其微调基于 ALOHA 协议。A 类设备的功耗最低，基站下行通信只能在终端上行通信之后。

B 类：具有预设接收时隙的双向通信终端设备。这一类的终端设备会在预设时间中开放多余的接收窗口，为了达到这一目的，终端设备会同步从网关接收一个 Beacon，通过 Beacon 将基站与模块的时间进行同步。B 类终端可以使基站知道终端正在接收数据。

C 类：具有最大接收窗口的双向通信终端设备。这一类的终端设备持续开放接收窗

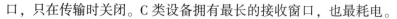

口，只在传输时关闭。C 类设备拥有最长的接收窗口，也最耗电。

LoRa 是一种调制技术，与同类技术相比，它能提供更远的通信距离。LoRa 协议仅包含物理层协议，并且非常适用于节点间的点对点通信。LoRa 经常被误用来描述整个低功耗广域网通信系统，其实 LoRa 是 Semtech 公司拥有的专有调制格式。SX1276(1278)LoRa 芯片使用称为 Chirp 扩频(Chirp Spread Spectrum，CSS)的调制技术来组成技术栈的物理层。由于 LoRa 调制是物理层，因此也可将其用于不同的协议和不同的网络架构，如网状网络、星形、点对点等。LoRa 应用协议分别是 LoRaWAN 协议、CLAA 协议、LoRa 私有协议等。

（1）LoRaWAN 协议。LoRaWAN 协议是由 LoRa 联盟推动的一种低功耗广域网协议，针对低成本、电池供电的传感器进行了优化，包括不同类别的节点，优化了网络延迟和电池寿命。LoRa 联盟标准化了 LoRaWAN，以确保不同国家的 LoRa 网络是可以相互操作的。LoRaWAN 构建的是一个运营商级的大网，覆盖全国的网络。经过几年的发展，目前 LoRaWAN 已建立起了较为完整的生态链：LoRa 芯片→模组→传感器→基站或网关→网络服务→应用服务。LoRaWAN 协议网络层次结构如图 9.24 所示。

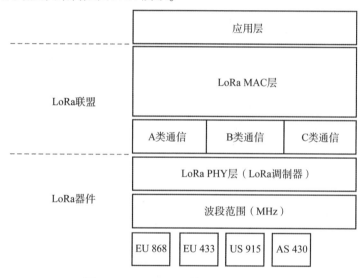

图 9.24　LoRaWAN 协议网络层次结构

（2）CLAA 协议。中国 LoRa 应用联盟(China LoRa Application Alliance，CLAA)是在 LoRa 联盟支持下，由中兴通信发起，各行业物联网应用创新主体广泛参与、合作共建的技术联盟，旨在共同建立中国 LoRa 应用合作生态圈，推动 LoRa 产业链在中国的应用和发展，建设多业务共享、低成本、广覆盖、可运营的 LoRa 物联网。中兴通信作为 LoRa 联盟的成员，与 LoRa 联盟成员一起共同推动 LoRa 技术在全球低功耗广域网建设和产业链的发展。

（3）LoRa 私有协议。在面向小范围、节点数不多的应用中，使用 LoRaWAN 网关部署网络的成本就显得很高了。用一个或几个 SX127x 做一个小"网关"或"集中器"，无线连接上百个 SX127x，组建一个小的星形网络，通过自己的 LoRa 私有通信协议，就可以实现一个简单的 LoRa 私有网络，这是一种比较灵活的方式。由于 SX127x 仅支持单通道的 LoRa

无线数据收发，所以需要在设计上实现节点的分时复用。LoRa 私有协议对应的项目具有一些要求：节点数目较少、上报和下发通信具有定时规律、对带宽的要求很低。

4）LoRa 网络参数

（1）发射功率（PV）。提高通信距离常用的办法是提高发射功率，但同时也带来更多的功耗，发射功率和功耗之间成正比关系。LoRa 的发射功率范围为 0～20 dBm。

（2）基频（FP）。基频就是无线的发射频率，不同频率下传输设备不能相互接收，可以称为不同信道。LoRa 的频率范围为 410～525 MHz。

（3）编码率（CR）。LoRa 采用循环纠错编码进行前向错误检测与纠错，使用这样的纠错编码之后，会产生传输开销。在存在干扰的情况下，前向纠错能有效提高链路的可靠性。编码率是数据流中有用部分（非冗余）的比例。也就是说，如果编码率是 k/n，则对每 k 位有用信息，编码器总共产生 n 位的数据，其中（$n-k$）位是多余的。LoRa 的编码率范围为 4/5、4/6、4/7、4/8。

（4）扩频因子（SF）。LoRa 扩频调制技术采用多个信息码片来代表有效负载信息的每个位。扩频信息的发送速度称为符号速率，而码片速率与标称符号速率之间的比值即为扩频因子，其表示每个信息位发送的符号数量。简单地说，就是把很长的数字信号，如 1 或者 0，用扩频码 1101 把它扩频，就变成了 1101 或 0010，这样带宽就变大了。LoRa 的扩频因子范围为 6～12。

（5）带宽（BW）。信道带宽是限定允许通过该信道的信号下限频率和上限频率，是单位时间内的最大数据流量。增加信号带宽，可以提高有效数据速率，缩短传输时间，但会牺牲接收灵敏度。LoRa 的带宽范围为 7.8～500 kHz。

（6）前导码长度（PS）。LoRa 数据包由 3 个部分组成：前导码、可选报头、数据有效负载。其中，前导码用于确保接收机与输入的数据流同步。

（7）网络 ID。网络 ID 在 LoRa 协议系统中用于硬件分组。

5）典型 LoRa 物联网系统

典型的 LoRa 物联网系统如图 9.25 所示，与 ZigBee 物联网系统在架构上非常相似。

（1）数据上行通道。多个 LoRa 终端节点的传感器数据通过 LoRa 无线网络到达 LoRa 汇聚节点，再经 LoRa 网关，转换成 TCP/IP 数据格式，进入标准互联网，用户在移动终端（手机 App）或 PC 终端（Web 浏览器）能够查看终端的各种传感信息。

（2）数据下行通道。用户根据上行数据信息，在应用程序界面做出各种控制指令（也可以由智能软件自行做出指令），通过标准互联网到达 LoRa 网关与协调器，再由协调器通过 LoRa 无线网络到达终端节点，控制终端节点的执行部件（如继电器、电动机）产生动作。

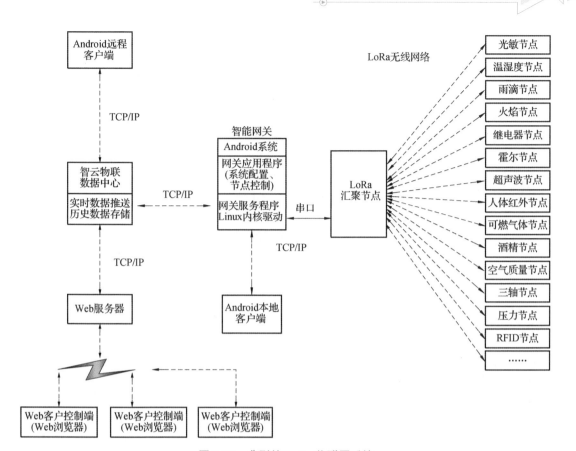

图 9.25 典型的 LoRa 物联网系统

▶▶| 9.3.2 LoRa 节点硬件设计 ▶▶▶

1) LoRa 终端节点整体框架

LoRa 终端节点整体框架如图 9.26 所示，微控制器 STM32F103 连接各类传感器和执行机构，微控制器与 LoRa 射频模块以 SPI 总线方式进行数据通信，LoRa 射频模块的各种工作状态，通过 DIO 口，作为外部中断信号进入微控制器，触发微控制器调用相关中断函数进行业务处理。

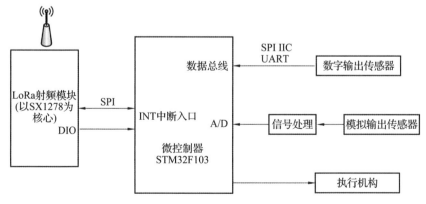

图 9.26 LoRa 终端节点整体框架

2）SX1278 射频芯片

SX1278 是 Semtech 公司在 2013 年推出的一款远距离、低功耗的无线收发器，是一款性能优良的物联网无线收发器，具备特殊的 LoRa 调制方式，在一定程度上增加了通信距离。

LoRa 的射频芯片主要分为两大类，一类是 LoRa 终端射频芯片，另一类是 LoRa 基站/网关射频芯片。LoRa 终端射频芯片目前有 3 款：SX1278、SX1276、SX1277。LoRa 基站/网关射频芯片目前只有一款：SX1301。终端射频芯片与基站/网关射频芯片的主要区别在于终端射频芯片重在支持低功耗和单通道，而基站/网关射频芯片重在支持多通道和大连接。

SX1278 与 SX1276 在性能上几乎没有差别，SX1278 主要针对 433 MHz 与 470 MHz 网段的国家和地区，包括中国、东南亚、南美与东欧。SX1276 则主要覆盖欧洲与北美等使用的 868 MHz 和 915 MHz 频段。在封装上两颗芯片略有区别，引脚定义无法兼容。SX1276 的带宽范围为 7.8 ~ 500 kHz，扩频因子为 6 ~ 12，并覆盖所有可用频段。SX1277 的带宽和频段范围与 SX1276 相同，但扩频因子为 6 ~ 9。SX1278 的带宽和扩频因子与 SX1276 相同，但仅覆盖较低的 UHF（Ultra High Frequency，特高频，频率为 300 ~ 3 000 MHz 的无线电波）频段。

SX1276/77/78 系列产品采用了 LoRaTM 扩频调制解调技术，使器件传输距离远远超出现有的基于 FSK（Frequency Shift Keying，数字高频）或 OOK（On-off Keying，二进制启闭键控）调制方式的系统。在最大数据速率下，LoRaTM 的灵敏度要比 FSK 高出 8 dB；但若使用低成本材料和 20 ppm 晶体的 LoRaTM，其收发器灵敏度可以比 FSK 高出 20 dB 以上。LoRaTM 在选择和阻塞性能方面也具有显著优势，可以进一步提高通信可靠度。它还提供了很大的灵活性，用户可自行决定扩频调制带宽（BW）、扩频因子（SF）和编码率（CR）。

LoRaTM 的另一优点就是，每个扩频因子均呈正交分布，因而多个传输信号可以占用同一信道而不互相干扰，并且能够与现有基于 FSK 的系统简单共存。SX1276/77/78 还支持标准的 GFSK（Gauss Frequency Shift Keying，高斯频移键控）、FSK、OOK 及 GMSK（Gaussian Filtered Minimum Shift Keying，高斯最小频移键控）调制模式，因而能够与现有的 M-BUS 和 IEEE 802.15.4 等系统或标准兼容。

3）LoRa 射频模块

SX1278 LoRa 芯片主要用于超长距离扩频通信，抗干扰性强，能够最大限度降低电流消耗。借助 LoRa 专利调制技术，SX1278 具有超过 -148 dBm 的高灵敏度，+20 dBm 的功率输出，传输距离远，可靠性高。同时，相对传统调制技术，LoRaTM 在抗阻塞和选择方面也具有明显优势，解决了传统设计方案无法同时兼顾距离、抗干扰和功耗的问题。

实际工程应用中，为更好地移植射频部分，会将 SX1278、TCXO 和 RF_SWITCH 集成到一个电路板上，做成射频模块，其结构如图 9.27 所示，其引脚如表 9.3 所示。其中，TCXO 为 SX1278 的高频部分提供精准时钟，RF_SWITCH 为半双工的 SX1278 切换输入、输出状态。

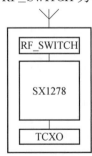

图 9.27　LoRa 射频模块结构

表 9.3 LoRa 射频模块的引脚

引脚序	名称	功能说明
测试点	ANT	接天线
1	GND	接地
2	GND	接地
3	3.3 V	典型值 3.3 V 供电
4	RESET	复位脚
5	DI00	数字 I00 软件配置
6	DI01	数字 I01 软件配置
7	DI02	数字 I02 软件配置
8	DI03	数字 I03 软件配置
9	GND	接地
10	DI04	数字 I04 软件配置
11	DI05	数字 I05 软件配置
12	SCK	SPI 时钟输入
13	MISO	SPI 数据输出
14	MOSI	SPI 数据输入
15	NSS	SPI 片选输入
16	GND	接地

▶▶| 9.3.3 Contiki 嵌入式操作系统 ▶▶ ▶

1）LoRa 终端需要操作系统的原因

（1）降低复杂度。LoRa 终端的复杂度比较高：它需要驱动 SX1278，这需要处理很多事件，如接收数据超时、接收数据错误等；它需要实现网络算法，如申请入网、主动上报、低功耗唤醒、断网续连等；它需要管理本地设备，如采集传感器数据、控制阀门等。使用操作系统，可以将上述任务分解成多个进程，使开发者专注于每个进程的实现，可以有效降低复杂度。

（2）复用组件。LoRa 终端有比较复杂的功能需求：射频计算机辅助设计（Computer Aided Design，CAD）侦听到唤醒信号后，快速通知进程接收数据帧；需要一个软定时器来灵活地延时和唤醒等。这些系统组件，操作系统都提供，复用成熟稳定的组件是提高软件生产力的有效手段。

（3）提高 CPU 效率。当 LoRa 终端等待射频发送数据包完成前，它无事可干；而其他进程希望得到 CPU 运行权，操作系统会完成调度，它会将因等待而无事可干的进程阻塞，而将 CPU 分配给具备运行条件的进程。

（4）移植性更好。因为某种原因（需要更强大的计算能力、更低成本等）需要更换 LoRa

终端的 MCU，有操作系统支撑的系统就会比较轻松，因为应用软件调用的是操作系统的 API，它很少与硬件层直接打交道；基本上，只要将操作系统移植到"新 MCU 平台"，软件系统就可以运行。

2）Contiki 操作系统的特点

Contiki 是一个开源的、高度可移植的多任务操作系统，适用于联网嵌入式系统和无线传感器网络，由瑞典计算机科学学院(Swedish Institute of Computer Science)的 Adam Dunkels 和他的团队开发。Contiki 完全采用 C 语言开发，可移植性非常好，对硬件的要求极低，能够运行在各种类型的微处理器及计算机上，目前已经移植到 8051 MCU、MSP430、AVR、ARM、PC 等硬件平台上。

Contiki 是少有能同时实现两个目标的操作系统：对内存要求极低，同时支持进程阻塞机制。

（1）节省内存。Contiki 用一个巧妙的机制来实现进程的调度：当进程被阻塞时，操作系统记录该进程的下一个 C 语言行号；当进程继续运行时，从记录的 C 语言行号继续运行。这种机制从两个方面极大地节省了内存：所有的进程共享一个栈，没有上下文切换。甚至在小于 1 KB 内存的 MCU 上，Contiki 都可以良好地运行。

（2）进程阻塞。在 Contiki 系统中可以实现如下语句：进程发送无线电数据包，然后阻塞自己，直到发送完毕。这种"优雅"的机制，非常符合程序员思维，同时降低了开发的复杂度。

（3）移植简单。如果仅使用 Contiki 的内核，那么只需要移植 clock.c，即从 MCU 中找一个定时器来给 etimer 进程提供时钟源。如果使用 Contiki 的网络协议栈，则需要按 radio.c 实现无线收发函数。

（4）丰富的网络协议栈。针对无线通信，Contiki 提供 3 种 MAC 协议，还有 RIME 通信原语和 RPL 路由协议；针对 TCP/IP，Contiki 提供 uIP 协议栈，它支持 IPv4 和 IPv6。

3）Contiki 的事件驱动

Contiki 的两个主要机制：事件驱动和 protothread 机制。前者是为了降低功耗，后者是为了节省内存。

在 Contiki 系统中，事件被分为以下 3 种类型。

（1）定时器事件(Timer Events)：进程可以设置一个定时器，在给定的时间完成之后生成一个事件，进程一直阻塞，直到定时器终止，才继续执行。

（2）外部事件(External Events)：外围设备连接到具有中断功能的微处理器 I/O 引脚，触发中断时可能生成事件。

（3）内部事件(Internal Events)：任何进程都可以为自身或其他进程指定事件。

4）Contiki 的 protothread 机制

传统的操作系统使用栈保存进程上下文，每个进程需要一个栈，这对于内存极度受限的传感器设备来说，不太可能实现。protothread 机制解决了这个问题，通过保存进程被阻塞处的行数（进程结构体的一个变量，unsiged short 类型，只需两个字节），从而实现进程切换，当该进程下一次被调度时，通过 switch(_LINE_)跳转到刚才保存的点，恢复执行。

整个 Contiki 只用一个栈，当进程切换时清空，大大节省了内存。

5）Contiki 的定时器

Contiki 包含一个时钟模块，体现有以下 5 种定时器模型。

（1）timer、stimer：提供了最简单的时钟操作，即检查时钟周期是否已经结束。程序从 timer 中读出状态，判断时钟是否过期。timer 使用的是系统时钟的 ticks，而 stimer 使用的是秒。

（2）Ctimer：回调定时器，驱动某一个回调函数。

（3）etimer：事件定时器，驱动某一个事件。

（4）Rtimer：实时时钟。

6）事件、进程和 etimer 之间的关系

（1）事件与 etimer 关系：etimer_process 执行时，会遍历整个 etimer 链表，检查 etimer 是否有到期的，若有到期的则把事件 PROCESS_EVENT_TIMER 加入事件队列中，并将该 etimer 成员变量 p 指向 PROCESS_NONE。PROCESS_NONE 用于标识该 etimer 是否到期，函数 etimer_expired 会根据 etimer 的 p 是否指向 PROCESS_NONE 来判断该 etimer 是否到期。

（2）进程与 etimer 关系：etimer 是一种特殊事件。etimer 与进程并不是一一对应的关系，即一个 etimer 必定绑定一个进程，但进程不一定非得绑定 etimer。

（3）进程与事件关系：当有事件传递给进程时，就新建一个事件加入事件队列，并绑定该进程，所以一个进程可以对应多个事件，而一个事件可以广播给所有进程，即该事件成员变量 p 指向空。当调用 do_event 函数时，将进程链表所有进程投入运行。

7）main 函数的主要执行过程

在 Contiki 中每一种硬件平台都对应一个 main 源程序，在该程序中含有 main 函数，嵌入式系统不断运行着 main 函数中的循环。

main 函数的主要执行过程如下。

（1）硬件初始化：根据不同的硬件平台，对相关的硬件进行初始化，包括串口、网络等。

（2）时钟初始化：对系统时钟进行初始化，不同的平台所使用的时钟会有所不同。

（3）进程初始化：process_init 函数主要是完成事件队列和进程链表初始化。

（4）启动系统进程：特别是与时钟相关的进程，完成系统的特定功能。

（5）启动用户指定自动运行的进程。

（6）进入事件处理的循环：遍历所有高优先级的进程并执行，然后转去处理事件队列中的一个事件，将该事件与进程绑定。主要包括如下阶段。

①创建进程：由宏 PROCESS 完成，主要包括两个方面，一是定义一个进程控制块，二是定义进程执行体的函数。

②启动进程：由 process_start 函数启动一个进程，如果进程不在链表中，则将进程加入进程链表，并给该进程发一个初始化事件 PROCESS_EVENT_ INIT，初始化进程的运行状态。

③进程退出：执行退出进行函数 exit_process。先进行参数验证，确保进程在进程链表中，然后向所有进程发一个同步事件 PROCESS_EVENT_EXEXITED。

8）进程举例

一个完整的进程代码如下：

```
//hello 进程主体
PROCESS_THREAD(hello, ev, data)
{
    PROCESS_BEGIN();                        //进程启动
    while(1){                               //进程循环体
    printf("HelloWorld! \r \n");            //进程打印信息
    etimer_set(&hello_timer, CLOCK_SECOND); //进程定时进入执行设置
    process_status=2;
    PROCESS_YIELD();                        //进程跳转
    }
    PROCESS_END();                          //进程结束
}
```

9.3.4 SX1278 的 LoRa 调制解调器特点

1）可修改的关键设计参数

针对特定的应用，可以通过调整扩频因子、调制编码率及信号带宽这 3 个关键设计参数对 LoRaTM 调制解调技术进行优化。对上述某种设计参数进行调整之后，可在链路预算、抗干扰性、频谱占用度及标称数据速率之间达到平衡。

（1）扩频因子。LoRaTM 扩频调制技术采用多个信息码片来代表有效负载信息的每个位。扩频信息的发送速率称为符号速率（Rs），而码片速率与标称符号速率之间的比值即为扩频因子，其表示每个信息位发送的符号数量。LoRaTM 调制解调器中扩频因子的取值范围如表 9.4 所示。

表 9.4　LoRaTM 调制解调器中扩频因子的取值范围

扩频因子	扩频因子(码片/符号)	LoRa 解调器信噪比(SNR)
6	64	−5 dB
7	128	−7.5 dB
8	256	−10 dB
9	512	−12.5 dB
10	1 024	−15 dB
11	2 048	−17.5 dB
12	4 096	−20 dB

（2）编码率。为进一步提高链路的健壮性，LoRaTM 调制解调器采用循环纠错编码进行前向错误检测与纠错。使用这样的纠错编码之后，会产生传输开销。每次传输产生的数据开销如表 9.5 所示。在存在干扰的情况下，前向纠错能有效提高链路的可靠性。由此，编码率及抗干扰性能可以随着信道条件的变化而变化——可以选择在报头中加入编码率以便接收端能够解析。

表 9.5 每次传输产生的数据开销

编码率	循环编码率	开销比率
1	4/5	1.25
2	4/6	1.5
3	4/7	1.75
4	4/8	2

(3)信号带宽。增加信号带宽，可以提高有效数据速率以缩短传输时间(牺牲灵敏度)，LoRaTM 调制解调器中描述的带宽则是指双边带带宽或全信道带宽。信号带宽对应的扩频因子和编码率如表 9.6 所示。

表 9.6 信号带宽对应的扩频因子和编码率

带宽/kHz	扩频因子	编码率
7.8	12	4/5
10.4	12	4/5
15.6	12	4/5
20.8	12	4/5
31.2	12	4/5
41.7	12	4/5
62.5	12	4/5
125	12	4/5
250	12	4/5
500	12	4/5

2)LoRaTM 数据包结构

LoRaTM 调制解调器采用隐式和显式两种数据包格式。显式数据包结构如图 9.28 所示。

前导码	报头	报头CRC	负载	负载CRC

图 9.28 显式数据包结构

(1)前导码。前导码用于保持接收机与输入的数据流同步。默认情况下，数据包含有 12 个符号长度的前导码。前导码长度是一个可以通过编程来设置的变量，所以前导码的长度可以扩展。例如，在接收密集型应用中，为了降低接收机占空比，可缩短前导码的长度。然而，前导码的最小允许长度就可以满足所有通信需求。对于希望前导码是固定开销的情况，可以将前导码寄存器长度设置在 6～65 536 之间来改变发送前导码长度，实际发送前导码的长度范围为 10～65 539。这样几乎就可以发送任意长的前导码序列。

接收机会定期执行前导码检测。因此，接收机的前导码长度应与发射机一致。如果前导码长度未知或可能会发生变化，则应将接收机的前导码长度设置为最大值。

（2）报头。显式报头模式是默认的操作模式。在这种模式下，报头包含有效负载的相关信息，包括以字节数表示的有效负载长度、前向纠错码率、是否打开可选的 16 位负载 CRC。

在特定情况下，如果有效负载长度、错误编码率及 CRC 为固定或已知，则比较有效的做法是通过调用隐式报头模式来缩短发送时间。这种情况下，需要手动设置无线链路两端的有效负载长度、错误编码率及 CRC。如果将扩频因子设定为 6，则只能使用隐式报头模式。

（3）有效负载。数据包有效负载是一个长度不固定的字段，而实际长度和纠错编码率则由显式报头模式下的报头指定或者由隐式报头模式下在寄存器的设置来决定。另外，还可以选择在有效负载中包含 CRC 码、有关有效负载的更多信息及如何从 FIFO 数据缓存提取有效负载。

3）数字 I/O 引脚映射

SX1276/77/78 上有 6 个通用的 I/O 引脚，引脚输出体现了芯片的不同工作状态，引脚输出值的含义在芯片内部寄存器里可以查询。这些引脚用来连接到 MCU 的外部中断输入引脚产生中断，MCU 在中断里根据 SX1278 的工作状态进行逻辑处理。**寄存器各位与控制引脚对应关系如表 9.7 所示，引脚对应的工作状态如表 9.8 所示。**

表 9.7　寄存器各位与控制引脚对应关系

地址	位	控制引脚	地址	位	控制引脚
0x40	7~6	GPIO0	0x41	保留	
	5~4	GPIO1		5~4	GPIO5
	3~2	GPIO2		保留	
	1~0	GPIO3		保留	

表 9.8　引脚对应的工作状态

寄存器值	GPIO0	GPIO1	GPIO2	GPIO3	GPIO5
00（bit）	RxDone	RxTimeout	FhssChangeChannel	CadDone	ModeReady
01（bit）	TxDone	FhssChangeChannel	FhssChangeChannel	ValidHeader	ClkOut
10（bit）	CadDone	CadDetected	FhssChangeChannel	PayloadCrcError	ClkOut
11（bit）	保留	保留	保留	保留	保留

▶▶▶ 9.3.5　应用层通信协议 ▶▶▶

应用层通信协议定义最顶层数据的格式，如传感器类型、检测参数等。

1）通信协议数据格式

{[参数]=[值]，[参数]=[值]，……}

每条数据以"{}"作为起始字符；"{}"内参数多个条目以","分隔，例如{CD0=1，D0=?}。

注：通信协议数据格式中的字符均为英文半角符号。

2）通信协议参数说明

（1）参数名称定义如下。

变量：A0～A7、D0、D1、V0～V3。

命令：CD0、OD0、CD1、OD1。

特殊参数：ECHO、TYPE、PN、PANID、CHANNEL。

（2）变量可以对值进行查询，例如{A0＝?}。

（3）变量 A0～A7 在物联网云数据中心可以保存为历史数据。

（4）命令是对位进行操作。

3）特殊参数

ECHO：用于检测节点在线的指令，将发送的值进行回显，例如发送：{ECHO＝test}，若节点在线则回复数据：{ECHO＝test}。

LoRa 项目案例应用层协议格式表

TYPE：表示节点类型，该信息包含了节点类别、节点类型、节点名称，权限为只能通过赋值"?"来查询当前值。

4）格式表

以 A 类传感器为例，其格式表具体详见二维码资源。应用层协议（A 类传感器）如表9.9 所示。

表 9.9　应用层协议（A 类传感器）

传感器	属性	参数	权限	说明
Sensor-A（601）	温度值	A0	R	温度值，浮点型：0.1 精度，-40.0～105.0，单位℃
	湿度值	A1	R	湿度值，浮点型：0.1 精度，0～100，单位%
	光强值	A2	R	光强值，浮点型：0.1 精度，0～65 535，单位 Lux
	空气质量值	A3	R	空气质量值，表征空气污染程度
	气压值	A4	R	气压值，浮点型：0.1 精度，单位 100 Pa
	三轴（跌倒状态）	A5	—	三轴：通过计算上报跌倒状态，1 表示跌倒（主动上报）
	距离值	A6	R	距离值，浮点型：0.1 精度，20～80，单位 cm
	语音识别返回码	A7	—	语音识别码，整型：1～49（主动上报）
	上报状态	D0（OD0/CD0）	RW	D0 的 bit0～bit7 分别代表 A0～A7 的上报状态，1 表示允许上报
	继电器	D1（OD1/CD1）	RW	D1 的 bit6～bit7 分别代表继电器 K1、K2 的开关状态，0 表示断开，1 表示吸合
	上报间隔	V0	RW	循环上报时间间隔

9.3.6 LoRa 节点软件设计

在传统的室内畜牧业养殖流程中，清洁室内的动物排泄物是保证室内畜牧质量的重要环节。如果排泄物得不到有效清理，那么随着时间的推移除了滋生病菌外还会产生沼气，当沼气达到一定浓度时就有可能造成厂房爆炸，造成严重的经济损失。因此，在智慧农业中需要加入空气质量检测与控制系统。

1) 项目背景

室内畜牧空气质量监测与控制系统：为了保证室内畜牧的安全和卫生，需要对厂房内的空气质量进行监测，主要监测动物排泄物产生的硫化氢气体和沼气。通过监测这些可燃气体的浓度可以了解厂房内的卫生和安全信息，并控制排风扇系统的动作，保证及时换气，确保空气清新流通，这是智慧畜牧业的体现。

室内畜牧空气质量监测与控制系统如图 9.29 所示，节点每隔 20 s 会上传一次气体数据到 LoRa 网关，再到后台控制层，节点可以收到后台控制层的下传命令数据，进而控制风扇开启和关闭（源代码见配套资源）。

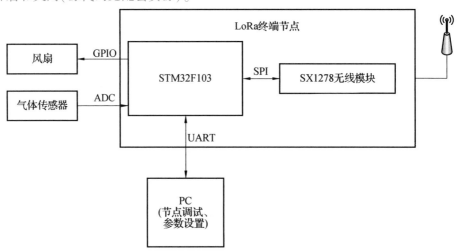

图 9.29　室内畜牧空气质量监测与控制系统

2) 网络结构体系

LoRa 网络结构体系如图 9.30 所示，该网络在网络层采用私有协议。

在应用层，自定义了用户协议，传感器数据按照协议打包后形成有效数据传到网络层，该过程由 STM32 的软件实现。

在网络层，没有采用 LoRaWAN 协议，而是根据项目特点，自定义了私有协议。该协议数据包包括应用层的有效数据、本 LoRa 终端节点的网络 ID、本机地址、目标地址（LoRa 汇聚节点）、软件版本等。在该层形成的数据包作为负载数据传到物理层，该过程由 STM32 的软件实现。

在物理层，按照 SX1278 的数据包格式对负载数据进行打包，包括负载数据、前导码、负载长度、前向纠错误码率、CRC 开关、负载数据 CRC 等。该过程由 SX1278 芯片硬件实现。

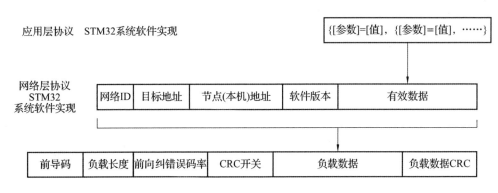

图 9.30　LoRa 网络结构体系

3）整体流程

软件共设计了 3 个线程，传感器线程负责检查传感器信号，并执行下传指令控制风扇；LoRa 通信线程负责实现 LoRa 通信；串口处理线程是系统调试时使用。整体流程如图 9.31 所示。

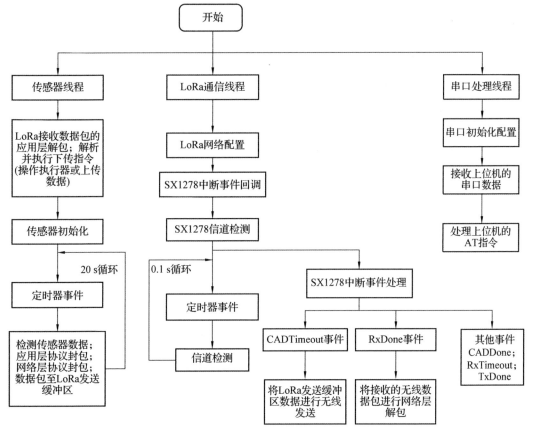

图 9.31　整体流程

4）SX1278 中断处理事件流程

MCU 根据 SX1278 数据接口产生的中断，按照 SX1278 的工作状态，处理各种逻辑，流程如图 9.32 所示。

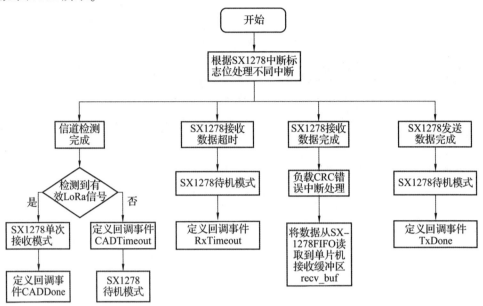

图 9.32　SX1278 中断处理事件流程

5)中断底层设置

SX1278 数据接口接 MCU 的 I/O 口,对应 STM32,I/O 口与中断线对应的关系如图 9.33 所示。

中断线 8(PA8)对应中断函数 EXTI9_5_IRQHandler。

中断线 3(PB3)对应中断函数 EXTI3_IRQHandler。

中断线 4(PB4)对应中断函数 EXTI4_IRQHandler。

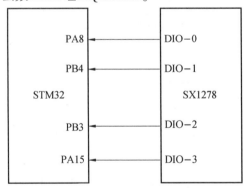

```
GPIO_EXTILineConfig(GPIO_PortSourceGPIOA, GPIO_PinSource8)
```

```
GPIO_EXTILineConfig(GPIO_PortSourceGPIOB, GPIO_PinSource3)
```

```
GPIO_EXTILineConfig(GPIO_PortSourceGPIOB, GPIO_PinSource4)
```

图 9.33　I/O 口与中断线对应的关系

6)软件项目文件结构

软件项目文件结构如图 9.34 所示，图中标注了主程序入口和 3 个线程对应的文件位置。

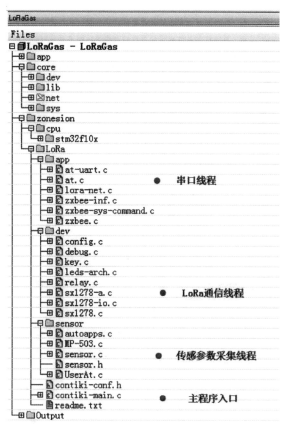

图 9.34 软件项目文件结构

各主要文件的功能说明如表 9.10 所示。

表 9.10 各主要文件的功能说明

文件名	功能说明
app	LoRa 无线应用层 API
at-uart. c	调试串口初始化
at. c	提供给串口调试的 AT 交互协议
lora-net. c	LoRa 无线数据收发 API 接口
zxbee-sys-command. c	处理下行的用户命令
zxbee. c	无线数据包封包、解包
dev	LoRa 射频驱动及部分硬件驱动
sx1278-a. c	LoRa 无线进程
sx1278-io. c	LoRa SPI 总线驱动

续表

文件名	功能说明
sx1278.c	LoRa 无线射频驱动
sensor	LoRa 节点传感器驱动
autoapps.c	Contiki 操作系统进程列表
sensor.c	传感器进程、驱动及应用
contiki-conf.h	LoRa 网络参数配置
contiki-main.c	Contiki 操作系统入口

7) 应用层接口函数

sensor.c 文件中，设备厂家为上层应用开发设置了 5 个接口函数，如表 9.11 所示。进行业务逻辑编程时，调用相关函数即可。

表 9.11　应用层接口函数

函数名称	函数说明
sensorInit	传感器硬件初始化函数
sensorUpdate	传感器数据定时上报函数
sensorControl	传感器/执行器控制函数
sensorCheck	传感器预警监测及处理函数
ZXBeeInfRecv	解析接收到的传感器控制命令函数

8) LoRa 网络参数设置

根据 LoRa 模块的网络特性，必须保持 LoRa 组网条件的几个参数必须相同，分别为网络 ID、基频(FP)、扩频因子(SF)、带宽(BW)、编码率(CR)。

通过工程源码可以直接修改 contiki-conf.h 文件中的 LiteB-LR 节点的网络参数，代码如下：

```
//LoRa 网络标识
#define LoRa_NET_ID        0x32        //应用组 ID：0x01 ~0xFE
#define LoRa_PS            15          //前导码长度：4 ~100
#define LoRa_PV            15          //发射功率：0 ~20
#define LoRa_HOP           0           //跳频开关：0 ~1
#defineLoRa_HOPTAB
{431, 435, 431, 435, 431, 435, 431, 435, 431, 435}    //跳频表
#define LoRa_FP            433         //基频
#define LoRa_SF            8           //扩频因子：6 ~12
#define LoRa_CR            1    //编码率：1~4 对应4/5、4/6、4/7、4/8
#define LoRa_BW            5           //带宽：0 ~9
```

9）串口线程 AT 指令表

在串口线程中，对系统进行调试采用自定义 AT 指令，如表 9.12 所示。

表 9.12　AT 指令

指令	功能
AT+OK	节点接收正确
AT+ERROR	节点接收错误
AT+ATE1	节点打开命令字符回显
AT+ATE0	节点关闭命令字符回显
AT+HW	节点类型(ZigBee、LoRa、NB-IoT)
AT+FP?	上位机查询基频参数
AT+FP	节点按上位机数据设置基频参数
AT+PV?	上位机查询发射功率参数
AT+PV	节点按上位机数据设置发射功率参数
AT+SF?	上位机查询扩频因子参数
AT+SF	节点按上位机数据设置扩频因子参数
AT+CR?	上位机查询编码率参数
AT+CR	节点按上位机数据设置编码率参数
AT+BW?	上位机查询带宽参数
AT+BW	节点按上位机数据设置带宽参数
AT+HOPTAB?	上位机查询调频表参数
AT+HOPTAB	节点按上位机数据设置调频表参数
AT+HOP?	上位机查询调频开关参数
AT+HOP	节点按上位机数据设置调频开关参数
AT+SEND=	设置发送字节长度
AT+ENSAVE	节点保存上位机发送的数据
AT+NETID?	上位机查询节点所处的网络组组号
AT+NETID	节点按上位机数据设置网络组组号
AT+NODEID?	上位机查询节点地址
AT+RESET	节点复位

10）自动运行线程定义

在文件 autoapps.c 中，定义了自动运行的 3 个线程，如图 9.35 所示。

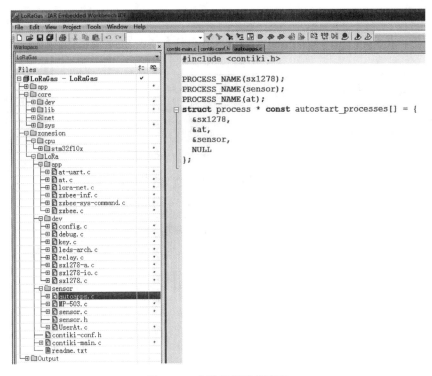

图 9.35　自动运行线程定义

11）项目程序入口——启动各线程

contiki-main.c 是整个项目工程的程序入口，启动了所有已被定义为自动运行的线程，如图 9.36 所示。

图 9.36　项目程序入口——启动各线程

12）传感器线程定义

在文件 sensor.c 中，定义了传感器线程，如图 9.37 所示。

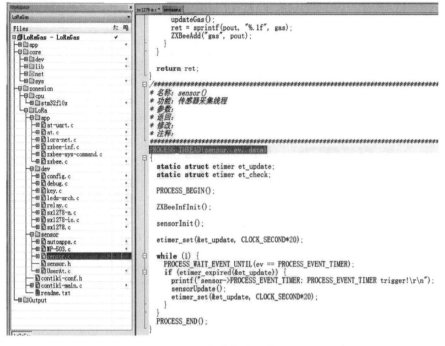

图 9.37　传感器线程定义

13）LoRa 通信线程定义

在文件 sx1278-a.c 中，定义了 LoRa 通信线程，如图 9.38 所示。

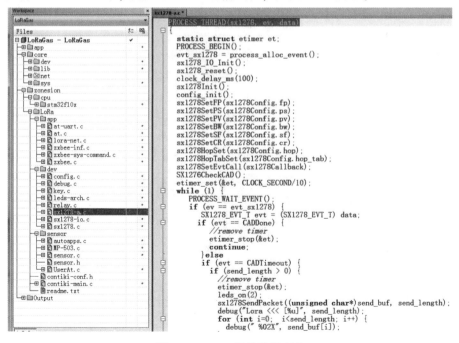

图 9.38　LoRa 通信线程定义

14）串口处理线程定义

在文件 at. c 中，定义了串口处理线程，如图 9.39 所示。

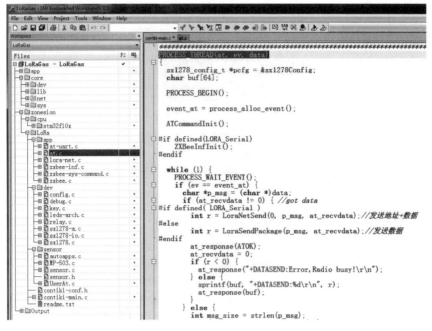

图 9.39　串口处理线程定义

15）STM32MCU 与 LoRa 模块的接口定义

在文件 sx1278-io. c 中，定义了 STM32MCU 与 LoRa 模块 I/O 口的中断配置，如图 9.40 所示。

图 9.40　STM32MCU 与 LoRa 模块 I/O 口的中断配置

16) MP503 传感器驱动

MP503 空气质量气体传感器采用多层厚膜制造工艺，在微型 Al_2O_3 陶瓷基片的两面分别制作加热器和金属氧化物半导体气敏层，封装在金属壳体内。当环境空气中有被监测气体存在时传感器电导率发生变化，该气体的浓度越高，传感器的电导率就越大。采用简单的电路即可将这种电导率的变化转换为与气体浓度对应的输出信号。MP503 对酒精、烟雾、异丁烷、甲醛灵敏度高；具有响应恢复快、低功耗、监测电路简单、稳定性好、寿命长等优点。其温度、湿度特性曲线如图 9.41 所示，R_S 表示在含 50 ppm 酒精、各种温/湿度下的电阻值，R_{S0} 表示在含 50 ppm 酒精、20 ℃/65% RH 下的电阻值。

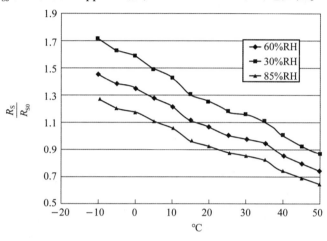

图 9.41　MP503 温度、湿度特性曲线

在 MP-503. c 文件中定义了传感器的驱动函数，主要与 ADC 转换相关。MP503 传感器驱动程序如图 9.42 所示。

图 9.42　MP503 传感器驱动程序

9.3.7 系统运行结果 ▶▶▶

（1）气体传感器数据。气体传感器节点每隔20 s会上传一次气体数据到应用层。同时通过 ZCloudTools 工具发送气体查询指令（⼁gas＝?⼁），程序接收到响应后将会返回实时气体值到应用层。在 LoRa 汇聚节点的网关侧用 xLabTools 软件和在整个物联网系统的终端用户程序得到的气体传感器数据分别如图 9.43 和图 9.44 所示。

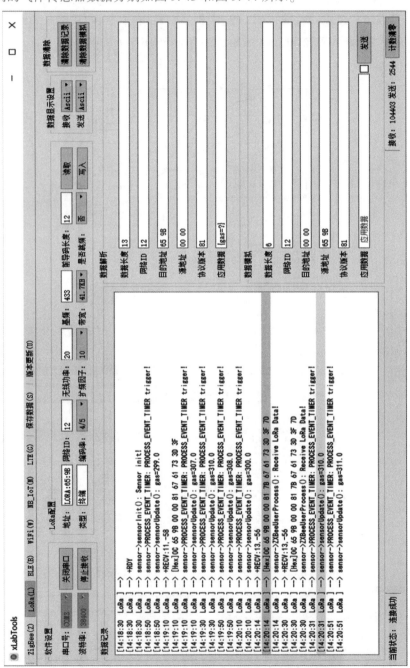

图 9.43　LoRa 汇聚节点的网关侧气体传感器数据显示

实时数据测试工具

配置服务器地址

应用ID

服务器地址　zhiyun360.com

密钥

断开　分享

数据推送与接收

地址　LORA:65:9B

数据过滤　所有数据　清空数据
　　LORA:65:9B

数据　{gas=?}

发送

MAC地址	信息	时间
LORA:65:9B	{gas=310.0}	11/16/2018 14:20:32
LORA:65:9B	{gas=296.0}	11/16/2018 14:20:31
LORA:65:9B	{gas=300.0}	11/16/2018 14:20:15
LORA:65:9B	{gas=300.0}	11/16/2018 14:20:12
LORA:65:9B	{gas=308.0}	11/16/2018 14:19:52
LORA:65:9B	{gas=310.0}	11/16/2018 14:19:32
LORA:65:9B	{gas=307.0}	11/16/2018 14:19:12
LORA:65:9B	{gas=299.0}	11/16/2018 14:18:52
LORA:65:9B	{gas=305.0}	11/16/2018 14:18:5

图 9.44　终端用户程序气体传感器数据显示

（2）风扇数据。根据程序设定，风扇传感器节点每隔 20 s 会上传一次风扇状态到应用层。通过 ZCloudTools 工具发送风扇状态查询指令（{fanStatus = ?}），程序接收到响应后将会返回当前风扇状态到应用层。

通过 ZCloudTools 工具发送风扇控制指令（打开风扇指令为{cmd = 1}，关闭风扇指令为{cmd = 0}），程序接收到响应后将会控制风扇完成相应的执行动作。

在 LoRa 汇聚节点的网关侧用 xLabTools 软件和在整个物联网系统的终端用户程序得到的风扇数据分别如图 9.45 和图 9.46 所示。

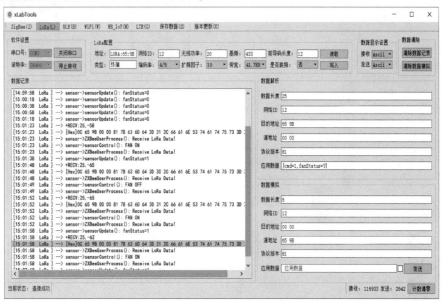

图 9.45　LoRa 汇聚节点的网关侧风扇数据显示

图 9.46　终端用户程序风扇数据显示

9.4 NB-IoT 物联网节点设计

9.4.1 NB-IoT 网络概述

1) NB-IoT 的优势

2020 年 7 月 9 日，国际电信联盟(International Telecommunication Union，ITU)召开的 ITU-R WP5D 会议对国际移动通信系统(International Mobile Telecommunication，IMT)做出重大决议，NB-IoT 和 NR 一起正式成为 5G 标准，这是全球科技产业的一个重大历史时刻。

由于物联网是碎片化应用场景，因此催生出很多新的无线通信联网技术，针对低速率、低功耗、远距离、大量连接的物联网应用，LPWAN 应运而生，各种技术竞争激烈。LPWAN 可分为两类：一类是工作于未授权频谱，如 LoRa、SigFox 等技术；另一类是工作于授权频谱，如 3GPP 支持的基于蜂窝通信的 LPWAN 技术，如 EC-GSM、LTE-MTC、NB-IoT 等。前者起步较早，在市场和生态链布局上占有先发优势，而后者"出身"起点高，有一大批运营商支持。

窄带物联网(Narrow Band Internet of Things，NB-IoT)技术是由华为、沃达丰等全球领先的通信企业联合制定，在 4G 网络基础上建立的全新一代物联网技术。

物联网连接技术中，短距技术仍占主导地位。运营商擅长的广域连接市场(蜂窝和 LPWA)只占 20% 左右，NB-IoT 作为一种低功率广覆盖(Low Power Wide Area，LPWA)技术，能够优化覆盖、成本、功耗，提升运营商在海量 LPWA 连接市场的竞争力。NB-IoT 与其他物联网技术的对比如图 9.47 所示。

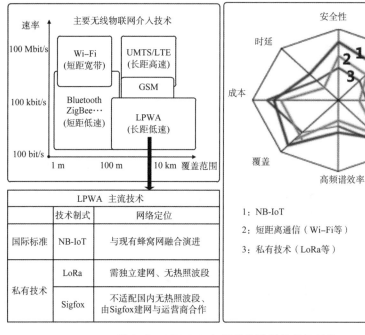

图 9.47 NB-IoT 与其他物联网技术的对比

2）NB-IoT 网络结构

NB-IoT 端到端系统架构如图 9.48 所示。

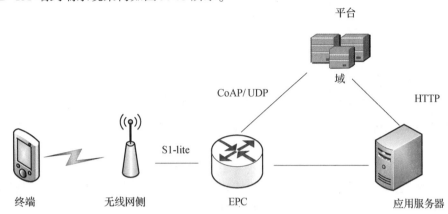

图 9.48　NB-IoT 端到端系统架构

（1）终端（User Equipment，UE）：通过空口连接到基站。

（2）无线网侧：整体式无线接入网，包括 2G/3G/4G 及 NB-IoT 无线网。NB-IoT 新建，主要承担空口接入处理、小区管理等相关功能，并通过 S1-lite 接口与 IoT 核心网进行连接，将非接入层数据转发给高层网元处理。

（3）EPC（Envoled Packet Core，核心分组网演进）：核心网，承担与终端非接入层交互的功能，并将 IoT 业务相关数据转发到 IoT 平台进行处理。

（4）平台：运营商，包括电信、联通、移动。

（5）应用服务器：通过 HTTP/HTTPS 和平台通信，通过调用平台的开放 API 来控制设备，平台把设备上报的数据推送给应用服务器。平台支持对设备数据进行协议解析，转换成标准的 json 格式数据。

3）应用场景

NB-IoT 网络技术，已经广泛应用于智慧农业、工业互联网、智慧城市、智慧家居等领域。

（1）共享单车智能锁。共享单车大热的基础就在于 NB-IoT，覆盖无死角，保证用户在任何地方都能正常开锁。NB-IoT 保证了单车在 -40 ~ 85 ℃的条件下，智能锁仍然能正常工作；同时解决了功耗高、电池使用寿命短的问题，电池使用寿命可以达到 2 ~ 3 年，可支撑整辆单车的使用生命周期；NB-IoT 模组成本低，拉低整车成本。IoT 平台的引入将可以更有效地管理共享单车，并有望引入新的商业模式，如图 9.49 所示。

图 9.49　NB-IoT 应用——共享单车

（2）智能照明。由于市政照明的监控管理方式相对粗放，因此运维效率低，成本高，照明能耗较大，设施安全难以保障。在路灯的控制器中采用 NB-IoT 无线通信模块，能够解决以上问题。建设路灯地理信息系统，实现资源管理精细化。同时，灯杆标牌可为公安110 报警、城市应急指挥等提供定位信息，实现灯杆定位，助力城市维稳，提升路灯价值。采用单灯控制技术，精准控制每一盏路灯，在保证照明需求的前提下，根据季节、路段、天气、特殊场合等条件设定路灯运行方案，真正实现"按需照明"，深化节能减排。通过单灯"在线巡测"，及时发现路灯故障并在地图上进行精准定位，提高路灯运维效率，降低运维成本，如图 9.50 所示。

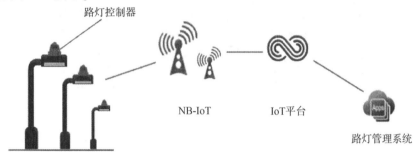

路灯控制器

NB-IoT　　　IoT平台

路灯管理系统

图 9.50　NB-IoT 应用——智能照明

（3）智慧井盖。传统的井盖管理以人工巡检为主，不能第一时间获悉井盖丢失信息，井盖丢失找不到责任人，人力维护成本高，人员监督管理难。井盖中内嵌 NB-IoT 的智能监控设备平台可实时监测到井盖开合状态、井上路面积水、井下水位等情况，并进行动态分析。一旦出现异状、险情，如井盖意外开了、井下水位超过预警值等，平台将自动将警情发送给管理人员，便于他们快速找到问题井盖的位置并及时处理，以防发生安全事故。为了有效保护监测设备，每个智慧井盖还设有智能锁，非授权人员无法打开，如图 9.51 所示。

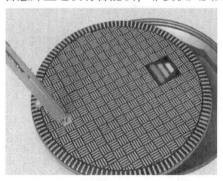

图 9.51　NB-IoT 应用——智慧井盖

（4）智慧农业。目前，农业区域公共网络覆盖不足，GPRS/UMTS 功耗成本较高，短距离通信技术网络配置复杂。NB-IoT 智能农业网络，可以每小时上报一次采集数据，每次 200~500 字节数据量，可让用户实时掌握农场的土壤、光照、水质、温度、风力等信息。NB-IoT 技术相对 GSM，其覆盖范围增至 7 倍，超低功耗，电池寿命长达 10 年，NB-IoT 物联网卡即插即用，无须网络配置，如图 9.52 所示。

图 9.52　NB-IoT 应用——智慧农业

　　(5)智慧牧业。以往奶牛养殖完全靠饲养管理员观察来获得奶牛饲养管理信息，这就很难做到对所有奶牛个体活动信息进行实时监控，因而时常错过奶牛发情受孕最佳时机，极大降低了奶牛的产奶量，影响其经济效益。在奶牛身上挂一个带有 NB-IoT 监测组件的盒子，每天盒子会将收集到的信息传递到奶牛发情检测云系统里，牧场的管理者可通过这些数据判断奶牛是否进入发情期。该系统可大大提高牛奶产量和生产牛犊数，降低饲养成本和人工成本，同时节省同期处理药费等，全面改善奶牛养殖环境，极大地为牧民和奶农提高生产量，如图 9.53 所示。

图 9.53　NB-IoT 应用——智慧牧业

　　(6)冷链运输。冷链运输的冷柜处于恶劣的通信环境，NB-IoT 确保在低温环境下通信的畅通。在冷柜中投放小体积的物联网传感器，传感器就位之后就会自动监测冷柜中的温度变化、设备可用性及冷藏环境的健康度，并定时进行数据信息报告。除此之外，这些传感器能监控销售货品纯度和摆放位置，还能够感知消费者集中在哪些区域并进行记录，为管理人员制订营销策略提供必要的信息，如图 9.54 所示。

图 9.54　NB-IoT 应用——冷链运输

(7)水气表智能抄表。GPRS 智能抄表解决了传统机械式水气表人工抄表的问题，NB-IoT 又解决了 GPRS 智能抄表的弊端。GPRS 通信基站用户容量比较小，功耗高，信号差，NB-IoT 解决了这个问题。在业务方面，水气表上报数据最多一天上报一次，有的甚至一个月上报一次，因此 NB-IoT 的工作模式非常适合这种业务模式。NB-IoT 抄表在功能上继承了 GPRS 功能的同时，接入数为 2G/3G/4G 的 50～100 倍。这对于装表比较密集的小区无疑是一个更好的选择，如图 9.55 所示。

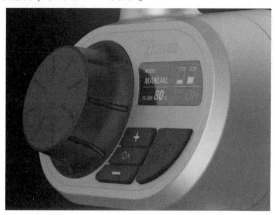

图 9.55　NB-IoT 应用——水气表智能抄表

(8)家居智能锁。智能锁作为智能家居的入门产品，未来会成为每家每户必配的智能安防产品。NB-IoT 通过非连续接收(Discontinuous reception，DRX)省电技术减少不必要的信令，并在 PSM 状态时不接收寻呼信息来达到省电的目的，这样可以保障电池具有 5 年以上的使用寿命。采用 NB-IoT 方案，无须网关或路由，智能锁终端仅需一个直连运营商的基站，从而使联网智能锁在网络稳定性及安全性上更加有保障。NB-IoT 信号穿墙性远远超过现有网络，即便是传统网络信号不好的地方，NB-IoT 网络仍可以高度可靠地通过数据传输实现"随机密码"，如图 9.56 所示。

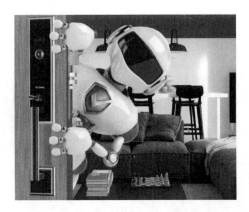

图 9.56　NB-IoT 应用——家居智能锁

4）典型 NB-IoT 系统结构

典型 NB-IoT 系统结构如图 9.57 所示。

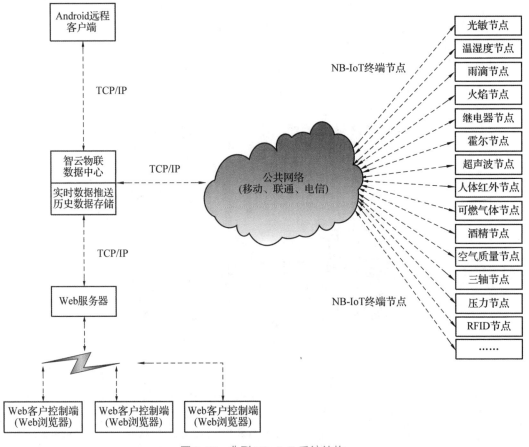

图 9.57　典型 NB-IoT 系统结构

（1）数据上行通道。多个 NB-IoT 终端节点的传感器数据通过 NB-IoT 无线网络到达公共网络，转换成 TCP/IP 数据格式，进入标准互联网，用户在移动终端(手机 App)或 PC 终端(Web 浏览器)能够查看终端的各种传感信息。

（2）数据下行通道。用户根据上行数据信息，在应用程序界面做出各种控制指令(也可以由智能软件自行做出指令），通过标准互联网到达公共网络，再通过 NB-IoT 无线网络到达终端节点，控制终端节点的执行部件（如继电器、电动机）产生动作。与 ZigBee 和 LoRa 这类自主网相比，NB-IoT 应用系统只需在终端节点自行设计，其他均交给网络运营商，硬件成本大大降低，网络的维护也得到保障。

▶▶ 9.4.2 NB-IoT 节点硬件设计 ▶▶▶ ▶

1）NB-IoT 节点的项目背景

城市管理部门为给城市提供更加良好的城市环境服务，通过加大工作力度以维持良好的城市环境质量。但传统的城市环境治理都是定时定点地对城市环境质量进行保障，这种方式维护成本过高且管理效率低下。而更智能的城市空气质量监测系统可以解决这样的问题。通过在城市路段设置传感器，当传感器监测到扬尘信息超标时，管理部门则可派出清洁车辆对城市扬尘进行处理。

系统实现功能如下。

（1）节点定时采集数据并上报。

（2）节点接收到查询指令后立刻响应并反馈实时数据。

（3）能够远程设定节点传感器数据的更新时间。

2）硬件电路

NB-IoT 空气质量监测系统节点如图 9.58 所示，微控制器 STM32F103 连接各类传感器和执行机构，微控制器和 NB-IoT 模块 WH-NB71 以串口方式进行数据通信，微控制器的另外一个串口与 PC 相连，用于系统设置与测试。

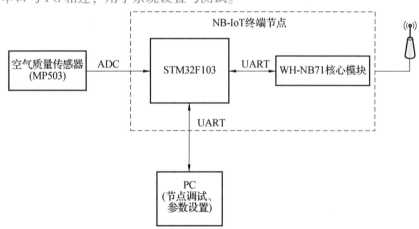

图 9.58 NB-IoT 空气质量监测系统节点

3）WH-NB71

WH-NB71 是为实现串口设备与网络服务器，通过运营商 NB-IoT 网络相互传输数据而开发的产品，支持多个频段，体积小，功耗低，特别适合电池供电的使用场景。通过简单的 AT 指令进行设置，即可轻松使用 WH-NB71 实现串口到网络的双向数据透明传输，WH-NB71 模块如图 9.59 所示。

图 9.59　WH-NB71 模块

WH-NB71 模块支持多个频段，可支持国内 3 家运营商的 NB-IoT 网络。需要注意的是，NB-IoT 模块必须使用 NB-IoT 专用 SIM 卡。WH-NB71 性能参数如表 9.13 所示。

表 9.13　WH-NB71 性能参数

分类	参数	取值
无线参数	工作频段	B1、B2、B3、B5、B8、B20
	发射功率	(23+/-2) dBm
	接收灵敏度	-129 dBm
	天线选项	焊盘
硬件参数	数据接口	通信串口 UART0：用于 AT 指令和数据传输。支持波特率 4 800 bit/s、9 600 bit/s、57 600 bit/s、115 200 bit/s、230 400 bit/s、460 800 bit/s。高于 57 600 bit/s 会影响低功耗
	工作电压	3.1 ~ 4.2 V，典型值为 3.8 V
	工作电流	Active 模式下最大发射电流为 268 mA@3.8 V Active 模式下最大发射电流为 268 mA@3.8 V Idle 电流为 4.3 mA@3.8 V
	工作温度	工作温度：-30 ~ +85 ℃
	存储温度	-40 ~ +85 ℃
	工作湿度	5% ~95% RH(无凝露)
	存储湿度	5% ~95% RH(无凝露)
	尺寸	17.50 mm×15.00 mm×2.40 mm
	封装接口	SMT 表贴

4)WH-NB71 的 AT 指令集及测试

AT 指令是应用于终端设备与 PC 应用之间的连接与通信的指令。每个 AT 命令行中只能包含一条 AT 指令；对于 AT 指令的发送，除 AT 两个字符外，最多可以接收 1 056 个字符的长度(包括最后的空字符)。AT 指令的基本格式如表 9.14 所示。

表 9.14 AT 指令的基本格式

名称	写法	含义
测试指令	AT+<cmd>=?	获取该指令下可能的参数值
读指令	AT+<cmd>?	读取当前指令参数
设置指令	AT+<cmd>=P1[，P2[，P3[…]]]	设置指令参数
执行指令	AT+<cmd>	执行指令

<CR>：回车字符。

<LF>：换行字符。

<…>：参数名称，尖括号不出现在命令行。

[…]：可选参数，方括号不出现在命令行。

多个命令可以同时发送，发送时每条命令之间用分号(;)隔开，只需要在第一条指令前加上"AT"即可，其余指令不需要添加"AT"。例如：AT+PDTIME；+VER\r\n 查询生产时间指令和查询版本号指令同时发送，将会返回每条指令的回复结果。

每条指令后必须增加回车，否则指令数据将被存储，等待收到回车后再执行。

每条指令执行过程中，即从发送指令到接收到指令回复的过程中，不允许发送新的指令，如果发送新指令，则将会回复 ERROR。

WH-NB71 的 AT 指令分为了 4 种类型，如表 9.15 所示。

表 9.15 WH-NB71 的 AT 指令类型

名称	含义	功能
3GPP 标准指令	GSM 核心网络无线接口技术规范	用于入网连接
特殊指令	本类设备特有指令	用于数据收发和参数配置
稳恒通用扩展指令	稳恒厂家信息扩展指令	用于查询产品生产信息
透传扩展指令	该类指令仅适用于透传版固件	用于模块透传模式的配置

WH-NB71 的测试 AT 指令如表 9.16 所示。

表 9.16 WH-NB71 的测试 AT 指令

序号	指令	功能
1	AT+NBAND?	查询当前使用模块的频段
2	AT+NCONFIG?	查询模块是否是自动模式
3	AT+CIMI	检测模块是否检测到 SIM 卡
4	AT+CFUN?	查询是否是全功能模式
5	AT+CSQ	查询信号
6	AT+CGATT?	查询模块是否附着网
7	AT+CEREG?	查询模块是否成功注网
8	AT+CSCON?	查询模块是否已经连接到网络

WH-NB71 的
AT 指令集

AT 指令测试举例：

将 WH-NB71 模块连接至 PC 串口，运行 PC 的串口通信软件。配置好串口，选择正确的端口，串口参数：波特率 9600，数据位 8，停止位 1，校验位 NONE，然后单击打开串口。

（1）输入"AT+NBAND?"然后按〈Enter〉键，再单击发送（查询当前使用模块的频段），接收到"+NBAND：5 OK"则说明为电信，如图 9.60 所示。

图 9.60　"AT+NBAND?"指令测试

（2）输入"AT+CSQ"，按〈Enter〉键再单击发送，查询信号，如果返回值为 99，则说明没有信号，如图 9.61 所示。

图 9.61　"AT+CSQ"指令测试

►►|9.4.3 NB-IoT 节点软件设计 ►►►►

NB-IoT 节点软件设计，采用了 Contiki 操作系统，详细内容见 9.3.3 小节；采用的应用层通信协议见 9.3.5 小节。整体设计了 3 个线程，分别是传感器线程、NB-IoT 网络通信线程、串口调试线程(源代码见配套资源)。

1)传感器线程

传感器线程主要实现气体传感器的检测，并按照 COAP 或 UDP 通信方式接收下传数据包并处理，如图 9.62 所示。

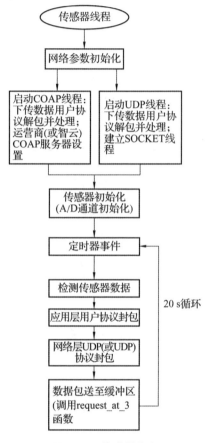

图 9.62 传感器线程

2)NB-IoT 网络通信线程

NB-IoT 网络通信线程采用轮询方式将串口数据发送到 WH-NB71 模块，并接收 WH-NB71 下传指令进行处理。其主要处理的是下传的 UDP 数据或 COAP 数据，并将数据存放到缓冲区，供传感器线程读取，如图 9.63 所示。

3)串口调试线程

串口调试线程主要用于系统的调试与设置，调试是电路板与 PC 串口连接，如图 9.64 所示。PC 发送各种 AT 指令对系统进行调试与设置。AT 指令表见 9.3.6 小节。

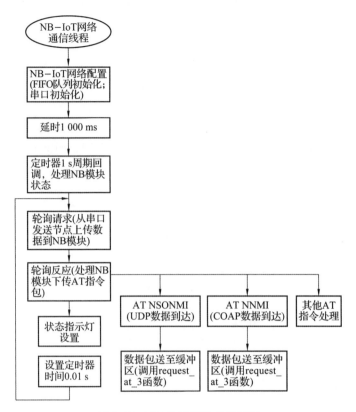

图 9.63　NB-IoT 网络通信线程

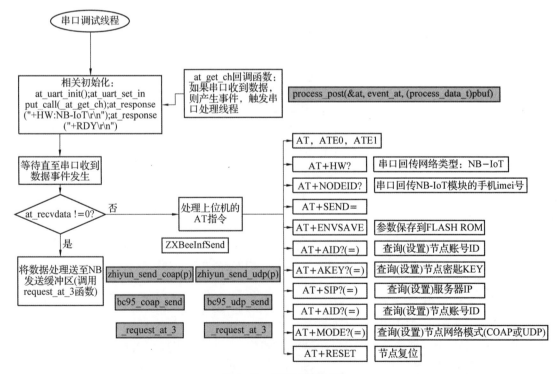

图 9.64　串口调试线程

4）软件项目文件结构

软件项目文件结构如图 9.65 所示，WH-NB71 模块 AT 指令基本与 BC95 模块兼容，软件采用同一驱动。

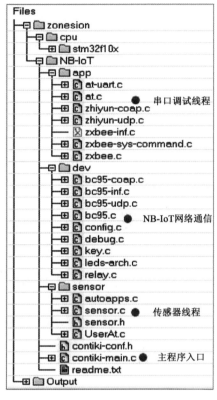

图 9.65　项目文件结构

部分文件的功能说明如表 9.17 所示。

表 9.17　部分文件的功能说明

文件名	功能说明
app	NB-IoT 无线应用层 API
at-uart. c	调试串口初始化
at. c	提供给串口初始化的 AT 交互协议
zhiyun-coap. c	智云平台 COAP 通信接口
zhiyun-udp. c	智云平台 UDP 通信接口
zxbee-sys-command. c	处理下行的用户命令
zxbee. c	无线数据包封装、解包
dev	BC95 射频驱动及部分硬件驱动
bc95-coap. c	BC95 模块 COAP 通信操作文件
bc95-inf. c	BC95 模块的接口操作文件
bc95-udp. c	BC95 模块 UDP 通断操作文件

续表

文件名	功能说明
bc95. c	BC95 的 AT 指令处理文件
sensor	NB-IoT 节点传感器驱动
autoapps. c	Contiki 操作系统进程列表
sensor. c	传感器线程、驱动及应用
contiki-conf. h	NB-IoT 网络参数配置
contiki-main. c	Contiki 操作系统入口

5) 应用层接口函数

应用接口函数在 sensor. c 文件中实现，包括传感器初始化、控制设备的操作、传感器数据的采集、报警信息的实时响应、系统参数的配置更新等，如表 9.18 所示。

表 9.18　应用层接口函数

函数名称	函数说明
sensorInit	传感器硬件初始化函数
sensorUpdate	传感器数据定时上报函数
sensorControl	传感器/执行器控制函数
sensorCheck	传感器预警监测及处理函数
ZXBeeInfRecv	解析接收到的传感器控制命令函数

6) 自动运行线程定义

在文件 autoapps. c 中，定义了自动运行的 3 个线程，如图 9.66 所示。

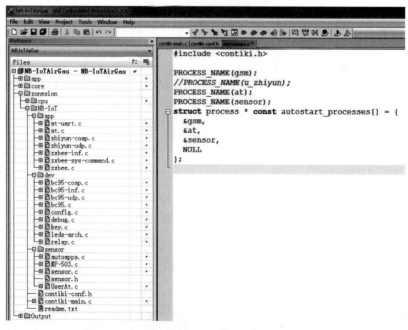

图 9.66　自动运行线程定义

7）项目程序入口——启动各线程

contiki-main.c 是整个项目工程的程序入口，启动了所有已被定义为自动运行的线程，如图 9.67 所示。

图 9.67　项目程序入口——启动各线程

8）传感器线程定义

在文件 sensor.c 中，定义了传感器线程，如图 9.68 所示。

图 9.68　传感器线程定义

9）NB-IoT 网络通信线程定义

在文件 bc95. c 中，定义了 NB-IoT 网络通信线程，如图 9. 69 所示。

图 9. 69　NB-IoT 网络通信线程定义

10）串口调试线程定义

在文件 at. c 中，定义了串口调试线程，如图 9. 70 所示。

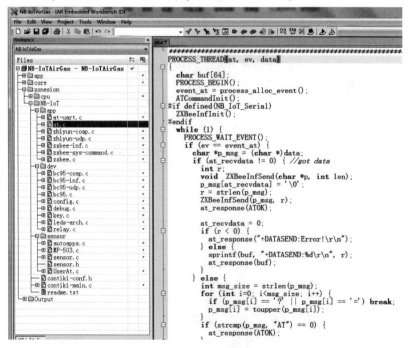

图 9. 70　串口调试线程定义

▶▶▶ 9.4.4　系统运行结果 ▶▶▶

气体传感器节点每隔 20 s 会上传一次气体数据到应用层。同时，通过 ZCloudTools 工具发送气体查询指令（{gas=?}），程序接收到响应后将会返回实时气体值到应用层。在 NB-IoT 汇聚节点的网关侧用 xLabTools 软件和在整个物联网系统的终端用户程序得到的气体传感器数据分别如图 9.71 和图 9.72 所示。

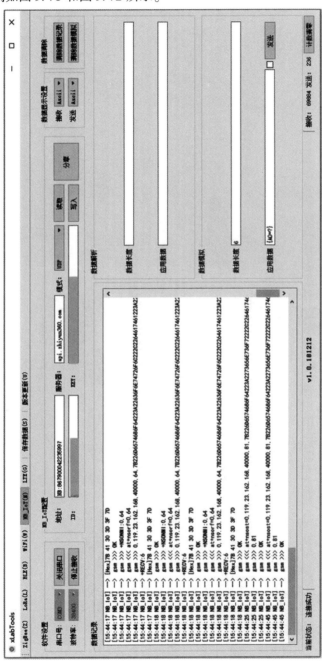

图 9.71　NB-IoT 汇聚节点的网关侧气体传感器数据显示

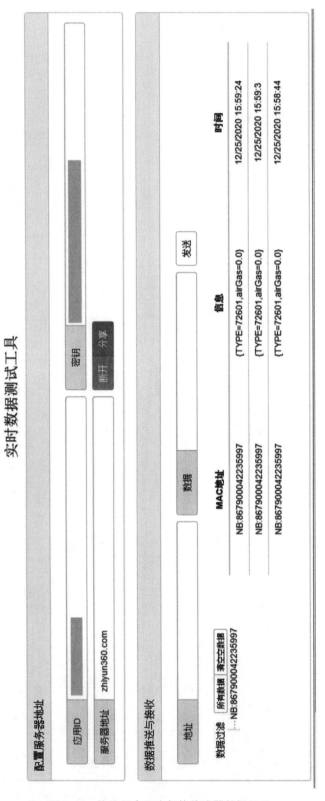

图 9.72　终端用户程序气体传感器数据显示

本章小结

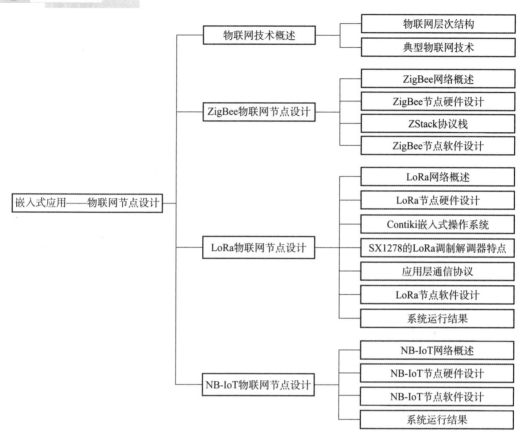

习　题

一、选择题。

1. 下列关于 ZigBee 网络的特点叙述错误的是(　　)。

A. 自组织　　　　　　B. 低功耗　　　　　　C. 长距离　　　　　　D. 低复杂度

2. ZigBee 网络层次结构不包括(　　)。

A. 数据链路层　　　B. MAC 层　　　　　C. 物理层　　　　　　D. 应用层

3. 在 ZigBee、LoRa、NB-IoT 中，(　　)网络的通信距离最长。

A. ZigBee　　　　　B. LoRa　　　　　　C. NB-IoT

4. ZigBee 终端节点电路不包括(　　)。

A. 无线网测　　　　　　　　　　　B. 无线射频模块

C. 数字输出传感器　　　　　　　　D. 模拟输出传感器

5. ZigBee 网络拓扑不包括(　　)结构。

A. 星形　　　　　　B. 网状网络　　　　　C. 树形　　　　　　D. 环形网络

二、填空题。

1. 在 ZigBee 物联网系统中，智能网关与 ZigBee 协调器节点之间通过_____进行通信。

2. LoRa 是基于_____的一种新型通信技术。

3. NB-IoT 是一种基于_____连接的 LPWAN。

4. 物理层主要目的是_____。

5. ZStack 采用操作系统的思想来构建，采用_____机制。

6. 整个 ZStack 采用_____软件结构。

7. LoRa 整体网络结构分为_____、_____、_____、_____几个功能。

8. LoRaWAN 采用了长度为_____比特的对称加密算法 AES 进行完整性保护和数据加密。

9. LoRa 接收灵敏度非常高(-148 dBm)，采用_____技术，既保持低功耗特性，又增加了通信距离，同时提高了网络效率。

10. 在 ZigBee 物联网系统中，智能网关与 Android 本地客户端之间靠_____进行通信。

三、简答题。

1. 物联网系统含有几个层次？每个层次的主要功能是什么？

2. 简述 ZigBee 网络的拓扑类型。

3. 简述 ZigBee 网络的层次结构及功能。

4. 简述 ZigBee 网络的特点。

5. 简述 LoRa 网络最大的特点。

第 9 章习题答案

参考文献

[1]王益涵，孙宪坤，史志才. 嵌入式系统原理及应用——基于 ARM Cortex-M3 内核的 STM32F103 系列微控制器[M]. 北京：清华大学出版社，2016.

[2]刘火良，杨森. STM32 库开发实战指南：基于 STM32F103[M]. 2 版. 北京：机械工业出版社，2017.

[3]刘军，张洋，严汉宇. 例说 STM32[M]. 北京：北京航空航天大学出版社，2018.

[4]漆强. 嵌入式系统设计——基于 STM32CubeMX 与 HAL 库[M]. 北京：高等教育出版社，2022.

[5]杨百军. 轻松玩转 STM32Cube[M]. 北京：电子工业出版社，2019.

[6]廖建尚. 物联网平台开发及应用：基于 CC2530 和 ZigBee[M]. 北京：电子工业出版社，2016.

[7]廖建尚. 物联网长距离无线通信技术应用与开发[M]. 北京：电子工业出版社，2019.

[8]马秀丽，周越，王红. 单片机原理与应用系统设计[M]. 2 版. 北京：清华大学出版社，2017.

[9]郭志勇. 嵌入式技术与应用开发项目教程(STM32 版)[M]. 北京：人民邮电出版社，2019.

[10]苏金果，宋丽. STM32 嵌入式技术应用开发全案例实践[M]. 北京：人民邮电出版社，2020.

[11]孙光. 基于 STM32 的嵌入式系统应用[M]. 北京：人民邮电出版社，2019.